Thermodynamische Eigenschaften der Gase und Flüssigkeiten

Herausgegeben von Professor Dr.-Ing. H. D. Baehr

―――――――― 1 ――――――――

Die thermodynamischen Eigenschaften der Luft

im Temperaturbereich zwischen −210 °C und +1250 °C

bis zu Drücken von 4500 bar

Von

Dr.-Ing. Hans Dieter Baehr   und   **Dipl.-Ing. Klaus Schwier**
o. Professor und Direktor des Instituts für Thermodynamik der Technischen Universität Berlin   Wissenschaftlicher Mitarbeiter am Institut für Thermodynamik der Technischen Universität Berlin

Mit 20 Abbildungen, 3 Mollier-i,s-Diagrammen
und 1 T,s-Diagramm sowie Tafeln der Zustandsgrößen

Springer-Verlag Berlin Heidelberg GmbH

Additional material to this book can be downloaded from http://extras.springer.com

ISBN 978-3-540-02759-1   ISBN 978-3-642-51613-9 (eBook)
DOI 10.1007/978-3-642-51613-9

Alle Rechte, insbesondere das der Übersetzung in fremde Sprachen, vorbehalten
Ohne ausdrückliche Genehmigung des Verlages ist es auch nicht gestattet,
dieses Buch oder Teile daraus auf photomechanischem Wege
(Photokopie, Mikrokopie) zu vervielfältigen
© by Springer-Verlag Berlin Heidelberg 1961

Ursprünglich erschienen bei Springer-Verlag OHG., Berlin/Göttingen/Heidelberg 1961
Softcover reprint of the hardcover 1st edition 1961

Vorwort des Herausgebers

Zur Anwendung der Thermodynamik in Wissenschaft und technischer Praxis müssen die Eigenschaften der Stoffe – ihre thermischen und kalorischen Zustandsgrößen – bekannt sein. Es ist das Ziel der vorliegenden Reihe, diese Zustandsgrößen für eine möglichst große Zahl von Stoffen kritisch zu sichten und mit hoher Genauigkeit in Tabellen und Diagrammen zusammenzustellen. Den Forderungen der Praxis entsprechend, soll dabei ein möglichst großer Druck- und Temperaturbereich erfaßt werden.

Die Verwendung elektronischer Rechengeräte ermöglicht es heute, Zustandsgleichungen hoher Genauigkeit aufzustellen und in rationeller Weise auszuwerten. Dadurch läßt sich die thermodynamische Konsistenz aller berechneten thermischen und kalorischen Zustandsgrößen sichern, und es kann auch die in einigen Laboratorien erreichte, erstaunlich hohe Meßgenauigkeit voll ausgeschöpft werden. Stellt man die gemessenen Zustandsgrößen durch eine Gleichung dar, so lassen sich Interpolationen leicht und mit großer Sicherheit ausführen; auch Extrapolationen zu höheren Drücken und höheren Temperaturen können in begrenztem Maße vorgenommen werden.

Die ersten Bände dieser Reihe werden die thermodynamischen Eigenschaften bereits genauer erforschter, technisch wichtiger Stoffe bringen. Es ist beabsichtigt, diese Zusammenstellungen der thermischen und kalorischen Zustandsgrößen durch Angaben über die sog. „Transport-Eigenschaften", vor allem über Viskosität und Wärmeleitfähigkeit dieser Stoffe zu ergänzen. Alle Zahlentafeln und Diagramme werden in den Einheiten des international empfohlenen MKS-Einheitensystems berechnet. Diese Einheiten dürften sich in Zukunft auch in der technischen Praxis durchsetzen. Mögen diese Tabellen und Diagramme dazu beitragen, die Umstellung auf das MKS-System zu erleichtern und zu beschleunigen!

Am Aufstellen und Prüfen der Zustandsgleichungen, an der Berechnung der Tabellen und am Entwerfen der thermodynamischen Diagramme wird zur Zeit im Institut des Herausgebers gearbeitet. Selbst wenn nur die wichtigsten Stoffe erfaßt werden sollen, übersteigt dieses Vorhaben die Möglichkeiten eines einzelnen Instituts. An alle Fachkollegen und Forscher auf dem Gebiet der Zustandsgleichungen und Zustandsdiagramme ergeht daher die Bitte, eigene Beiträge beizusteuern und damit das Ziel dieser Reihe von Veröffentlichungen zu fördern: unsere Kenntnis der thermodynamischen Eigenschaften der Stoffe zu erweitern und die Ergebnisse in Form von Tabellen und Diagrammen als zuverlässige und leicht zu handhabende Arbeitsunterlagen der Wissenschaft und Praxis zur Verfügung zu stellen.

H. D. Baehr

Vorwort

Als ersten Band der Reihe ,,Thermodynamische Eigenschaften der Gase und Flüssigkeiten" haben wir die thermischen und kalorischen Zustandsgrößen der Luft in weiten Temperatur- und Druckbereichen neu berechnet und in ausführlichen Tafeln zusammengestellt, die durch drei Mollier-i,s-Diagramme und ein T, s-Diagramm ergänzt werden. Obwohl es für diesen technisch wichtigen Stoff eine beträchtliche Zahl von Zustandsdiagrammen gibt, fehlt eine Zusammenstellung der Zustandsgrößen, die sowohl den Bereich tiefer als auch höherer Temperaturen bis zu hohen Drücken umfaßt. Nachdem vor wenigen Jahren von A. MICHELS und Mitarbeitern eine umfangreiche und sehr genaue experimentelle Untersuchung des p, v, T-Verhaltens der Luft veröffentlicht wurde, schien es uns lohnend, auf Grund dieser Messungen und unter Heranziehung aller älteren experimentellen Arbeiten die thermodynamischen Zustandsgrößen der Luft bei tiefen und hohen Temperaturen neu zu berechnen. Dabei ist es uns gelungen, durch neue thermische Zustandsgleichungen die Meßgenauigkeit weitgehend auszuschöpfen. Die kalorischen Zustandsgrößen haben wir aus der thermischen Zustandsgleichung auf analytischem Wege berechnet, so daß die volle thermodynamische Konsistenz aller Werte gesichert ist.

Die umfangreichen numerischen Rechnungen wurden auf der elektronischen Rechenanlage Z 22 (Fa. Zuse K.G.) des Mathematischen Instituts der Technischen Universität Berlin ausgeführt. Herrn Dipl.-Ing. W. A. STEIN verdanken wir wertvolle Anregungen für die Aufstellung der thermischen Zustandsgleichung. Bei unseren Rechenarbeiten hat uns Herr cand. ing. W. SCHULZ, beim Korrekturlesen der umfangreichen Tabellen haben uns die Herren cand. ing. CH. KLARHOEFER, B. LEHMANN, H. MATTHIAS und H. WERNER tatkräftig unterstützt, wofür wir ihnen auch an dieser Stelle danken möchten. Herr Dipl.-Ing. G. SZILLAT hat die drei i, s-Diagramme und das T, s-Diagramm gezeichnet; auch ihm gebührt unser Dank für seine genaue und sorgfältige Arbeit. Frl. E. GRUNERT hat uns in dankenswerter Weise bei der Herstellung des Manuskripts und der Tabellen geholfen. Der Deutsche Kältetechnische Verein, Karlsruhe, die Gesellschaft von Freunden der Technischen Universität Berlin und die Farbenfabriken Bayer, Leverkusen, haben durch Spenden die Berechnung dieser Tafeln und Diagramme ermöglicht; ihnen allen sei auch hier herzlich gedankt. Schließlich möchten wir dem Springer-Verlag, Berlin, danken, der dieses Werk mit seinem umfangreichen Tabellensatz in bewährter, vorzüglicher Ausstattung herstellte und stets bemüht war, alle unsere Wünsche zu erfüllen.

Berlin-Charlottenburg, im Juli 1961

H. D. Baehr   K. Schwier

Inhaltsverzeichnis

	Seite
1. Einleitung	1
2. Die Berechnung von Zustandsdiagrammen	2
2.1 Allgemeines	2
2.2 Die Aufstellung der thermischen Zustandsgleichung	2
2.3 Die Berechnung der kalorischen Zustandsgrößen	4
2.31 Enthalpie	5
2.32 Entropie	5
2.33 Die spez. Wärmekapazitäten c_v und c_p	6
3. Die für Luft vorhandenen Meßwerte	6
3.1 Thermische Zustandsgrößen	6
3.2 Meßwerte im Naßdampfgebiet	8
3.3 Sonstige Meßwerte	8
4. Die Zustandsgrößen der Luft im Temperaturbereich zwischen -50 und $+1250\,°C$	9
4.1 Die thermische Zustandsgleichung	9
4.11 Molmasse und kritische Daten	9
4.12 Die Stützisothermen	9
4.13 Die Zusatzfunktion $C(\delta, \vartheta)$	10
4.14 Die Zustandsgleichung	11
4.15 Die Prüfung der Zustandsgleichung	12
4.16 Der Gültigkeitsbereich der Zustandsgleichung	14
4.2 Die Berechnung der kalorischen Zustandsgrößen	14
4.21 Die spez. Wärmekapazität des idealen Gases	14
4.22 Die Enthalpie	15
4.23 Die Bestimmung der Entropiekonstanten	16
4.24 Die Entropie	16
4.25 Die Exergie	17
4.26 Die spez. Wärmekapazitäten	17
4.3 Die Berechnung der Tafeln und Diagramme	18
4.31 Die Tafeln der thermischen und kalorischen Zustandsgrößen	18
4.32 Mollier-i,s-Diagramme	19
5. Die Zustandsgrößen der Luft im Temperaturbereich zwischen $60\,°K$ und $450\,°K$	19
5.1 Die thermischen Zustandsgrößen im Naßdampfgebiet	19
5.11 Die kritischen Daten	19
5.12 Die Dampfdruckkurven	21
5.13 Die Dichte auf den Grenzkurven	23

		Seite
5.2 Die thermische Zustandsgleichung		25
5.21 Die kritische Isotherme		25
5.22 Die zweite Stützisotherme		26
5.23 Die Zusatzfunktion $C(\delta, \vartheta)$		27
5.24 Die Zustandsgleichung		29
5.25 Die Prüfung der Zustandsgleichung		29
5.26 Der Gültigkeitsbereich der Zustandsgleichung		31
5.3 Die Berechnung der kalorischen Zustandsgrößen für das homogene Zustandsgebiet		31
5.31 Die spezifische Wärmekapazität des idealen Gases		31
5.32 Die Enthalpie		32
5.33 Die Bestimmung der Entropiekonstanten		33
5.34 Die Entropie		33
5.35 Die Exergie		34
5.36 Die spezifischen Wärmekapazitäten		34
5.4 Die Berechnung der Zustandsgrößen im Naßdampfgebiet		35
5.41 Die thermischen Zustandsgrößen		35
5.42 Die kalorischen Zustandsgrößen		35
5.5 Die Berechnung der Tafeln und Diagramme		37
5.51 Die Tafeln der thermischen und kalorischen Zustandsgrößen		37
5.52 Das Mollier-i,s-Diagramm		37
5.53 Das T,s-Diagramm		37
6. Literaturverzeichnis		39
7. Tafeln der Zustandsgrößen		41
Tafel I:	v, s, i und e im Temperaturbereich zwischen $-50\,°C$ und $+1250\,°C$ bis zu Drücken von 4500 bar	42
Tafel II:	c_v und c_p im Temperaturbereich zwischen $-50\,°C$ und $+1200\,°C$ bis zu Drücken von 4000 bar	92
Tafel III:	v, s, i und e im Temperaturbereich zwischen $60\,°K$ und $450\,°K$ bis zu Drücken von 1200 bar	95
Tafel IV:	c_v und c_p im Temperaturbereich zwischen $90\,°K$ und $450\,°K$ bis zu Drücken von 1000 bar	130
Tafel V:	Zustandsgrößen auf der Tau- und Siedekurve für gleiche Temperaturen	132
Tafel VI:	Zustandsgrößen auf der Tau- und Siedekurve für gleiche Drücke	133
Tafel VII:	$s, i,$ und e für Isobaren des Naßdampfgebiets	134

Formelzeichen

- c spez. Wärmekapazität
- C molare Wärmekapazität (Molwärme)
- e spez. Exergie
- i spez. Enthalpie
- M Molmasse
- m Anstieg
- p Druck
- $\boldsymbol{R}$ universelle Gaskonstante
- R Gaskonstante der Luft
- s spez. Entropie
- S molare Entropie
- T thermodynamische (absolute) Temperatur
- t Celsius-Temperatur $t = T - 273{,}15°$
- u spez. innere Energie
- U molare innere Energie
- v spez. Volumen
- x Molanteil

- δ reduzierte Dichte ϱ/ϱ_k
- ε relative Abweichung von gemessenen Größen
- ϑ reduzierte Temperatur T/T_k
- π reduzierter Druck p/p_k
- ξ transformierte Dichte $\delta - 1$
- σ reduzierte Gaskonstante $RT_k/p_k v_k$

Indices

- F Faltenpunkt
- k Punkt des kritischen Kontakts
- M Mischung
- p bei konstantem Druck
- v bei konstantem Volumen
- 0 ideales Gas
- $_0$ Bezugszustand
- $''$ Taukurve
- $'$ Siedekurve

1. Einleitung

Für die Anwendung der Thermodynamik in Wissenschaft und technischer Praxis ist es notwendig, über möglichst genaue Kenntnisse der thermodynamischen Eigenschaften der verwendeten Stoffe zu verfügen. Das vorliegende Tabellenwerk bringt eine Zusammenfassung der thermischen und kalorischen Zustandsgrößen der Luft in weiten Temperatur- und Druckbereichen. Aus praktischen Erwägungen wurde das bearbeitete Zustandsgebiet in zwei Teilbereiche aufgegliedert: ein Gebiet höherer Temperaturen von −50 °C bis 1250 °C mit einer oberen Druckgrenze von 4500 bar und das Gebiet tieferer Temperaturen von −210 °C bis +180 °C mit einer oberen Druckgrenze von 1200 bar.

Die vorhandenen Meßwerte von Druck, Volumen und Temperatur haben wir in jedem Teilbereich durch eine thermische Zustandsgleichung mit hoher Genauigkeit dargestellt. Da uns für die umfangreichen numerischen Rechnungen eine elektronische Digitalrechenanlage zur Verfügung stand, brauchte nicht auf größte Einfachheit der Zustandsgleichung Wert gelegt zu werden. Es wurde vor allem eine möglichst hohe Genauigkeit angestrebt. Dabei gelang es, die Abweichungen der Zustandsgleichung von den Meßwerten bis in den Bereich der Meßfehler herabzudrücken. Bei den überwiegend benutzten Meßwerten von A. MICHELS und Mitarbeitern entspricht das Abweichungen von nur einigen Zehnteln Promille.

Mittels der bekannten thermodynamischen Beziehungen zwischen thermischer und kalorischer Zustandsgleichung konnten Entropie, Enthalpie und die spez. Wärmekapazitäten c_p und c_v der Luft berechnet werden. Die Ergebnisse sind in umfangreichen Tafeln niedergelegt. Für gegebene Werte von Druck und Temperatur enthalten sie das spez. Volumen, die spez. Entropie, die spez. Enthalpie sowie die Werte der spez. Exergie (technische Arbeitsfähigkeit). Die spez. Wärmekapazitäten von Luft wurden in kürzeren Tafeln zusammengefaßt.

Drei Mollier-i,s-Diagramme und ein T,s-Diagramm zeigen graphische Darstellungen größerer Zustandsbereiche der Luft. Gerade diese Diagramme dürften für die technische

Tabelle 1. *Einheiten der thermodynamischen Zustandsgrößen*

Größe	Einheit	Größe	Einheit
Druck p	1 bar = 10^5 N/m²	Spez. Entropie s	1 kJ/kg °K
Thermodynamische Temperatur T	1 °K	Spez. Enthalpie i und Spez. Exergie e	1 kJ/kg
Celsius-Temperatur t	1 °C $t = T - 273{,}1\mathbf{5}°$ [1]	Spez. Wärmekapazität c_p bzw. c_v	1 kJ/kg grd
Spez. Volumen	1 m³/kg = 10^3 dm³/kg		

1 at = 10^4 kp/cm² = 0,98066**5** bar; 1 atm = 760 Torr = 1,0132**5** bar; 1 kcal$_{IT}$ = 4,1868 kJ
1 kcal$_{15°C}$ = 4,1855 kJ

---

[1] Eine halbfett gesetzte Endziffer bedeutet, daß der Zahlenwert absolut genau ist, da er durch Definition vereinbart wurde.

Praxis, etwa für die Berechnung von Hochdruckverdichtern oder die Auslegung von Luftverflüssigungsanlagen, gute Dienste leisten.

Für die Zustandsgrößen in den Tafeln und Diagrammen haben wir ausschließlich die Einheiten des Internationalen Einheitensystems benutzt. Alle spez. Größen wurden auf die Masse bezogen; die Einheit der Masse ist 1 Kilogramm = 1 kg. Eine kurze Übersicht über die verwendeten Einheiten gibt Tab. 1.

2. Die Berechnung von Zustandsdiagrammen

2.1 Allgemeines

Obwohl Luft ein Gemisch mehrerer reiner Stoffe ist, verhält es sich in den reinen Phasen wie ein Einkomponentensystem. Es gelten damit für Luft im wesentlichen die gleichen Gesichtspunkte bei der Aufstellung eines Zustandsdiagramms wie bei reinen Stoffen.

Zur Berechnung der thermodynamischen Eigenschaften eines Stoffes, also der Darstellung aller seiner Zustandsgrößen als Funktionen zweier unabhängiger Variablen (meistens Druck p und Temperatur T) kann man entweder von thermischen Messungen (p,v,T-Werten) oder von kalorischen Messungen (c_p-Werten oder Drosselversuchen) ausgehen. In den meisten Fällen sind die thermischen Messungen genauer und überdecken einen größeren Zustandsbereich. Dies ist auch bei Luft der Fall, wo sehr genaue p,v,T-Messungen von MICHELS und Mitarbeitern vorliegen, vgl. Abschn. 3. Wir haben daher die vorhandenen p,v,T-Meßwerte durch eine thermische Zustandsgleichung möglichst genau dargestellt. Da die Darstellung in analytischer Gestalt vorliegt, lassen sich hieraus die kalorischen Zustandsgrößen ohne vereinfachende Annahmen streng mathematisch über die bekannten thermodynamischen Beziehungen ermitteln.

2.2 Die Aufstellung der thermischen Zustandsgleichung

Eine genaue thermische Zustandsgleichung

$$F(p, v, T) = 0$$

bildet die Basis aller weiteren Rechnungen. Da wir den Bedürfnissen der Praxis entsprechend als unabhängige Zustandsgrößen Druck und Temperatur wählen, liegt es nahe, eine in v explizite Zustandsgleichung

$$v = v(p, T) \tag{1}$$

aufzustellen. Diese sog. „technische Form" der Zustandsgleichung hat jedoch gegenüber der sog. „physikalischen Form"

$$p = p(v, T) \tag{2}$$

den grundsätzlichen Nachteil, daß sie das Zustandsgebiet in der Umgebung des kritischen Punktes darzustellen kaum in der Lage ist. Es hat sich ferner gezeigt, daß weder Isobaren $p = $ const noch Isothermen $T = $ const einfache Kurvenscharen sind; dagegen weichen die Isochoren $v = $ const über weite Bereiche nur wenig von einer Schar gerader Linien ab. Isochoren sind daher wesentlich einfacher durch eine Gleichung darzustellen als Isobaren oder Isothermen. Auch aus diesem Grund wollen wir die Form (2) der Zustandsgleichung wählen. Der größere Rechenaufwand für die Ermittlung des nur in impliziter Form vorhandenen spez. Volumens v fällt nicht erheblich ins Gewicht, wenn für die Rechnung eine elektronische Rechenanlage zur Verfügung steht.

Über die Form der Zustandsgleichung (2) gibt es nur wenige allgemein gültige Angaben. Die statistische Thermodynamik lehrt, daß bei realen Gasen

$$\frac{pv}{RT} = 1 + \beta(T)\varrho + \gamma(T)\varrho^2 + \cdots \tag{3}$$

eine nach der Dichte fortschreitende Potenzreihe ist, deren Koeffizienten $\beta, \gamma, \ldots$ Temperaturfunktionen sind. Es sollen daher alle in der Zustandsgleichung auftretenden Funktionen der Dichte als Potenzreihen mit ganzzahligen Exponenten angesetzt werden.

H. BENZLER [12][1] benutzte die Gleichung

$$\pi = a(\delta) + b(\delta)(\vartheta - 1) + c(\delta)\frac{(\vartheta - 1)^2}{\vartheta} \tag{4}$$

mit den reduzierten Zustandsgrößen

$$\pi = p/p_k, \quad \delta = \varrho/\varrho_k = v_k/v, \quad \vartheta = T/T_k. \tag{5}$$

Die Dichtefunktionen a, b und c haben dabei einfache physikalische Bedeutungen: $a(\delta)$ ist die kritische Isotherme ($\vartheta = 1$), $b(\delta)$ ist der Anstieg $(\partial \pi/\partial \vartheta)_{\vartheta=1}$ der Isochoren bei der kritischen Temperatur T_k, und $2c(\delta)$ bedeutet die zweite Ableitung $(\partial^2 \pi/\partial \vartheta^2)_{\vartheta=1}$ der Isochoren bei der kritischen Temperatur. BENZLER stellte diese drei Dichtefunktionen in Übereinstimmung mit Gl. (3) als Potenzreihen der Dichte dar.

Die relativ einfache Zustandsgleichung (4) vermag jedoch höhere Genauigkeitsansprüche nicht zu befriedigen. Da die Isochoren nahezu Geradenscharen sind, stellt

$$\pi^* = a(\delta) + b(\delta)(\vartheta - 1) \tag{6}$$

den Hauptanteil aller Funktionswerte π dar. In Gl. (6) kann man zwar $a(\delta)$, die kritische Isotherme, genau aus den Meßwerten ermitteln; der Anstieg $b(\delta)$ ist jedoch viel empfindlicher gegenüber einer Streuung der Meßwerte und läßt sich nur ungenau bestimmen. Nach Gl. (4) erhält man ferner für die Krümmung der Isochoren

$$\left(\frac{\partial^2 \pi}{\partial \vartheta^2}\right)_\delta = \frac{2c(\delta)}{\vartheta^3}. \tag{7}$$

Jede Isochore (δ = const) hat danach eine Krümmung mit festem Vorzeichen. Dies entspricht jedoch nicht der Wirklichkeit, da besonders bei tieferen Temperaturen auf jeder Isochoren Krümmungswechsel auftreten[2], Abb. 1.

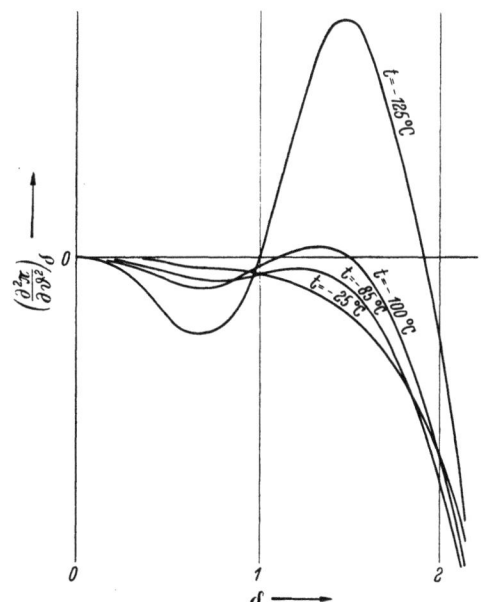

Abb. 1. Krümmung der Isochoren für Luft (qualitativ)

---

[1] Die Ziffern in eckigen Klammern beziehen sich auf das Literaturverzeichnis auf S. 39.

[2] Selbst wenn das Vorzeichen der tatsächlichen Krümmung mit dem durch das Glied $c(\delta)$ in Gl. (7) festgelegten übereinstimmt, ist die Annäherung nur bei kleinen Dichten gut. Bei größeren Dichten weicht die Temperaturabhängigkeit der Krümmung wesentlich von der Funktion $1/\vartheta^3$ ab.

Aus diesen Gründen wurde eine veränderte Form der BENZLERschen Gleichung entwickelt:

$$\pi = a(\delta) + \frac{b_1(\delta) - a(\delta)}{\vartheta_2 - \vartheta_1}(\vartheta - \vartheta_1) + C(\delta, \vartheta)\frac{(\vartheta - \vartheta_1)(\vartheta - \vartheta_2)}{\vartheta}. \qquad (8)$$

Sie besteht wieder aus einer Geradenschar

$$\pi^* = a(\delta) + \frac{b_1(\delta) - a(\delta)}{\vartheta_2 - \vartheta_1}(\vartheta - \vartheta_1) \qquad (9)$$

und einer Zusatzfunktion

$$F(\delta, \vartheta) = C(\delta, \vartheta)\frac{(\vartheta - \vartheta_1)(\vartheta - \vartheta_2)}{\vartheta}, \qquad (10)$$

welche die Krümmung der Isochoren erfassen soll.

Für die Darstellung der Geradenschar Gl. (9) werden jetzt *zwei* Stützisothermen, nämlich $\vartheta = \vartheta_1$ und $\vartheta = \vartheta_2$ herangezogen, die sich mit gleich großer Genauigkeit aus den Meßwerten bestimmen lassen. Enthält der darzustellende Zustandsbereich die kritische Isotherme, so wird man $\vartheta_1 = 1$ wählen, um alle für das kritische Gebiet geltenden thermodynamischen Bedingungen von vornherein mit zu verwerten.

Die Zusatzfunktion Gl. (10) verschwindet bei $\vartheta = \vartheta_1$ und $\vartheta = \vartheta_2$, wo die Geradenschar mit den beiden Stützisothermen bereits übereinstimmt. Der Faktor $1/\vartheta$ bewirkt das Verschwinden der Isochorenkrümmung bei sehr hohen Temperaturen; es gilt nämlich

$$\left(\frac{\partial^2 \pi}{\partial \vartheta^2}\right)_\delta = \frac{\vartheta_1 \vartheta_2}{\vartheta}\left(\frac{2C}{\vartheta^2} - \frac{2}{\vartheta}\frac{\partial C}{\partial \vartheta} + \frac{\partial^2 C}{\partial \vartheta^2}\right) + 2\frac{\partial C}{\partial \vartheta} + [\vartheta - (\vartheta_1 + \vartheta_2)]\frac{\partial^2 C}{\partial \vartheta^2}.$$

Enthält nun die Funktion $C(\delta, \vartheta)$ keine positive Potenz von ϑ, gilt also ein Ansatz

$$C(\delta, \vartheta) = c(\delta) + \frac{d(\delta)}{\vartheta} + \frac{e(\delta)}{\vartheta^2} + \cdots,$$

so wird für $\vartheta \to \infty$ auch die Krümmung der Isochoren zu Null.

Die Gestalt der Funktion $C(\delta, \vartheta)$ muß aus den Meßwerten bestimmt werden. Hierzu bildet man nach Berechnung der Geradenschar Gl. (9) die Differenz

$$\pi - \pi^* = C(\delta, \vartheta)\frac{(\vartheta - \vartheta_1)(\vartheta - \vartheta_2)}{\vartheta}$$

bzw. direkt

$$C(\delta, \vartheta) = \frac{(\pi - \pi^*)\vartheta}{(\vartheta - \vartheta_1)(\vartheta - \vartheta_2)} \qquad (11)$$

für alle vorhandenen Meßwerte. Dies wird in Abschn. 4.13 und 5.23 ausführlich besprochen.

2.3 Die Berechnung der kalorischen Zustandsgrößen

Der zweite Hauptsatz der Thermodynamik gibt die exakten Beziehungen, die zwischen den kalorischen und thermischen Zustandsgrößen bestehen. Wenn die thermische Zustandsgleichung in Form eines geschlossenen mathematischen Ausdrucks vorliegt, so lassen sich auch Entropie, Enthalpie und die spez. Wärmekapazitäten durch Gleichungen als Funktionen der unabhängigen Zustandsgrößen angeben.

2.31 Enthalpie

Die spez. Enthalpie läßt sich nach ihrer Definition

$$i = u + pv \tag{12}$$

aus der spez. inneren Energie u und dem Produkt pv ermitteln, das aus der thermischen Zustandsgleichung sofort berechenbar ist. Für die innere Energie gilt

$$du = c_v \, dT + \left[T \left(\frac{\partial p}{\partial T} \right)_v - p \right] dv \tag{13}$$

und mit den dimensionslosen Größen nach Gl. (5)

$$\frac{du}{RT_k} = \frac{c_v}{R} d\vartheta - \frac{1}{\sigma} \left[\vartheta \left(\frac{\partial \pi}{\partial \vartheta} \right)_\delta - \pi \right] \frac{d\delta}{\delta^2}, \tag{14}$$

wobei noch die reduzierte Gaskonstante

$$\sigma = \frac{RT_k}{p_k v_k} \tag{15}$$

eingeführt wurde.

Gl. (14) kann man in bekannter Weise integrieren und erhält

$$\frac{u}{RT_k} = \frac{u_0^0}{RT_k} + \int_{\vartheta_0}^{\vartheta} \frac{c_v^0(\vartheta)}{R} d\vartheta - \frac{1}{\sigma} \int_0^{\delta} \left[\vartheta \left(\frac{\partial \pi}{\partial \vartheta} \right)_\delta - \pi \right] \frac{d\delta}{\delta^2}. \tag{16}$$

Hierbei bedeutet $c_v^0(\vartheta)$ die spez. Wärmekapazität des idealen Gases (bei der Dichte $\delta = 0$). Diese Größe läßt sich im allgemeinen mit Hilfe der statistischen Thermodynamik berechnen, vgl. Abschn. 4.21. Das zweite Integral in Gl. (16) ist bei bekannter thermischer Zustandsgleichung leicht zu ermitteln. Schließlich bedeutet u_0^0 die innere Energie des idealen Gases bei $\vartheta = \vartheta_0$. Diese additive Konstante darf willkürlich festgelegt werden.

Für die Enthalpie erhält man dann nach Gl. (12)

$$\frac{i}{RT_k} = \frac{u}{RT_k} + \frac{\pi}{\sigma \delta} \tag{17}$$

mit u/RT_k nach Gl. (16).

2.32 Entropie

Bei der Berechnung der Entropie eines realen Gases geht man zunächst von der Entropie des idealen Gases aus:

$$\frac{s^0}{R} = \frac{s_0^0}{R} + \int_{\vartheta_0}^{\vartheta} \frac{c_v^0(\vartheta)}{R} \frac{d\vartheta}{\vartheta} - \int_{\delta_0}^{\delta} \frac{d\delta}{\delta}. \tag{18}$$

Hierbei bedeutet s_0^0 die Entropie des idealen Gases im willkürlich wählbaren Zustand (ϑ_0, δ_0). Die Konstante s_0^0 soll später so bestimmt werden, daß wir absolute Entropien (im Sinne des NERNST-PLANCKschen Wärmesatzes) erhalten. Darauf kommen wir in Abschn. 4.23 zurück.

Für das Entropiedifferential eines realen Gases gilt allgemein

$$ds = c_v \frac{dT}{T} + \left(\frac{\partial p}{\partial T} \right)_v dv,$$

also in dimensionsloser Form

$$\frac{ds}{R} = \frac{c_v}{R} \frac{d\vartheta}{\vartheta} - \frac{1}{\sigma} \left(\frac{\partial \pi}{\partial \vartheta} \right)_\delta \frac{d\delta}{\delta^2}.$$

Hiervon subtrahieren wir das Entropiedifferential ds^0/R des idealen Gases und erhalten

$$\frac{ds - ds^0}{R} = \frac{c_v - c_v^0}{R} \frac{d\vartheta}{\vartheta} - \frac{1}{\sigma}\left[\left(\frac{\partial \pi}{\partial \vartheta}\right)_\delta - \sigma\delta\right]\frac{d\delta}{\delta^2}. \tag{19}$$

Integrieren wir Gl. (19) zwischen den Grenzen $\delta = 0$ und δ, so verschwindet der erste Term wegen $c_v = c_v^0$, und wir erhalten für die Differenz der Entropie eines realen und eines idealen Gases

$$\frac{s - s^0}{R} = -\frac{1}{\sigma}\int_0^\delta \left[\left(\frac{\partial \pi}{\partial \vartheta}\right)_\delta - \sigma\delta\right]\frac{d\delta}{\delta^2}.$$

Damit wird schließlich für das reale Gas mit Gl. (18)

$$\frac{s}{R} = \frac{s_0^0}{R} + \int_{\vartheta_0}^\vartheta \frac{c_v^0(\vartheta)}{R}\frac{d\vartheta}{\vartheta} - \int_{\delta_0}^\delta \frac{d\delta}{\delta} - \frac{1}{\sigma}\int_0^\delta \left[\left(\frac{\partial \pi}{\partial \vartheta}\right)_\delta - \sigma\delta\right]\frac{d\delta}{\delta^2}. \tag{20}$$

2.33 Die spez. Wärmekapazitäten c_v und c_p

Die spez. Wärmekapazität c_v ist durch die Gleichung

$$c_v = \left(\frac{\partial u}{\partial T}\right)_v$$

definiert. Man kann c_v also durch Differentiation von Gl. (16) erhalten:

$$\frac{c_v}{R} = \frac{c_v^0(\vartheta)}{R} - \frac{\vartheta}{\sigma}\int_0^\delta \left(\frac{\partial^2 \pi}{\partial \vartheta^2}\right)_\delta \frac{d\delta}{\delta^2}. \tag{21}$$

Für die spez. Wärmekapazität c_p besteht die allgemeine thermodynamische Beziehung

$$c_p = c_v - T\frac{\left(\frac{\partial p}{\partial T}\right)_v^2}{\left(\frac{\partial p}{\partial v}\right)_T}.$$

Daraus erhält man in dimensionsloser Schreibweise

$$\frac{c_p}{R} = \frac{c_v}{R} + \frac{\vartheta}{\sigma}\frac{\left(\frac{\partial \pi}{\partial \vartheta}\right)_\delta^2}{\delta^2\left(\frac{\partial \pi}{\partial \delta}\right)_\vartheta}. \tag{22}$$

Aus Gl. (21) kann zuerst c_v bestimmt werden. Die in Gl. (22) auftretenden Ableitungen des Drucks nach der Temperatur und der Dichte sind berechenbar, wenn die thermische Zustandsgleichung bekannt ist.

3. Die für Luft vorhandenen Meßwerte

3.1 Thermische Zustandsgrößen

Zur Aufstellung der Zustandsgleichung wurden ausschließlich Meßwerte der Zustandsgrößen p, v und T herangezogen. Im einzelnen existieren folgende Untersuchungen:
1. AMAGAT [8] (1893): Isothermen von 0 bis 200 °C bei Drücken von 1 bis 3000 atm.
2. WITKOWSKI [55] (1896): Isothermen von 0 bis 140 °C bei Drücken von 1 bis 130 atm.

3. KOCH [36] (1908): Isothermen von 0 °C und −79 °C bei Drücken von 25 bis 200 atm.

4. HOLBORN und SCHULTZE [31] (1915): Isothermen von 0 bis 200 °C bei Drücken von 25 bis 100 atm.

5. PENNING [46] (1923): Isothermen von 20 bis −145 °C bei Drücken von 27 bis 60 atm.

6. KIYAMA [35] (1945): Die Isotherme 30 °C bei Drücken von 97 bis 4490 atm.

7. MICHELS und Mitarbeiter [41, 42] (1953): Isothermen von +75 bis −155 °C bei Drücken bis 2200 atm.

MICHELS und Mitarbeiter haben als einzige auch einige Meßpunkte im Gebiet des Zweiphasengleichgewichts aufgenommen.

Es existieren noch einige weitere Veröffentlichungen von AMAGAT [2–7]. Diese Werte liegen jedoch in Bereichen, welche zum größten Teil von den genaueren Werten in [8] überdeckt werden. Abb. 2 zeigt im p,T-Diagramm schematisch die Bereiche der einzelnen experimentellen Untersuchungen.

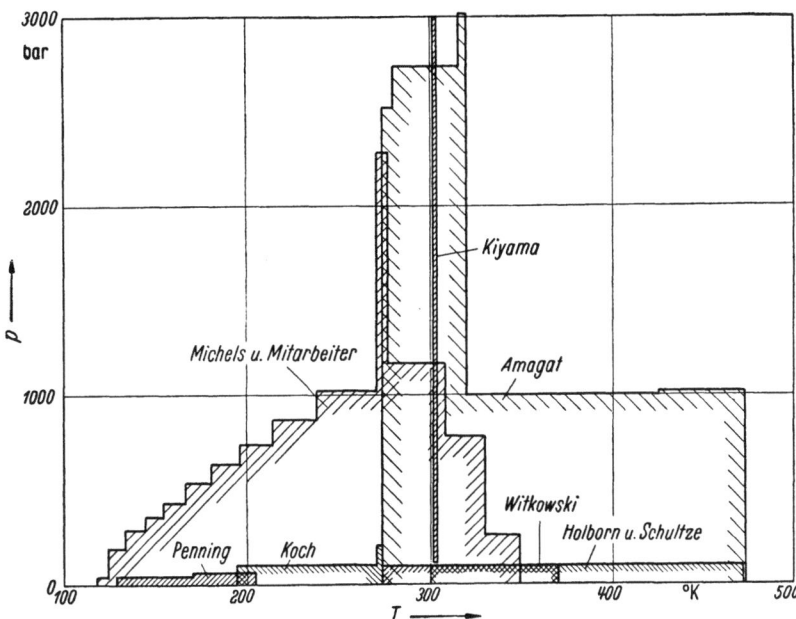

Abb. 2. p,T-Diagramm mit schematischer Darstellung der Meßbereiche verschiedener Forscher (AMAGAT [8]; HOLBORN u. SCHULTZE [31]; KIYAMA [35]; KOCH [36]; MICHELS u. Mitarbeiter [41, 42]; PENNING [46])

Bei der Aufstellung der Zustandsgleichungen erwiesen sich die Messungen von MICHELS und Mitarbeitern nicht nur als die neuesten, sondern auch als die weitaus genauesten. Auf Grund der geringen Streuung der Meßpunkte darf man annehmen, daß die Meßwerte einen Fehler von $0,2^0/_{00}$ des Produktes pv bei Isothermen oberhalb −50 °C nicht überschreiten und auch bei den tiefen Temperaturen nur einen Fehler von etwa $2^0/_{00}$ erreichen.

Wie umfangreiche Vergleiche ergaben, kann man eine ähnliche Genauigkeit nur noch der Arbeit von HOLBORN und SCHULTZE zuordnen. Leider wurden diese Messungen nur im kleinen Druckbereich zwischen 25 und 100 atm durchgeführt. Die AMAGATschen Versuchswerte weichen von den Werten von MICHELS und Mitarbeitern bis zu $5^0/_{00}$ des Produktes pv ab. Da AMAGAT in einem weiten Temperatur- und Druckbereich gemessen hat, konnte auf die Benutzung seiner Werte nicht verzichtet werden, besonders in dem von MICHELS nicht untersuchten Druckbereich von 2200 bis 3000 atm. Immerhin verdient die für die damalige

Zeit große Präzision der AMAGATschen Messungen besonders hervorgehoben zu werden. Alle anderen Messungen sind ungenauer und werden von den MICHELSschen Werten überdeckt, so daß sie für die Aufstellung der Zustandsgleichungen nicht in Frage kamen.

3.2 Meßwerte im Naßdampfgebiet

Da Luft ein Mehrstoffgemisch ist, verhält sie sich bei der Verdampfung und Kondensation anders als ein Einstoffsystem. Im thermischen Gleichgewicht der Phasen bei vorgegebenem Druck ist die Temperatur abhängig von der jeweiligen Zusammensetzung einer Phase. Daher fallen Isobaren und Isothermen im heterogenen Gebiet nicht zusammen. Das Zweiphasengebiet der pvT-Fläche ist keine Regelfläche mit zur v-Achse parallelen Erzeugenden. Dementsprechend fallen die Projektionen der beiden Grenzkurven in der p,T-Ebene nicht zusammen. Alle Zustände, bei denen sich die Flüssigkeit mit einem unendlich kleinen Teilchen Dampf im Gleichgewicht befindet, liegen auf der Siedekurve. Alle Gleichgewichtszustände zwischen dem Gas und einer unendlich kleinen Menge Flüssigkeit liegen auf der Taukurve.

Die ältesten Messungen der Tau- und Siedekurven stammen von OLSZEWSKI [45] (1884) und BALY [10] (1900). OLSZEWSKI veröffentlichte Meßwerte auf der Taukurve von etwa 1 atm bis in die Nähe des kritischen Druckes. BALY gab nur wenige Punkte auf der Tau- und Siedekurve bei Atmosphärendruck an.

KUENEN und CLARK [37] (1916/17) haben Tau- und Siedekurven von 23 atm bis zum kritischen Druck gemessen. Diese Messungen bilden bis heute die Grundlage für Dampfdruckdaten in den Handbüchern. Schließlich sind noch FURUKAWA und MCCOSKEY [24] zu erwähnen, die einige Taupunkte bei etwa 1 atm bestimmten.

Um diese spärlichen Versuchsdaten zu ergänzen, mußten auch aus den pvT-Daten von MICHELS und Mitarbeitern graphisch interpolierte Werte und die Untersuchungen des reinen Stickstoff-Sauerstoff-Gleichgewichts zu Hilfe genommen werden. Hierfür kam in erster Linie die Arbeit von DODGE und DUNBAR [19] in Frage; weitere Werte existieren von ARMSTRONG, GOLDSTEIN und ROBERTS [9] sowie von INGLIS [33].

Einige wenige Werte für die Dichten auf den Tau- und Siedekurven stammen ebenfalls von KUENEN und CLARK [37], von DEWAR [17] und von LADENBURG und KRÜGEL [38]. Die Verdampfungswärmen von N_2-O_2-Gemischen wurden von BEHN [11], SHEARER [50, 51], FENNER und RICHTMYER [23], ALT [1] und DANA [16] gemessen.

3.3 Sonstige Meßwerte

Umfangreiche Untersuchungen wurden über den integralen Kühleffekt bzw. den isothermen Drosseleffekt angestellt [13, 15, 26, 32, 44, 47, 48, 54]. Aus den großen Schwankungen der Meßwerte untereinander, die zum Teil bis zu 15% betragen, geht bereits hervor, daß ihre Genauigkeit beträchtlich hinter der Genauigkeit der pvT-Werte zurücksteht.

Über die spezifische Wärmekapazität gasförmiger Luft existiert ebenfalls reichhaltiges Material [14, 21, 25, 27, 29, 30, 34, 49, 52, 53]. Die spezifische Wärmekapazität gesättigter flüssiger Luft wurde im Temperaturintervall von −155 bis −190 °C von EUCKEN und HAUCK [20] bestimmt.

4. Die Zustandsgrößen der Luft im Temperaturbereich zwischen -50 und $+1250\,°C$

4.1 Die thermische Zustandsgleichung

4.11 Molmasse und kritische Daten

Mit der Molmasse der Luft von
$$M = 28{,}96 \text{ kg/kmol}$$
erhält man ihre Gaskonstante zu
$$R = 287{,}22 \text{ J/kg°K}.$$

Obwohl der kritische Zustand nicht im zuerst bearbeiteten oberen Temperaturbereich liegt, sollen alle Zustandsgrößen durch die kritischen Daten dimensionslos gemacht werden, um eine einheitliche Darstellung der beiden Temperaturbereiche zu erhalten. Als kritische Daten, vgl. Abschn. 5.11, wurden

$$p_k = 37{,}17 \text{ atm} = 37{,}66 \text{ bar} \qquad T_k = 132{,}52\,°K \qquad v_k = 3{,}19 \text{ dm}^3/\text{kg}$$

gewählt. Damit ergibt sich die reduzierte Gaskonstante (der kritische Koeffizient) zu

$$\sigma = \frac{R T_k}{p_k v_k} = 3{,}16323.$$

4.12 Die Stützisothermen

Als Stützisothermen $a(\delta)$ und $b_1(\delta)$, vgl. Abschn. 2.2, wurden zwei gemessene Isothermen mit möglichst großem Druck- bzw. Dichtebereich gewählt. $a(\delta)$ ist die von MICHELS und Mitarbeitern [41] gemessene Isotherme $t_1 = 0\,°C$ entsprechend $\vartheta_1 = 2{,}061198$. Die Meßwerte reichen hier bis 2200 atm. Als zweite Stützisotherme $b_1(\delta)$ wurde die von AMAGAT [8] bis zu 3000 atm gemessene Isotherme $t_2 = 45{,}1\,°C$ entsprechend $\vartheta_2 = 2{,}401524$ gewählt. In dem Druckbereich, in dem die genaueren Werte von MICHELS und Mitarbeitern vorhanden waren, wurden diese auf $\vartheta = \vartheta_2$ interpoliert und bei der Darstellung der Isotherme verwendet.

Für beide Isothermen muß das ideale Gasgesetz bei $\delta \to 0$ erfüllt sein. Dort gilt $\pi = 0$ und $\left(\frac{\partial \pi}{\partial \delta}\right)_{\delta=0} = \vartheta\sigma$. Die analytischen Ansätze für $a(\delta)$ und $b_1(\delta)$ haben daher die Gestalt

$$\left.\begin{array}{l} a(\delta) = \sum\limits_{n=0}^{8} a_n \delta^n \\ b_1(\delta) = \sum\limits_{n=0}^{8} b_{1n} \delta^n \end{array}\right\} \quad (23)$$

mit $a_0 = b_{10} = 0$ und $a_1 = \sigma\vartheta_1$ sowie $b_{11} = \sigma\vartheta_2$.

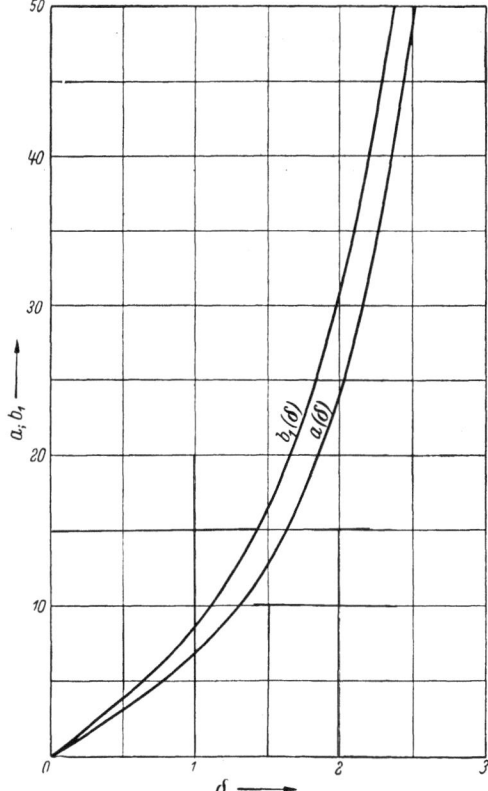

Abb. 3. Verlauf der Stützisothermen $a(\delta)$ und $b_1(\delta)$

4. Die Zustandsgrößen der Luft im Temperaturbereich zwischen -50 und $+1250$ °C

Den Verlauf der Funktionen $a(\delta)$ und $b_1(\delta)$ zeigt Abb. 3. Die in Gl. (23) auftretenden Koeffizienten a_n und b_{1n} haben die in Tab. 2 angeführten Werte.

Tabelle 2. *Koeffizienten der Funktionen $a(\delta)$, $b_1(\delta)$ nach Gl. (23), $b(\delta)$ nach Gl. (24) und $c(\delta)$, $d(\delta)$ nach Gl. (25a)*

n	a_n	b_{1n}	b_n	c_n	d_n
0	0	0	0	0	0
1	6,520035	7,596563	3,163226	0	0
2	$-0,938390$	$-0,366462$	1,680530	$-0,276855$	$-0,5338$
3	1,146406	1,367990	0,651093	0,567630	2,3859
4	$-0,146130$	$-0,467540$	$-0,944418$	$-3,693685$	$-3,3350$
5	0,352581	0,859613	1,489842	6,982027	3,2988
6	$-0,154021$	$-0,485475$	$-0,973931$	$-5,947155$	$-1,9992$
7	0,072096	0,183650	0,327786	2,411200	0,4900
8	$-0,009600$	$-0,025000$	$-0,045251$	$-0,390000$	0

Die Geradenschar zur Annäherung der Isochoren erhält die Gleichung

$$\pi^* = a(\delta) + \frac{b_1(\delta) - a(\delta)}{\vartheta_2 - \vartheta_1}(\vartheta - \vartheta_1)$$

bzw. mit

$$b(\delta) = \frac{b_1(\delta) - a(\delta)}{\vartheta_2 - \vartheta_1}$$

$$\pi^* = a(\delta) + b(\delta)(\vartheta - \vartheta_1). \tag{24}$$

Die Koeffizienten b_n der Funktion $b(\delta) = \sum_{n=0}^{8} b_n \delta^n$ sind ebenfalls in Tab. 2 enthalten.

4.13 Die Zusatzfunktion $C(\delta, \vartheta)$

Entsprechend den Ausführungen in Abschn. 2.2 muß nun die Zusatzfunktion

$$C(\delta, \vartheta) = \frac{(\pi - \pi^*)\vartheta}{(\vartheta - \vartheta_1)(\vartheta - \vartheta_2)}$$

aus den gemessenen Druckwerten π bestimmt werden. Da die Meßwerte in Form von Isothermen vorlagen, wurden aus diesen zunächst Werte auf Isochoren durch quadratische Interpolation ermittelt. Wie Vergleiche mit kubisch interpolierten Werten ergaben, ist die quadratische Interpolation genügend genau, so daß durch dieses Verfahren keine zusätzlichen Fehler entstehen.

Trägt man die Funktion $C(\delta, \vartheta)$ für verschiedene Isochoren über $1/\vartheta$ auf, so erscheinen die Isochoren der Funktion C als nahezu gerade Linien. Für C erhält man daher den Ansatz

$$C(\delta, \vartheta) = c(\delta) + \frac{d(\delta)}{\vartheta}. \tag{25}$$

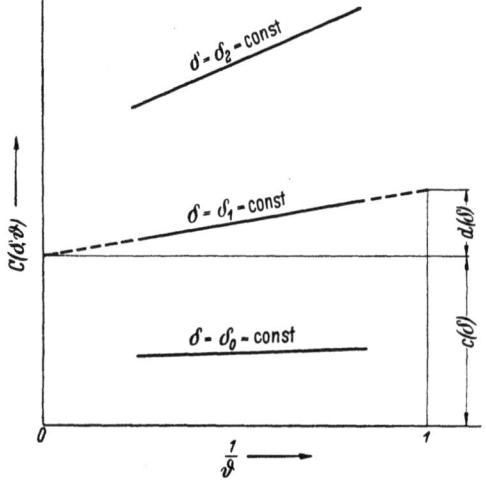

Abb. 4. Schematische Darstellung der Isochoren der Zusatzfunktion $C(\delta, \vartheta)$ und Bestimmung von $c(\delta)$ und $d(\delta)$ für eine Isochore

Die Dichtefunktion $c(\delta)$ findet man durch Extrapolation der Geraden auf $1/\vartheta = 0$; $d(\delta)$ wird als Anstieg der Geraden erhalten, vgl. Abb. 4.

4.14 Die Zustandsgleichung

Für $\delta \to 0$ muß die Zustandsgleichung in das ideale Gasgesetz
$$\pi = \sigma\vartheta\delta$$
übergehen. Dies wird aber bereits durch die Geradenschar π^* nach Gl. (24) besorgt, denn bei kleinen Dichten gilt
$$a(\delta) + b(\delta)(\vartheta - \vartheta_1) = \sigma\vartheta\delta + O(\delta^2).$$

Die Dichtefunktionen $c(\delta)$ und $d(\delta)$ dürfen also keine Glieder proportional δ enthalten, sie müssen mindestens mit δ^2 gegen Null gehen. Die Funktionen $c(\delta)$ und $d(\delta)$, vgl. Abb. 5 und 6, wurden wieder als Polynome in δ dargestellt. Es ergab sich

und
$$\left.\begin{aligned} c(\delta) &= \sum_{n=2}^{8} c_n \delta^n \\ d(\delta) &= \sum_{n=2}^{7} d_n \delta^n. \end{aligned}\right\} \tag{25a}$$

Die Koeffizienten c_n und d_n sind in Tab. 2 aufgeführt.

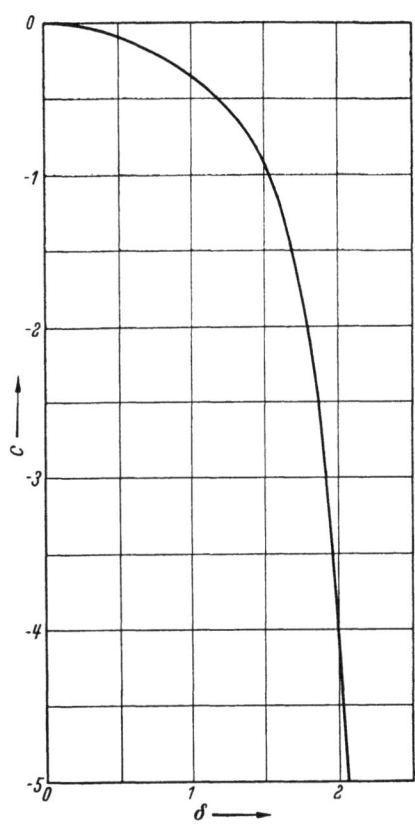
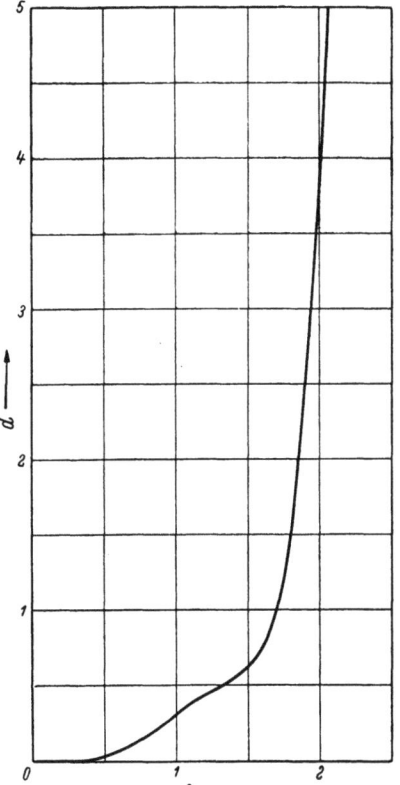

Abb. 5. Dichtefunktion $c(\delta)$ nach Gl. (25a)   Abb. 6. Dichtefunktion $d(\delta)$ nach Gl. (25a)

4.14 Die Zustandsgleichung

Die vollständige Zustandsgleichung
$$\pi(\delta, \vartheta) = a(\delta) + b(\delta)(\vartheta - \vartheta_1) + \left[c(\delta) + \frac{d(\delta)}{\vartheta}\right] \frac{(\vartheta - \vartheta_1)(\vartheta - \vartheta_2)}{\vartheta} \tag{26a}$$

läßt sich als Polynom der reduzierten Dichte δ darstellen, dessen Koeffizienten Temperatur-

4. Die Zustandsgrößen der Luft im Temperaturbereich zwischen −50 und +1250 °C

funktionen sind. Die höchste Potenz von δ ist dabei δ^8. Wir erhalten damit

$$\pi(\delta, \vartheta) = \sum_{i=0}^{8}\left(k_{1i}\vartheta + k_{2i} + \frac{k_{3i}}{\vartheta} + \frac{k_{4i}}{\vartheta^2}\right)\delta^i. \qquad (26\text{b})$$

Die Koeffizienten der Zustandsgleichung enthält Tab. 3.

Tabelle 3. *Koeffizienten der Zustandsgleichung* $\pi = \pi(\delta, \vartheta)$ *nach Gl.* (26 b)

i	k_{1i}	k_{2i}	k_{3i}	k_{4i}
0	0	0	0	0
1	3,163226	0	0	0
2	1,403675	− 3,700568	1,011764	− 2,642319
3	1,218723	− 0,342901	− 7,837830	11,810243
4	−4,638103	14,949391	− 3,400622	−16,508303
5	8,471869	−30,578323	19,839518	16,329113
6	−6,921086	26,394743	−20,516638	− 9,896072
7	2,738986	−10,874051	9,748745	2,425508
8	−0,435251	1,824133	− 1,930506	0

Für die numerischen Rechnungen erwies es sich als zweckmäßig, statt δ die Variable

$$\xi = \delta - 1 \qquad (27)$$

zu benutzen. Damit erhält die Zustandsgleichung die Gestalt

$$\pi(\xi, \vartheta) = \sum_{i=0}^{8}\left(K_{1i}\vartheta + K_{2i} + \frac{K_{3i}}{\vartheta} + \frac{K_{4i}}{\vartheta^2}\right)\xi^i, \qquad (28)$$

deren Koeffizienten in Tab. 4 aufgeführt sind.

Tabelle 4. *Koeffizienten der Zustandsgleichung* $\pi = \pi(\xi, \vartheta)$ *nach Gl.* (28)

i	K_{1i}	K_{2i}	K_{3i}	K_{4i}
0	5,002039	−2,327576	−3,085569	1,518170
1	7,598056	−4,680725	−6,197521	3,360568
2	3,465304	−2,174357	−1,590371	−0,475690
3	0,453735	3,125956	−0,280159	−3,960499
4	−0,698108	5,076446	−5,881947	1,588962
5	0,090003	1,586512	−6,645001	7,888349
6	0,064788	1,352110	−6,329591	7,082484
7	−0,743022	3,719013	−5,695303	2,425508
8	−0,435251	1,824133	−1,930506	0

4.15 Die Prüfung der Zustandsgleichung

Die Prüfung der Zustandsgleichung an Hand von Meßwerten zeigt eine ausgezeichnete Übereinstimmung mit den Werten von MICHELS und Mitarbeitern [41, 42]. Die Abweichungen

$$\varepsilon = \frac{\pi_{\text{gem}} - \pi_{\text{berechn}}}{\pi_{\text{gem}}} 10^3\, {}^0\!/_{00}$$

überschreiten in den meisten Fällen nicht 0,3⁰/₀₀, vgl. Tab. 5. Damit ist die Meßgenauigkeit weitgehend ausgeschöpft, und weitere Verbesserungen dürften schwerlich zu erreichen sein.

4.15 Die Prüfung der Zustandsgleichung

Tabelle 5. *Abweichungen ε der Zustandsgleichung (28) von den Meßwerten*

Meßwerte von MICHELS u. Mitarbeitern [41, 42]

$t = -50\,°C$			$t = -25\,°C$			$t = 0\,°C$			$t = 25\,°C$		
v dm³/kg	$p_{berechn}$ bar	ε ⁰/₀₀	v dm³/kg	$p_{berechn}$ bar	ε ⁰/₀₀	v dm³/kg	$p_{berechn}$ bar	ε ⁰/₀₀	v dm³/kg	$p_{berechn}$ bar	ε ⁰/₀₀
79,596	7,9540	−0,07	80,218	8,8109	−0,13	105,45	7,4083	−0,03	116,38	7,3415	−0,02
39,579	15,807	−0,00	39,897	17,575	−0,16	56,612	13,753	0,03	42,102	20,227	−0,16
10,892	54,484	−0,06	17,198	40,035	−0,07	33,628	23,048	−0,07	18,544	45,727	0,08
4,4495	126,92	0,12	8,5330	78,885	0,03	9,1601	83,159	0,03	7,4319	114,59	−0,07
2,8934	203,91	−0,23	5,3176	125,57	−0,08	3,7956	208,91	0,05	4,4966	195,83	−0,17
2,2983	284,15	−0,20	3,7085	183,97	−0,04	2,4153	384,62	−0,07	3,2024	294,92	−0,02
2,0417	351,77	0,13	2,6111	287,46	0,11	1,7936	684,54	0,07	2,3634	461,18	0,11
1,8016	462,29	0,01	2,0617	427,74	−0,06	1,4356	1249,1	0,18	2,0375	603,32	0,18
1,5987	635,85	−0,10	1,6105	760,45	0,58	1,2623	1921,3	−0,27	1,7936	790,40	0,24
1,4485	866,64	0,72	1,4576	1021,9	1,06	1,2044	2282,7	0,05	1,5318	1177,4	−0,18

$t = 50\,°C$			$t = 50\,°C$			$t = 75\,°C$			$t = 75\,°C$		
v dm³/kg	$p_{berechn}$ bar	ε ⁰/₀₀	v dm³/kg	$p_{berechn}$ bar	ε ⁰/₀₀	v dm³/kg	$p_{berechn}$ bar	ε ⁰/₀₀	v dm³/kg	$p_{berechn}$ bar	ε ⁰/₀₀
90,656	10,226	−0,11	3,7956	267,67	−0,05	116,38	8,5928	0,10	13,757	73,347	0,24
42,102	22,001	−0,03	2,8014	400,99	0,08	45,405	22,041	0,17	9,1601	111,39	0,06
18,544	49,965	0,19	2,4153	504,67	−0,16	28,010	35,779	0,23	6,0590	172,77	−0,09
9,1601	102,01	0,01	2,1265	631,00	−0,12	20,705	48,491	0,28	5,0239	212,81	0,03
5,0239	193,04	−0,11	1,9032	786,26	−0,01	16,676	60,337	0,23	4,2446	258,92	−0,05

Meßwerte von HOLBORN u. SCHULTZE [31]

$t = 0\,°C$			$t = 100\,°C$			$t = 150\,°C$			$t = 200\,°C$		
v dm³/kg	$p_{berechn}$ bar	ε ⁰/₀₀	v dm³/kg	$p_{berechn}$ bar	ε ⁰/₀₀	v dm³/kg	$p_{berechn}$ bar	ε ⁰/₀₀	v dm³/kg	$p_{berechn}$ bar	ε ⁰/₀₀
30,281	25,565	−0,04	54,004	19,896	−0,09	56,083	21,788	−0,21	55,336	24,751	−0,23
15,281	50,186	−0,04	21,475	50,342	0,51	24,270	50,794	0,17	27,197	50,834	0,12
10,238	74,481	−0,19	14,594	74,568	0,26	16,706	74,410	−0,17	18,731	74,493	−0,24
7,6599	99,382	0,07	11,046	99,316	0,26	12,662	99,109	−0,13	14,087	100,10	−0,62

Meßwerte von AMAGAT [8]

$t = 0\,°C$			$t = 45,1\,°C$			$t = 99,4\,°C$			$t = 200,4\,°C$		
v dm³/kg	$p_{berechn}$ bar	ε ⁰/₀₀	v dm³/kg	$p_{berechn}$ bar	ε ⁰/₀₀	v dm³/kg	$p_{berechn}$ bar	ε ⁰/₀₀	v dm³/kg	$p_{berechn}$ bar	ε ⁰/₀₀
7,5286	101,12	2,03	1,7572	916,41	−4,92	10,856	100,94	3,80	9,5094	151,83	0,78
3,8920	202,93	2,59	1,6841	1013,7	−0,47	5,6755	202,01	3,14	7,2965	202,64	0,04
2,8304	303,04	3,17	1,6226	1112,1	2,22	4,0197	302,55	4,69	5,1238	303,57	1,28
2,0737	503,51	6,15	1,5707	1209,8	5,01	3,2157	404,22	2,71	4,0545	404,79	1,26
1,8957	604,71	5,33	1,4833	1414,7	2,73	2,7569	504,21	4,77	3,4215	506,66	−0,07
1,6798	802,67	9,78	1,4179	1611,7	5,89	2,4582	603,77	6,77	3,0045	609,12	−1,84
1,5467	1001,3	11,76	1,3193	2011,5	7,40	2,2439	705,30	5,60	2,7097	711,84	−3,57
1,3312	1596,1	15,48	1,2798	2218,4	4,81	2,0845	807,17	4,37	2,4907	814,38	−4,74
1,2481	2001,6	12,30	1,2330	2510,1	9,08	1,9630	907,43	4,80	2,3213	916,79	−5,34
1,1734	2519,5	5,39	1,1680	3021,2	6,12	1,8686	1004,3	8,85	2,1882	1017,2	−3,93

14 4. Die Zustandsgrößen der Luft im Temperaturbereich zwischen −50 und +1250 °C

Für die Meßwerte von HOLBORN und SCHULTZE [*31*] gilt dasselbe. Lediglich bei den ungenaueren Meßwerten von AMAGAT zeigen sich größere Abweichungen. Immerhin reicht auch hier die Genauigkeit für alle technischen Zwecke aus.

4.16 Der Gültigkeitsbereich der Zustandsgleichung

Die beiden Stützisothermen konnten bis zu verhältnismäßig hohen Dichten sehr genau dargestellt werden. Die obere Grenze des Gültigkeitsbereichs unserer Zustandsgleichung liegt bei

$$\delta_{max} = 2{,}653,$$

also bei einer Dichte, die mehr als zweieinhalbmal so groß wie die kritische Dichte ist. Darüber hinaus ist eine Extrapolation nicht statthaft, da keine Meßwerte vorhanden sind, um den verhältnismäßig komplizierten Verlauf der Dichtefunktionen $a(\delta)$, $b(\delta)$, $c(\delta)$ und $d(\delta)$ festzulegen.

Als untere Temperaturgrenze ist −75 °C anzusehen, da wir Meßwerte bei tieferen Temperaturen nicht berücksichtigt haben. Meßwerte liegen bis zu Temperaturen von +200 °C vor. Diese obere Temperaturgrenze kann aber ohne weiteres überschritten werden. Da die über $1/\vartheta$ aufgetragene Zusatzfunktion $C(\delta, \vartheta)$ geradlinig verläuft, erschien uns eine Extrapolation zu höheren Temperaturen (kleineren Werten von $1/\vartheta$) durchaus statthaft, solange nur die maximal zulässige Dichte δ_{max} nicht überschritten wird. Zur Berechnung der Tabellen haben wir daher die Zustandsgleichung bis $t = 1250$ °C − dort beginnt etwa die Dissoziation − und bis zu maximalen Drücken von 4500 bar extrapoliert, falls nicht durch die Bedingung $\delta \leq \delta_{max} = 2{,}653$ eine niedrigere Druckgrenze einzuhalten war. Wir erwarten, daß der Fehler auch bei sehr hohen Drücken und Temperaturen, die außerhalb des durch Meßwerte gesicherten Gebietes liegen, nur wenige Prozent erreicht. In dem Temperaturbereich ($t \leq 200$ °C), in dem Meßwerte vorhanden sind, ist die Genauigkeit sehr hoch; die Abweichungen liegen hier, wie schon erwähnt, bei 0,2 ⁰/₀₀ des gemessenen Drucks.

4.2 Die Berechnung der kalorischen Zustandsgrößen

4.21 Die spez. Wärmekapazität des idealen Gases

Für die Berechnung der kalorischen Zustandsgrößen braucht man neben der thermischen Zustandsgleichung noch die spez. Wärmekapazität c_v^0 im idealen Gaszustand ($\delta = 0$). Diese Werte sind für die einzelnen Gase, aus denen sich die Luft zusammensetzt, mit Hilfe spektroskopischer Daten sehr genau berechnet worden. In einer Veröffentlichung des National Bureau of Standards, Washington, von HILSENRATH und Mitarbeitern [*28*] findet man diese Werte als Funktionen der Temperatur tabelliert. Wir haben daher zunächst

$$\frac{c_v^0}{R} = x_{N_2} \frac{C_{pN_2}^0}{R} + x_{O_2} \frac{C_{pO_2}^0}{R} + x_{Ar} \frac{C_{pAr}^0}{R} + x_{CO_2} \frac{C_{pCO_2}^0}{R} - 1 \qquad (29)$$

aus den vertafelten Werten der Molwärmen C_p^0/R der einzelnen Gase punktweise berechnet. Entsprechend der Molmasse M der Luft erhielten wir für ihre Zusammensetzung

$$x_{N_2} = 0{,}7825 \, \frac{\text{kmol N}_2}{\text{kmol Luft}}, \qquad x_{O_2} = 0{,}2079 \, \frac{\text{kmol O}_2}{\text{kmol Luft}},$$

$$x_{Ar} = 0{,}0093 \, \frac{\text{kmol Ar}}{\text{kmol Luft}}, \qquad x_{CO_2} = 0{,}0003 \, \frac{\text{kmol CO}_2}{\text{kmol Luft}}.$$

Die übrigen Spurenbestandteile der Luft wurden vernachlässigt, da ihr Einfluß auf die spez. Wärmekapazität belanglos ist.

Die nach Gl. (29) für verschiedene Temperaturen erhaltenen Werte wurden durch die Funktion

$$\frac{c_v^0(\vartheta)}{R} = \sum_{i=0}^{8} p_i \vartheta^i \tag{30}$$

mit den Koeffizienten p_i, vgl. Tab. 6, im Bereich 200 °K $\leq T \leq$ 1500 °K entsprechend 1,509206 $\leq \vartheta \leq$ 11,319046 dargestellt. Die Ergebnisse sind in Tab. 6 mit Werten von HILSENRATH [28] verglichen. Die Abweichungen liegen ausnahmslos unter 0,1°/₀₀.

Tabelle 6
Koeffizienten p_i nach Gl. (30). Abweichungen ε der Funktion c_v^0/R von den Werten von HILSENRATH [28]

i	p_i	T °K	$(c_v^0/R)_{\text{berechn}}$	ε °/₀₀
0	2,32888242	200	2,4920	0,06
1	0,33717962	300	2,5003	0,07
2	−0,27209984	400	2,5301	0,10
3	0,10757964	500	2,5863	−0,01
4	−0,22036922 · 10⁻¹	600	2,6611	0,02
5	0,26249563 · 10⁻²	700	2,7440	0,09
6	−0,1852063 · 10⁻³	800	2,8268	0,08
7	0,7216 · 10⁻⁵	900	2,9044	0,02
8	−0,12 · 10⁻⁶	1000	2,9747	−0,04
$\varepsilon = \dfrac{\left(\dfrac{c_v^0}{R}\right)_{\text{Hils}} - \left(\dfrac{c_v^0}{R}\right)_{\text{berechn}}}{\left(\dfrac{c_v^0}{R}\right)_{\text{Hils}}} \cdot 10^{3}\,°/_{00}$		1100	3,0370	−0,07
		1200	3,0916	−0,07
		1300	3,1394	0,01
		1400	3,1815	0,05
		1500	3,2189	0,03

4.22 Die Enthalpie

Die Enthalpie ergibt sich aus den allgemein gültigen Gln. (16) und (17) von Abschn. 2.31, wobei wir in diese statt δ die Veränderliche $\xi = \delta - 1$ einführen wollen. Zur Bestimmung der Integrationskonstanten u_0^0 wurden die Enthalpie und die innere Energie des idealen Gases willkürlich bei $T = 0$ °K Null gesetzt. Als Bezugstemperatur ϑ_0 in Gl. (16) wählten wir $T_0 = 200$ °K entsprechend $\vartheta_0 = 1,509206$. Für diese Temperatur kann man

$$\frac{u_0^0}{RT_k} = \sum_n x_n \frac{U_{0n}^0}{RT_k}$$

setzen. Die molaren inneren Energien U_{0n}^0 der einzelnen Gase im idealen Gaszustand bei $T_0 = 200$ °K wurden direkt den Tafeln von HILSENRATH und Mitarbeitern [28] entnommen, da dort ebenfalls $U_{0n}^0 = 0$ für $T = 0$ °K gesetzt war. Wir erhielten so

$$\frac{u_0^0}{RT_k} = 3,752163.$$

Die spez. Enthalpie wurde dann nach der Gleichung

$$\frac{i}{RT_k} = \frac{\pi}{\sigma(\xi+1)} + \frac{u_0^0}{RT_k} + \int_{1,509206}^{\vartheta} \frac{c_v^0(\vartheta)}{R}\, d\vartheta - \frac{1}{\sigma} \int_{-1}^{\xi} \left[\vartheta\left(\frac{\partial \pi}{\partial \vartheta}\right)_\xi - \pi\right] \frac{d\xi}{(\xi+1)^2}$$

berechnet. Hierbei ist der reduzierte Druck π mit seiner Ableitung $(\partial \pi/\partial \vartheta)_\xi$ aus Gl. (28)

4. Die Zustandsgrößen der Luft im Temperaturbereich zwischen -50 und $+1250\,°C$

leicht zu bestimmen. Die spez. Wärmekapazität $c_v^0(\vartheta)$ ist durch Gl. (30) gegeben. Nach Ausführen der Differentiationen und Integrationen erhält man

$$\frac{i}{RT_{k_s}} = \frac{\pi}{\sigma(\xi+1)} + \sum_{i=0}^{9} q_i \vartheta^i + \sum_{i=0}^{7}\left(M_{1i} + \frac{M_{2i}}{\vartheta} + \frac{M_{3i}}{\vartheta^2}\right)\xi^i. \qquad (31)$$

Die Koeffizienten q_i, M_{1i}, M_{2i}, M_{3i} sind in Tab. 7 zusammengestellt.

Tabelle 7. *Koeffizienten q_i, M_{1i}, M_{2i} und M_{3i} zur Berechnung der spez. Enthalpie i nach Gl. (31)*

i	q_i	i	M_{1i}	M_{2i}	M_{3i}
0	0,05544316	0	$-0,887155$	$-1,160292$	0,253554
1	2,32888242	1	$-0,735823$	$-1,950900$	1,439831
2	0,16858981	2	$-0,004042$	$-0,008341$	0,153749
3	$-0,90699946 \cdot 10^{-1}$	3	0,021536	0,326242	$-0,835323$
4	$0,26894910 \cdot 10^{-1}$	4	0,216772	$-0,529476$	0,237077
5	$-0,44073844 \cdot 10^{-2}$	5	$-0,038791$	$-0,092374$	0,423264
6	$0,43749271 \cdot 10^{-3}$	6	0,003728	$-0,193293$	0,383392
7	$-0,26458042 \cdot 10^{-4}$	7	0,082381	$-0,174370$	0
8	$0,90200000 \cdot 10^{-6}$				
9	$-0,13333333 \cdot 10^{-7}$				

4.23 Die Bestimmung der Entropiekonstanten

Die in der allgemeinen Gl. (20) auftretende Entropiekonstante s_0^0 soll so bestimmt werden, daß Gl. (20) absolute Entropien im Sinne des PLANCK-NERNSTschen Wärmesatzes liefert. Die in den Tabellen von HILSENRATH und Mitarbeitern [28] angegebenen Entropiewerte für die reinen Stoffe im idealen Gaszustand (bei $p = 1$ atm) sind bereits derartige absolute Entropien. Ihre Summe ergibt bei $T_0 = 200\,°K$:

$$\frac{\sum s_{0n}^0}{R} = x_{N_2}\frac{S_{N_2}^0}{R} + x_{O_2}\frac{S_{O_2}^0}{R} + x_{Ar}\frac{S_{Ar}^0}{R} + x_{CO_2}\frac{S_{CO_2}^0}{R} = 21,9333$$

Um hieraus die absolute Entropie der Luft zu erhalten, muß noch die Mischungsentropie

$$\frac{\Delta s_M}{R} = -(x_{N_2}\ln x_{N_2} + x_{O_2}\ln x_{O_2} + x_{Ar}\ln x_{Ar} + x_{CO_2}\ln x_{CO_2}) = 0,56440$$

berücksichtigt werden. Damit erhalten wir für die Entropiekonstante (die absolute Entropie der Luft im idealen Gaszustand bei 200 °K und 1 atm)

$$\frac{s_0^0}{R} = \frac{\Delta s_M}{R} + \frac{\sum s_{0n}^0}{R} = 22,4977.$$

4.24 Die Entropie

Zum Bezugszustand $T_0 = 200\,°K$ und $p_0 = 1$ atm, für den wir die absolute Entropie des idealen Gases bestimmt haben, gehören die reduzierte Temperatur $\vartheta_0 = 1{,}509206$ und die reduzierte Dichte $\delta_0 = 0{,}005635$, die aus der thermischen Zustandsgleichung des idealen Gases zu berechnen ist. Der Wert von δ_0 entspricht $\xi_0 = -0{,}994365$. Die Entropiegleichung (20) lautet dann unter Berücksichtigung der Transformation $\xi = \delta - 1$

$$\frac{s}{R} = \frac{s_0^0}{R} + \int_{1,509\,206}^{\vartheta} \frac{c_v^0(\vartheta)}{R}\frac{d\vartheta}{\vartheta} - \int_{-0,994\,365}^{\xi}\frac{d\xi}{\xi+1} - \frac{1}{\sigma}\int_{-1}^{\xi}\left[\left(\frac{\partial\pi}{\partial\vartheta}\right)_\xi - \sigma(\xi+1)\right]\frac{d\xi}{(\xi+1)^2}.$$

Mit der thermischen Zustandsgleichung (28) und Gl. (30) für $c_v^0(\vartheta)$ erhält man daraus

$$\frac{s}{R} = \sum_{i=0}^{8} r_i \vartheta^i + C \ln \vartheta - \ln(\xi + 1) + \sum_{i=0}^{7} \left(L_{1i} + \frac{L_{2i}}{\vartheta^2} + \frac{L_{3i}}{\vartheta^3} \right) \xi^i \qquad (32)$$

mit den in Tab. 8 angegebenen Koeffizienten.

Tabelle 8. *Koeffizienten r_i, L_{1i}, L_{2i}, L_{3i} und C zur Berechnung der spez. Entropie s nach Gl. (32)*

i	r_i	i	L_{1i}	L_{2i}	L_{3i}
0	$1{,}60629354 \cdot 10$	0	$-0{,}504254$	$-0{,}580145$	$0{,}169036$
1	$0{,}33717962$	1	$-0{,}581309$	$-0{,}975450$	$0{,}959887$
2	$-0{,}13604992$	2	$-0{,}119689$	$-0{,}004171$	$0{,}102499$
3	$0{,}35859880 \cdot 10^{-1}$	3	$-0{,}011811$	$0{,}163121$	$-0{,}556882$
4	$-0{,}55092305 \cdot 10^{-2}$	4	$0{,}041701$	$-0{,}264738$	$0{,}158052$
5	$0{,}52499126 \cdot 10^{-3}$	5	$-0{,}015496$	$-0{,}046187$	$0{,}282176$
6	$-0{,}30867716 \cdot 10^{-4}$	6	$-0{,}006717$	$-0{,}096647$	$0{,}255594$
7	$0{,}10308571 \cdot 10^{-5}$	7	$0{,}019657$	$-0{,}087185$	0
8	$-0{,}15 \cdot 10^{-7}$			$C = 2{,}32888242$	

4.25 Die Exergie

Für technische Anwendungen ist es wertvoll, die Exergie (technische Arbeitsfähigkeit)

$$e = i - i_u - T_u(s - s_u) \qquad (33)$$

für jeden Zustand zu kennen. Wir haben daher auch diese Zustandsgröße berechnet. Als Umgebungszustand wurde

$$t_u = 15\,°\text{C}, \quad p_u = 1\,\text{bar}$$

gewählt. Aus Gl. (33) folgt

$$e = i - T_u s - (i_u - T_u s_u).$$

Die spez. Enthalpie und die spez. Entropie sind für jeden Zustand nach Gl. (31) und (32) berechenbar. Für die Konstante $(i_u - T_u s_u)$ ergab sich der Wert

$$i_u - T_u s_u = -1679{,}9\,\text{kJ/kg}.$$

4.26 Die spez. Wärmekapazitäten

Nach Gl. (21) erhält man für die spez. Wärmekapazität c_v unter Berücksichtigung der Transformation $\xi = \delta - 1$

$$\frac{c_v}{R} = \frac{c_v^0(\vartheta)}{R} - \frac{\vartheta}{\sigma} \int_{-1}^{\xi} \left(\frac{\partial^2 \pi}{\partial \vartheta^2} \right)_\xi \frac{d\xi}{(\xi + 1)^2}. \qquad (34)$$

Die Temperaturabhängigkeit von c_v^0 im idealen Gaszustand ist durch Gl. (30) gegeben. Das in Gl. (34) auftretende Integral kann nach Differentiation der Zustandsgleichung (28) leicht berechnet werden. Es wird

$$-\frac{\vartheta}{\sigma} \int_{-1}^{\xi} \left(\frac{\partial^2 \pi}{\partial \vartheta^2} \right)_\xi \frac{d\xi}{(\xi + 1)^2} = \sum_{i=0}^{7} \left(\frac{N_{1i}}{\vartheta^2} + \frac{N_{2i}}{\vartheta^3} \right) \xi^i \qquad (34\text{a})$$

mit den Koeffizienten von Tab. 9.

4. Die Zustandsgrößen der Luft im Temperaturbereich zwischen −50 und +1250 °C

Tabelle 9. *Koeffizienten zur Berechnung der spez. Wärmekapazitäten c_v und c_p nach Gl.* (34), (34a), (35) *und* (35a)

i	N_{1i}	N_{2i}	O_{1i}	O_{2i}	O_{3i}
0	1,160292	−0,507108	2,812431	1,734883	−1,707203
1	1,950900	−2,879661	1,459629	1,749717	−2,071802
2	0,008341	−0,307498	0,488763	−0,855520	2,606722
3	−0,326242	1,670646	−0,233647	1,013041	1,846914
4	0,529476	−0,474155	−0,158869	2,294125	−3,633724
5	0,092374	−0,846529	0,209474	1,442073	−5,236835
6	0,193293	−0,766783	−0,173046	2,116783	−2,727518
7	0,174370	0	−0,244723	1,085441	0

i	P_{1i}	P_{2i}	P_{3i}	P_{4i}
0	7,598056	− 4,680725	− 6,197521	3,360568
1	6,930608	− 4,348714	− 3,180742	− 0,951380
2	1,361205	9,377868	− 0,840477	−11,881497
3	−2,792432	20,305784	−23,527788	6,355848
4	0,450015	7,932560	−33,225005	39,441745
5	0,388728	8,112660	−37,977546	42,494904
6	−5,201154	26,033091	−39,867121	16,978556
7	−3,482008	14,593064	−15,444048	0

Die spez. Wärmekapazität c_p erhält man aus Gl. (22):

$$\frac{c_p}{R} = \frac{c_v}{R} + \frac{\vartheta}{\sigma} \frac{\left(\frac{\partial \pi}{\partial \vartheta}\right)_\xi^2}{(\xi+1)^2 \left(\frac{\partial \pi}{\partial \xi}\right)_\vartheta}. \qquad (35)$$

Für die Ableitungen des Druckes nach der Dichte und der Temperatur ergibt sich aus der thermischen Zustandsgleichung (28)

$$\frac{\vartheta}{\sigma} \frac{\left(\frac{\partial \pi}{\partial \vartheta}\right)_\xi^2}{(\xi+1)^2 \left(\frac{\partial \pi}{\partial \xi}\right)_\vartheta} = \frac{\left[\sum_{i=0}^{7}\left(O_{1i}+\frac{O_{2i}}{\vartheta^2}+\frac{O_{3i}}{\vartheta^3}\right)\xi^i\right]^2}{\sum_{i=0}^{7}\left(P_{1i}+\frac{P_{2i}}{\vartheta}+\frac{P_{3i}}{\vartheta^2}+\frac{P_{4i}}{\vartheta^3}\right)\xi^i} \qquad (35\,a)$$

mit den Koeffizienten von Tab. 9.

4.3 Die Berechnung der Tafeln und Diagramme

4.31 Die Tafeln der thermischen und kalorischen Zustandsgrößen

Die in den letzten Abschnitten erhaltenen Endgleichungen für die thermischen und kalorischen Zustandsgrößen wurden mit Hilfe der elektronischen Rechenanlage Z 22 (Fa. ZUSE KG) des Mathematischen Instituts der Technischen Universität Berlin ausgewertet. Unabhängige Zustandsgrößen sind wie üblich Druck und Temperatur.

Zu jedem Wert von p und T kann das spez. Volumen v aus der thermischen Zustandsgleichung bestimmt werden. Dies ist gleichbedeutend mit der Lösung einer algebraischen Gleichung 8. Grades, was bei der Verwendung einer elektronischen Rechenanlage keine besonderen Schwierigkeiten verursacht. In Gl. (28) wurden also für π und ϑ vorgegebene Werte eingesetzt und daraus der Wert von $\xi = \delta - 1$ berechnet. Der so erhaltene Wert von ξ konnte dann in die Gleichungen zur Bestimmung der kalorischen Zustandsgrößen eingesetzt werden.

Tafel I auf S. 42 bis 91 enthält für insgesamt 76 Isobaren folgende Zustandsgrößen: das spez. Volumen v in dm³/kg, die spez. Entropie s in kJ/kg grd, die spez. Enthalpie i in kJ/kg und die spez. Exergie e in kJ/kg. Der Temperaturbereich erstreckt sich von -50 °C bis $+1250$ °C.

In Tafel II auf S. 92 bis 94 sind Werte der spez. Wärmekapazitäten c_v und c_p in kJ/kg grd angegeben. Gegenüber Tafel I wurde die Zahl der Isobaren vermindert und auch der Temperaturschritt vergrößert, um die Tabelle nicht zu umfangreich werden zu lassen.

Die vertafelten Zustandsgrößen v, s, i und e sind stets mit 5 geltenden Ziffern angegeben worden. Dies übersteigt im allgemeinen die Genauigkeit, mit der diese Größen auf Grund der Meßgenauigkeit der Versuchswerte bekannt sind. Für Interpolationszwecke und bei der Berechnung der Differenzen von Zustandsgrößen in eng benachbarten Zuständen vermeidet man jedoch durch die höhere Stellenzahl Abrundungsfehler und Unstetigkeiten.

4.32 Mollier-i, s-Diagramme

Für den in Tafel I erfaßten Zustandsbereich wurden außerdem zwei Mollier-i, s-Diagramme gezeichnet. Diagramm 1 stellt den Temperaturbereich zwischen -50 °C und $+420$ °C in großem Maßstab dar. Neben Isobaren und Isothermen wurde noch die „Umgebungsgerade" $e = 0$ eingezeichnet, um ein Abgreifen der spez. Exergie aus dem Diagramm zu ermöglichen, vgl. Abb. 7.

Diagramm 2 umfaßt nahezu den ganzen, hier berechneten Temperaturbereich von -50 °C bis zu $+1250$ °C, allerdings in etwas kleinerem Maßstab. Die Umgebungsgerade $e = 0$ ist ebenfalls eingezeichnet.

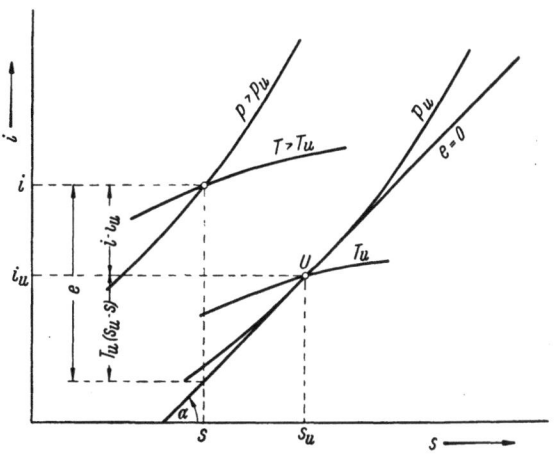

Abb. 7. Abgreifen der Exergie e aus dem i, s-Diagramm mit Hilfe der Umgebungsgeraden $e = 0$

5. Die Zustandsgrößen der Luft im Temperaturbereich zwischen 60 °K und 450 °K

5.1 Die thermischen Zustandsgrößen im Naßdampfgebiet

5.11 Die kritischen Daten

Die Berechnung der Zustandsgrößen stützt sich im wesentlichen auf die Meßwerte von MICHELS und Mitarbeitern [41, 42]. Dazu treten noch einige ältere Daten für das Zweiphasengebiet, vgl. Abschn. 3.2. Nach den Angaben, die wir den Arbeiten von MICHELS und Mitarbeitern entnehmen konnten, ist die Luft wasser- und CO_2-frei und besitzt die Molmasse

$$M = 28{,}95 \text{ kg/kmol}.$$

Luft als ein Gemisch mehrerer chemisch einheitlicher Stoffe verhält sich im kritischen Gebiet anders als ein Einstoffsystem. Bei Einstoffsystemen ist der Zustand maximaler Temperatur auf der Dampfdruckkurve auch gleichzeitig der Zustand maximalen Druckes (kritischer Punkt). Im π,δ-Diagramm besitzt die kritische Isotherme eines Einstoffsystems im kritischen Punkt eine waagerechte Wendetangente.

Bei Mehrstoffsystemen, also auch bei Luft, unterscheidet man im allgemeinen einen Punkt maximaler Temperatur und einen von ihm verschiedenen Punkt maximalen Druckes. Der Punkt maximaler Temperatur wird von einer Isothermen berührt, die eine dort allerdings nicht waagerechte Wendetangente besitzt. Man bezeichnet ihn als Punkt des *kritischen Kontakts* und die Isotherme als kritische Isotherme. Im Punkt maximalen Druckes gehen Tau- und Siedekurve kontinuierlich ineinander über. Dieser Punkt heißt *Faltenpunkt*. Zwischen dem Punkt des kritischen Kontakts und dem Faltenpunkt liegt das Gebiet der retrograden Kondensation (Abb. 8). Es umfaßt bei Luft ein Temperaturintervall von nur 0,1 Grad, so daß ihm technisch keine Bedeutung zukommt.

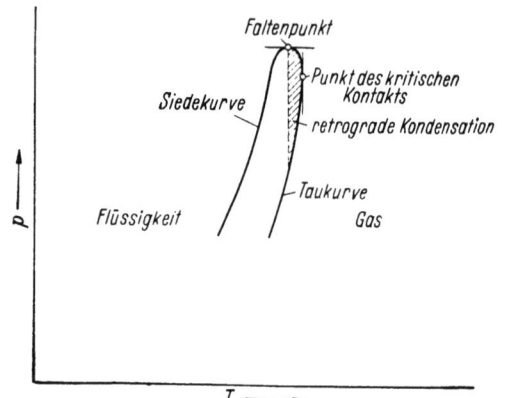

Abb. 8. Siede- und Taukurve im kritischen Gebiet

Die einzigen direkten Messungen des kritischen Punktes und des Faltenpunktes der Luft haben KUENEN und CLARK [37] ausgeführt. Sie fanden folgende Daten:

$T_k = 132{,}52\ °K \qquad T_F = 132{,}42\ °K$

$p_k = 37{,}17\ \text{atm} \qquad p_F = 37{,}25\ \text{atm}.$

Für T_k und p_k ermittelten MICHELS und Mitarbeiter graphisch dieselben Werte. Sie können daher als realtiv gesichert gelten und liegen auch dieser Arbeit zugrunde, desgleichen die Werte T_F und p_F. Wesentlich differieren aber die Angaben über die Volume, vgl. Tab. 10.

Tabelle 10. *Spez. Volume v_k und v_F nach Angaben verschiedener Forscher*

	v_k dm³/kg	v_F dm³/kg
KUENEN und CLARK ..	3,23	2,86
MICHELS	3,19	3,09
DIN	3,13	3,05
Diese Arbeit	3,19	2,96

Zu ihrer Ermittlung wurden die Werte von KUENEN und CLARK [37] und von MICHELS [42] für die Dichte auf den Grenzkurven graphisch dargestellt und durch eine Kurve verbunden (Abb. 9). Die Halbierungspunkte der Isothermen und der Isobaren im Zweiphasengebiet – die Isobaren sind hier näherungsweise durch Geraden ersetzt – ergeben zwei Linien, deren Schnittpunkte mit der Grenzkurve den Punkt des kritischen Kontaktes und den Faltenpunkt kennzeichnen. Die Schnittpunkte wurden durch Extrapolation ermittelt. Die genannten Linien sind bei Luft gekrümmt im Gegensatz zu der bekannten Regel von CAILLETET und MATHIAS für den „geraden Durchmesser". Es ergab sich $v_k = 3{,}19\ \text{dm}^3/\text{kg}$ in Übereinstimmung mit dem Wert von MICHELS und $v_F = 2{,}96\ \text{dm}^3/\text{kg}$, ein guter Mittelwert unter den bisherigen Angaben. Zum Vergleich sind in Tab.10 noch die von DIN [*18*] (1956) benutzten aber nicht direkt gemessenen Werte angegeben.

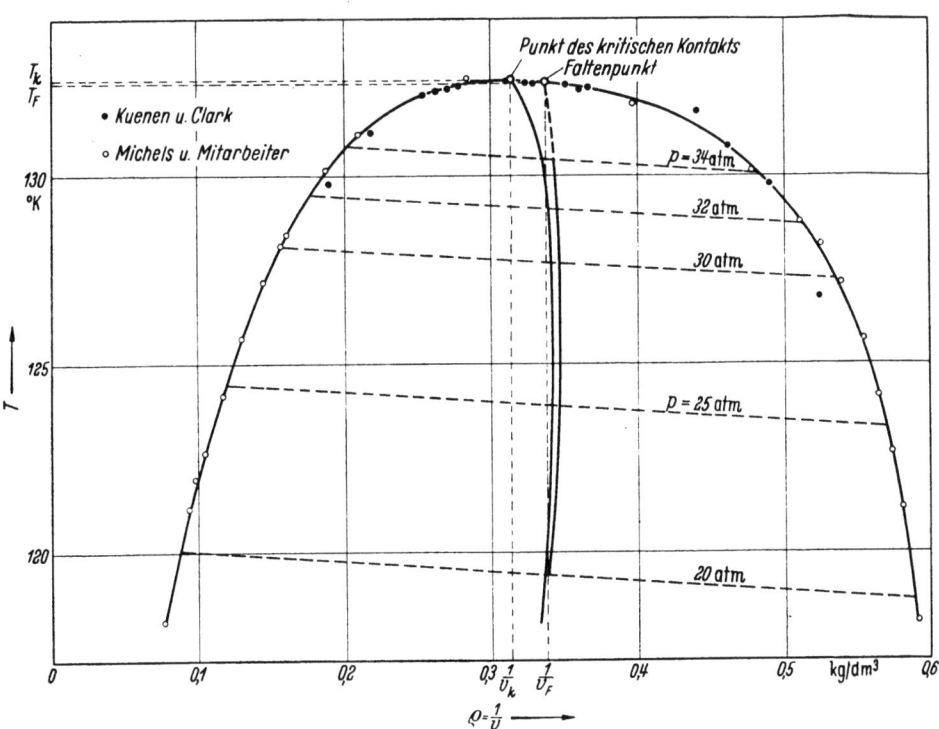

Abb. 9. Dichte-Grenzkurven nach Angaben von MICHELS [*42*] und nach Meßwerten von KUENEN und CLARK [*37*]

5.12 Die Dampfdruckkurven

Eine sinnvolle halbempirische Darstellung der Dampfdruckkurve, die sich durch die Gleichung von CLAUSIUS-CLAPEYRON für Einstoffsysteme begründen läßt, ist

$$\lg \pi = f\left(\frac{1}{\vartheta}\right).$$

Trägt man $\lg \pi$ über $1/\vartheta$ auf, so erhält man bei Einstoffsystemen näherungsweise *eine* Gerade, die im kritischen Punkt endet, bei Zwei- und Mehrstoffsystemen jedoch im allgemeinen *zwei* Geraden, die im kritischen Gebiet mit starker Krümmung ineinander übergehen, Abb. 10.

Zur analytischen Darstellung der Tau- und Siedekurve wurde im $\lg \pi, 1/\vartheta$-Diagramm zunächst durch die vorhandenen Meßwerte mit möglichst guter Näherung eine Gerade gelegt und dazu eine Zusatzfunktion addiert, welche besonders im kritischen Gebiet die richtige Charakteristik herstellt, bei niedrigen Temperaturen jedoch klein bleibt.

Leider liegen relativ zuverlässige Untersuchungen nur von KUENEN und CLARK [*37*] sowie von MICHELS und Mitarbeitern [*42*] im Bereich $0{,}89 < \vartheta < 1$ vor. Die Werte von OLSZEWSKI [*45*] und BALY [*10*] weichen stark von den obengenannten ab, vgl. Abb. 10, so daß nur ihre Tendenz berücksichtigt werden konnte. Daher mußten wir uns entschließen, die von DODGE und DUNBAR [*19*] gemessenen Sättigungswerte des Systems Stickstoff–Sauer-

5. Die Zustandsgrößen der Luft im Temperaturbereich zwischen 60 °K und 450 °K

stoff mitzuverwenden, und zwar berechneten wir Werte, die der Zusammensetzung

$$x_{N_2} = 0{,}785 \text{ kmol } N_2/\text{kmol } (N_2 + O_2),$$
$$x_{O_2} = 0{,}215 \text{ kmol } O_2/\text{kmol } (N_2 + O_2)$$

entsprachen.

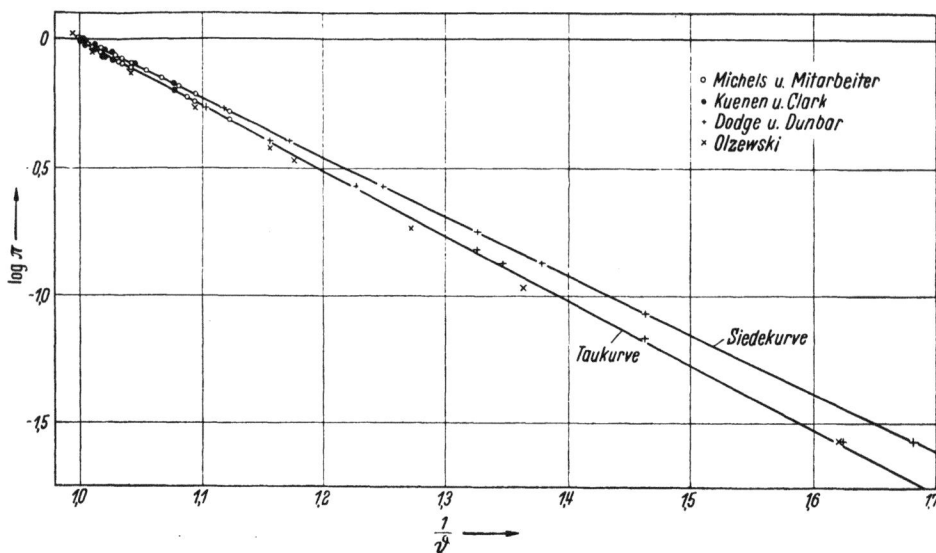

Abb. 10. Tau- und Siedekurve im $\lg \pi$, $1/\vartheta$-Diagramm nach Meßwerten verschiedener Autoren (DODGE u. DUNBAR [19]; KUENEN u. CLARK [37]; MICHELS [42]; OLSZEWSKI [45])

Die *Taukurve* wurde nur bis zum Punkt des kritischen Kontaktes dargestellt, da das Intervall zwischen ϑ_k und ϑ_F von der Größe 0,1 grd keine praktische Bedeutung besitzt. Folgende Bedingungen müssen von der Funktion erfüllt sein, vgl. auch Abb. 8:

1. Für $\vartheta = \vartheta_k = 1$: $\pi'' = \pi_k = 1$
2. $\left(\dfrac{d\pi''}{d\vartheta}\right)_{\vartheta_k} = \infty$, mithin auch $\left(\dfrac{d(\lg \pi'')}{d\left(\dfrac{1}{\vartheta}\right)}\right)_{\vartheta_k} = -\infty$.

Es ergab sich damit für die Taukurve

$$\lg \pi'' = \alpha + \frac{\beta}{\vartheta} + \gamma \left(1 - \sqrt{1-\vartheta}\right) e^{\zeta(1-1/\vartheta)} \tag{36}$$

mit den 4 Konstanten $\alpha = 2{,}53293$, $\beta = -2{,}53901$, $\gamma = 0{,}00609$, $\zeta = 271{,}6$. Tab. 11 zeigt die Abweichungen gegenüber den Werten von KUENEN und CLARK und MICHELS. Der normale Taupunkt ($p'' = 1$ atm) liegt bei $\vartheta_0'' = 0{,}61880$ oder $T_0'' = 82{,}00$ °K.

Die Bedingungen für die *Siedekurve* lauten:

1. Für $\vartheta = \vartheta_F = 0{,}99925$: $\pi' = \pi_F = 1{,}00215$,
2. $\left(\dfrac{d\pi'}{d\vartheta}\right)_{\vartheta_F} = 0$ bzw. $\left(\dfrac{d(\lg \pi')}{d\left(\dfrac{1}{\vartheta}\right)}\right)_{\vartheta_F} = 0$.

Ihre Gleichung wurde zu

$$\lg \pi' = \eta + \frac{\varkappa}{\vartheta} + 10^{-3}\left(3 + \tau \sqrt{\psi + \frac{1}{\vartheta}}\right) e^{\mu(\nu + 1/\vartheta)} \tag{37}$$

5.13 Die Dichte auf den Grenzkurven

bestimmt mit den Konstanten $\eta = 2{,}2997$, $\varkappa = -2{,}30116$, $\mu = -41{,}503$, $\nu = -1{,}000755$, $\tau = 75{,}0893$, $\psi = -1{,}00053$. Tab. 11 zeigt die Abweichungen von den Meßwerten der Siedekurve. Der normale Siedepunkt ($p' = 1$ atm) liegt bei $\vartheta_0' = 0{,}59463$ oder $T_0' = 78{,}80$ °K.

Tabelle 11. *Abweichungen ε der nach Gl. (36) und (37) berechneten Drücke auf der Tau- und Siedekurve von den Meßwerten von* KUENEN *und* CLARK *[37] und* MICHELS *und Mitarbeitern [42]*

Werte von MICHELS und Mitarbeitern						Meßwerte von KUENEN und CLARK					
Taukurve			Siedekurve			Taukurve			Siedekurve		
T	p_berechn	ε	T	p_berechn	ε	T	p_berechn	ε	T	p_berechn	ε
°K	bar	⁰/₀₀	°K	bar	⁰/₀₀	°K	bar	⁰/₀₀	°K	bar	⁰/₀₀
118,15	18,240	0,21	118,15	19,713	−4,07	123,03	23,658	14,00	123,03	25,000	14,66
121,15	21,456	−2,62	121,15	22,857	0,09	129,03	31,707	− 7,47	126,83	29,801	14,03
121,95	22,375	−4,53	122,65	24,556	−1,43	129,81	32,873	−18,62	128,80	32,573	11,47
127,15	29,013	1,62	124,15	26,346	−0,04	130,80	34,403	− 1,28	129,03	32,909	19,37
128,15	30,426	−0,16	125,65	28,237	−0,64	131,80	36,078	−10,39	129,81	34,069	4,94
128,443	30,849	0,49	127,15	30,237	0,30	132,30	37,096	3,79	130,80	35,565	5,95
130,15	33,391	−0,12	128,15	31,636	−1,36	132,35	37,214	− 2,10	131,80	37,041	− 1,84
			128,785	32,551	−1,14	132,41	37,363	3,12	132,30	37,666	0,19
			130,15	34,581	−0,55	132,46	37,493	0,48	132,35	37,709	− 0,42
			131,92	37,206	−3,75	132,51	37,632	− 0,53	132,41	37,742	4,59

$$\varepsilon = \frac{p_\text{gem} - p_\text{berechn}}{p_\text{gem}} \cdot 10^3 \; ^0\!/_{00}.$$

5.13 Die Dichte auf den Grenzkurven

Für die reine Flüssigkeitsphase existieren bei unterkritischen Temperaturen so wenig Meßwerte, daß sie zum Aufbau einer Zustandsgleichung nicht ausreichen. Um wenigstens die Flüssigkeitsgrenzkurve zu erfassen, wurde neben dem Druck auf der Siedekurve auch die entsprechende Dichte durch eine Gleichung dargestellt. Für die Taukurve dagegen gilt als Grenzfall noch die Zustandsgleichung.

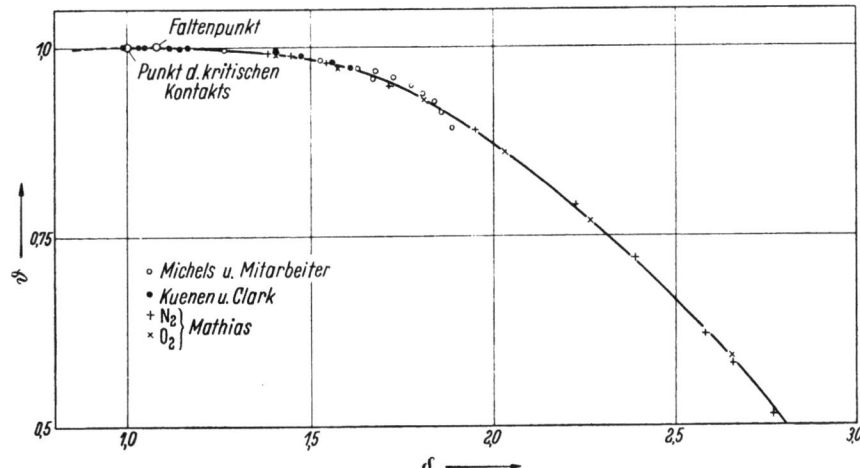

Abb. 11. Flüssigkeitsdichten auf der Siedekurve nach Meßwerten von MATHIAS [*39, 40*] für N_2 und O_2, nach Meßwerten von KUENEN und CLARK [*37*] sowie nach den Angaben von MICHELS [*42*] für Luft. —— Gl. (38a) für die Flüssigkeitsdichte

Die einzigen Meßergebnisse für die Dichte auf den Grenzkurven stammen von KUENEN und CLARK [*37*]. MICHELS und Mitarbeiter ermittelten ihre Werte aus benachbarten Meß-

24   5. Die Zustandsgrößen der Luft im Temperaturbereich zwischen 60 °K und 450 °K

punkten nach einem in [42] S. 389 beschriebenen Verfahren. Die graphisch gefundenen Werte von MICHELS stehen nur bis zur Dichte $\delta = 1,8$ zur Verfügung und sind offenbar nicht sehr genau. Das zeigen die auf ihre jeweiligen kritischen Daten bezogenen Meßwerte des Stickstoffs [40] und Sauerstoffs [39] von MATHIAS und Mitarbeitern in Abb. 11. Da diese Werte beinahe zusammenfallen, ist anzunehmen, daß die gesuchten Dichten für Luft ebenfalls nahezu mit ihnen identisch sind. Diese Annahme wurde bei der Aufstellung der Gleichung für die Dichte berücksichtigt.

Wählt man zur Darstellung der Flüssigkeitsdichte die Beziehung

$$\vartheta' = f(\delta'),$$

so sind folgende Bedingungen zu erfüllen:

1. Für $\delta' = \delta_k = 1$: $\vartheta' = \vartheta_k = 1$
2. Für $\delta' = \delta_F$: $\vartheta' = \vartheta_F$
3. $\left(\dfrac{df(\delta')}{d\delta'}\right)_{\delta_k = 1} = 0.$

Sie sind bei Wahl des folgenden Ansatzes erfüllt:

$$\vartheta'(\delta') = 1 + (\delta' - 1)^2 \frac{\vartheta_F - 1}{(\delta_F - 1)^2} [1 + (\delta' - \delta_F) F(\delta')] \tag{38}$$

mit

$$F(\delta') = \sum_{m=0}^{M} h_m \delta'^m.$$

Die Koeffizienten g_n der nach Potenzen von δ' entwickelten und mit $\xi' = \delta' - 1$ umgeformten Funktion

$$\vartheta'(\xi) = \sum_{n=0}^{7} g_n \xi'^n \tag{38a}$$

enthält Tab. 12. Die Gleichung ist gültig im Bereich $0 \leq \xi' < 1,8$ und $0,5 < \vartheta' \leq 1$. Wie man aus Tab. 12 entnehmen kann, ist die Streuung der Meßwerte recht beträchtlich.

Tabelle 12. *Koeffizienten g_n von Gl. (38a) für die Flüssigkeitsdichte auf der Siedekurve. Abweichungen ε der Gl. (38a) von den Meßwerten von* KUENEN *und* CLARK [37] *und von* MICHELS [42]

n	g_n	KUENEN und CLARK			MICHELS		
		ξ'	$\vartheta_{\text{berechn}}$	ε ⁰/₀₀	ξ'	$\vartheta_{\text{berechn}}$	ε ⁰/₀₀
0	1						
1	0	0,03195	0,99984	−0,29	0,07987	0,99924	0,01
2	−0,178421	0,04792	0,99968	−0,21	0,26518	0,99596	−0,49
3	0,893612	0,11821	0,99861	0,63	0,52396	0,98220	−0,09
4	−2,119651	0,16613	0,99779	0,93	0,62939	0,96839	3,49
5	1,985004	0,40256	0,99134	3,32	0,67732	0,96005	7,21
6	−0,844330	0,47284	0,98682	0,20	0,72524	0,95040	9,46
7	0,136084	0,55911	0,97826	1,24	0,77316	0,93946	9,17
$\varepsilon = \dfrac{\vartheta' - \vartheta'_{\text{berechn}}}{\vartheta'} 10^3$ ⁰/₀₀		0,60703	0,97183	0,10	0,80511	0,93147	5,73
		0,67093	0,96124	−4,36	0,83706	0,92295	2,78
					0,85942	0,91669	−2,72

5.2 Die thermische Zustandsgleichung

5.21 Die kritische Isotherme

Als eine der beiden Stützisothermen, vgl. S. 4, wählten wir die kritische Isotherme, die das Zweiphasengebiet im Punkt des kritischen Kontakts berührt. Für $\delta = 1$ (kritische Dichte) und $\delta = 0$ sind einige Grenzbedingungen zu erfüllen. Am kritischen Punkt $\delta = 1$ gilt

$$a(\delta = 1) = \pi(\vartheta = 1, \delta = 1) = 1,$$

$$\left(\frac{da}{d\delta}\right)_{\delta=1} = \left(\frac{\partial \pi}{\partial \delta}\right)_{\vartheta=1, \delta=1} = m_k,$$

$$\left(\frac{d^2 a}{d\delta^2}\right)_{\delta=1} = \left(\frac{\partial^2 \pi}{\partial \delta^2}\right)_{\vartheta=1, \delta=1} = 0,$$

$$\left(\frac{d^3 a}{d\delta^3}\right)_{\delta=1} = \left(\frac{\partial^3 \pi}{\partial \delta^3}\right)_{\vartheta=1, \delta=1} > 0.$$

Die kritische Isotherme besitzt im Punkt des kritischen Kontakts einen Wendepunkt mit einem Anstieg der Wendetangente $m_k > 0$. Dieser Anstieg wurde mit Hilfe der Dampfdruckkurven und der Dichten auf den Grenzkurven bestimmt. Nimmt man die Isothermen des Zweiphasengebiets als gerade Linie an, so ist deren Steigung

$$m(\vartheta) = \frac{\pi''(\vartheta) - \pi'(\vartheta)}{\delta''(\vartheta) - \delta'(\vartheta)}.$$

Durch Extrapolation dieser Werte auf $\vartheta = 1$ erhielten wir

$$m_k = \lim_{\vartheta \to 1} m(\vartheta) = 0{,}047,$$

vgl. Abb. 12.

Für sehr kleine Dichten muß das ideale Gasgesetz $\pi = \sigma \delta \vartheta$ erfüllt sein. Es gelten daher die Bedingungen

$$a(\delta = 0) = \pi(\vartheta = 1, \delta = 0) = 0,$$

$$\left(\frac{da}{d\delta}\right)_{\delta=0} = \left(\frac{\partial \pi}{\partial \delta}\right)_{\vartheta=1, \delta=0} = \sigma.$$

Allen bei der Darstellung der kritischen Isotherme zu beachtenden 5 Bedingungen genügt der Ansatz

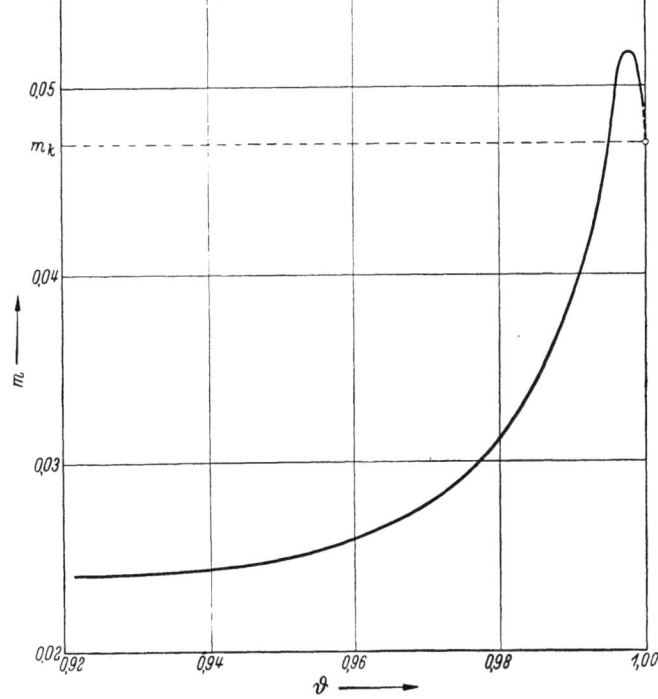

Abb. 12. Steigung $m(\vartheta)$ der Isothermen im Zweiphasengebiet und Extrapolation zur Bestimmung des Isothermenanstiegs m_k im Punkt des kritischen Kontakts

$$a(\delta) = 1 + m_k(\delta - 1) + (\delta - 1)^3 [1 - m_k + (3 - 2m_k - o)\delta + \delta^2 F_a(\delta)]$$

mit

$$F_a(\delta) = \sum_{m=0}^{M} a_m \delta^m.$$

26   5. Die Zustandsgrößen der Luft im Temperaturbereich zwischen 60 °K und 450 °K

Tabelle 13. *Koeffizienten a_n nach Gl. (39), b_{1n} nach Gl. (40), b_n nach Gl. (41a), c_n, d_n und e_n nach Gl. (42a)*

n	a_n	b_{1n}	b_n	c_n	d_n	e_n
0	0	0	0	0	0	0
1	3,163226	6,326452	3,163226	0	0	0
2	−3,505619	−1,037900	2,467719	−1,1657	−0,7100	0,61613
3	2,577239	0,931400	−1,645839	6,5207	1,7600	− 1,18074
4	−4,481602	0,484000	4,965602	−24,8881	−3,8354	− 57,69489
5	5,967941	−0,441600	−6,409541	45,8117	6,1074	426,66377
6	−2,615470	0,293800	2,909270	−43,9845	−3,6720	−1347,63940
7	−1,193917	−0,040800	1,153117	22,5400	0,7200	2318,35674
8	1,555368	0	−1,555368	− 5,8440	0	−2365,89623
9	−0,528953	0	0,528953	0,6000	0	1474,11753
10	0,061787	0	−0,061787	0	0	− 551,37700
11	0	0	0	0	0	113,90000
12	0	0	0	0	0	10,00000

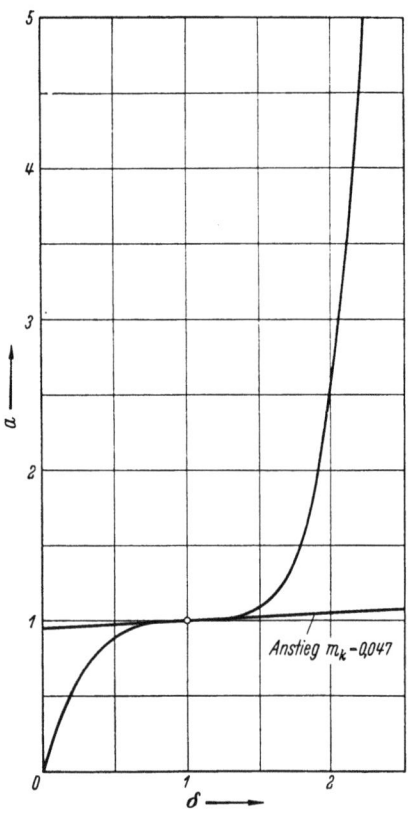

Abb. 13. Kritische Isotherme $a(\delta)$ nach Gl. (39)

$F_a(\delta)$ wurde aus den (auf $\vartheta = 1$ interpolierten) Meßwerten bestimmt. Die Funktion $a(\delta)$ ist in Abb. 13 dargestellt. Man bringt sie zweckmäßigerweise in die Form

$$a(\delta) = \sum_{n=0}^{10} a_n \delta^n. \tag{39}$$

Tab. 13 enthält die Koeffizienten a_n.

5.22 Die zweite Stützisotherme

Als zweite Stützisotherme $b_1(\delta)$ wählten wir $\vartheta_2 = 2$. Diese Isotherme war zwar nicht direkt gemessen und mußte ebenfalls durch Interpolation gewonnen werden. Sie bietet aber dafür einfache Zahlenwerte in der Zustandsgleichung, z.B. wird $\vartheta_2 - \vartheta_1 = 1$. Hier gelten nur Bedingungen, die aus dem idealen Gasgesetz resultieren:

$$b_1(\delta = 0) = \pi(\vartheta = 2, \delta = 0) = 0,$$

$$\left(\frac{db_1}{d\delta}\right)_{\delta=0} = \left(\frac{\partial \pi}{\partial \delta}\right)_{\vartheta=2,\,\delta=0} = 2\sigma.$$

Mit dem Ansatz

$$b_1 = 2\sigma\delta + \delta^2 F_b(\delta)$$

wurde die Funktion

$$b_1(\delta) = \sum_{n=0}^{7} b_{1\,n} \delta^n \tag{40}$$

gefunden. Sie ist in Abb. 14 dargestellt; ihre Koeffizienten b_{1n} enthält Tab. 13.

Die Gleichung für die Geradenschar zur Annäherung der Isochoren lauten dann

$$\pi^* = a(\delta) + [b_1(\delta) - a(\delta)](\vartheta - 1)$$

und mit

$$b(\delta) = b_1(\delta) - a(\delta),$$

$$\pi^* = a(\delta) + b(\delta)(\vartheta - 1). \tag{41}$$

Die Koeffizienten b_n der Funktion

$$b(\delta) = \sum_{n=0}^{10} b_n \delta^n \tag{41a}$$

sind ebenfalls in Tab. 13 zu finden.

5.23 Die Zusatzfunktion $C(\delta, \vartheta)$

Nach Bestimmung der Stützisothermen muß man entsprechend den Ausführungen von Abschn. 2.2 die Zusatzfunktion

$$C(\delta, \vartheta) = \frac{(\pi - \pi^*)\vartheta}{(\vartheta - 1)(\vartheta - 2)}$$

für die gemessenen Werte von π berechnen. Auch hier hatten wir durch quadratische Interpolationen, vgl. Abschn. 4.13, zunächst Werte von π für glatte Werte von δ, also für Isochoren, gefunden.

Abb. 15 zeigt eine qualitative Darstellung der Funktion $C(\delta, \vartheta)$ für verschiedene Isochoren in Abhängigkeit von $1/\vartheta$. Die Isochoren von C verlaufen nur bei höheren Temperaturen geradlinig; dementsprechend wurde der Ansatz von Gl. (25) um ein Glied erweitert (vgl. Abb. 16):

$$C(\delta, \vartheta) = c(\delta) + \frac{d(\delta)}{\vartheta} + \frac{e(\delta)}{\vartheta^{10}}. \tag{42}$$

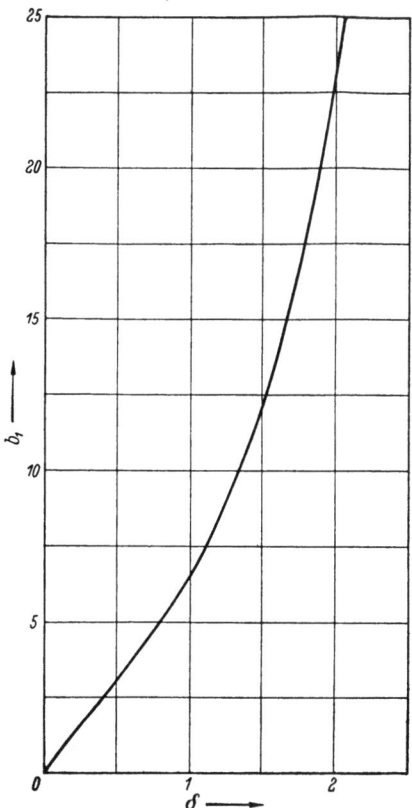

Abb. 14.
Stützisotherme $b_1(\delta)$ nach Gl. (40)

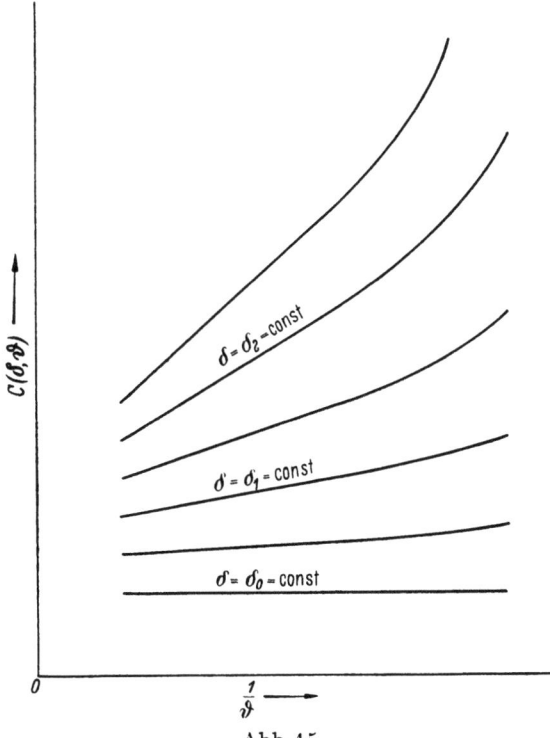

Abb. 15.
Qualitativer Verlauf der Zusatzfunktion $C(\delta, \vartheta)$

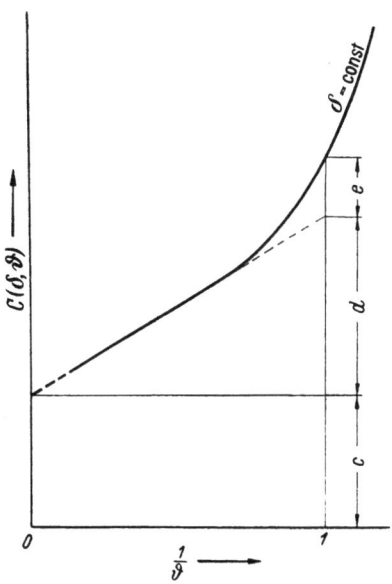

Abb. 16. Bestimmung der Funktionen $c(\delta)$, $d(\delta)$ und $e(\delta)$ in Gl. (42) für eine Isochore der Zusatzfunktion $C(\delta, \vartheta)$

28   5. Die Zustandsgrößen der Luft im Temperaturbereich zwischen 60 °K und 450 °K

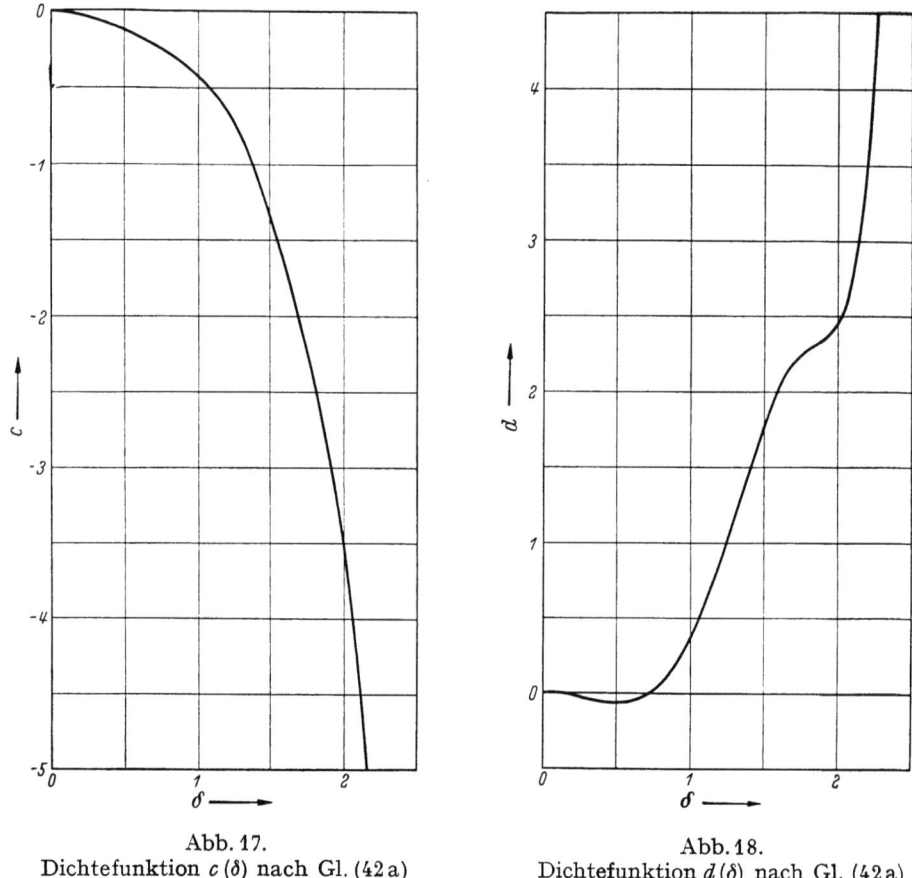

Abb. 17.
Dichtefunktion $c(\delta)$ nach Gl. (42a)

Abb. 18.
Dichtefunktion $d(\delta)$ nach Gl. (42a)

Der Übergang in das ideale Gasgesetz ist gewährleistet, wenn (vgl. Abschn. 4.13) $C(\delta, \vartheta)$ mindestens mit δ^2 gegen Null geht. Die 3 Dichtefunktionen

$$c(\delta) = \sum_{n=2}^{9} c_n \delta^n,$$
$$d(\delta) = \sum_{n=2}^{7} d_n \delta^n, \quad \text{(42a)}$$
$$e(\delta) = \sum_{n=2}^{12} e_n \delta^n,$$

vgl. Abb. 17, 18, 19, wurden als Polynome in δ dargestellt mit den Koeffizienten, die Tab. 13 enthält.

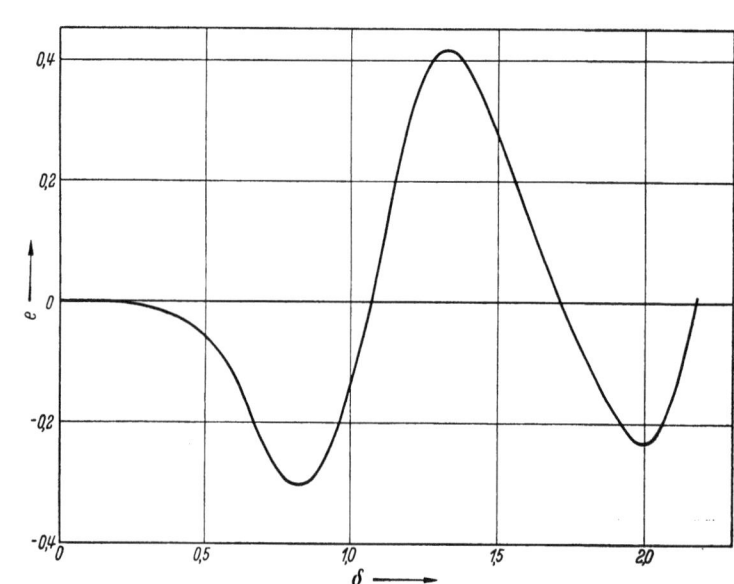

Abb. 19. Dichtefunktion $e(\delta)$ nach Gl. (42a)

5.24 Die Zustandsgleichung

Durch Addition von π^* und C erhält man die Zustandsgleichung in ihrer endgültigen Form:

$$\pi(\delta, \vartheta) = a(\delta) + b(\delta)(\vartheta - 1) + \left(c(\delta) + \frac{d(\delta)}{\vartheta} + \frac{e(\delta)}{\vartheta^{10}}\right)\frac{(\vartheta - 1)(\vartheta - 2)}{\vartheta}. \quad (43\,\mathrm{a})$$

Es ist für die numerischen Rechnungen zweckmäßig, wieder die Transformation $\xi = \delta - 1$ vorzunehmen und die Gleichung nach Potenzen von ξ und ϑ zu ordnen:

$$\pi(\xi, \vartheta) = \sum_{i=0}^{12}\left(K_{1i}\vartheta + K_{2i} + \frac{K_{3i}}{\vartheta} + \frac{K_{4i}}{\vartheta^2} + K_{5i}\frac{(\vartheta - 1)(\vartheta - 2)}{\vartheta^{11}}\right)\xi^i. \quad (43\,\mathrm{b})$$

Die hier auftretenden Koeffizienten enthält Tab. 14.

Tabelle 14. *Koeffizienten K_{1i} bis K_{5i} der Zustandsgleichung $\pi = \pi(\xi, \vartheta)$ nach Gl. (43 b)*

i	K_{1i}	K_{2i}	K_{3i}	K_{4i}	K_{5i}
0	5,105452	−2,915652	− 1,9298	0,7400	− 0,13409
1	7,460852	−3,866052	− 7,6746	4,1268	1,90804
2	2,519800	2,701200	−10,5642	5,3432	4,11445
3	0,013958	4,692584	− 2,8946	−1,4952	−11,68106
4	1,535990	−4,818280	9,1810	−6,3568	−22,57846
5	2,819382	−9,559664	9,5752	−1,6092	29,73481
6	−0,548933	1,910566	− 2,9770	2,7360	54,26586
7	−2,273959	7,839118	− 7,3840	1,4400	−38,82202
8	−0,019206	0,482412	− 0,8880	0	−67,30346
9	0,511083	−1,622166	1,2000	0	24,84753
10	−0,061787	0,123574	0	0	41,52300
11	0	0	0	0	− 6,10000
12	0	0	0	0	−10,00000

5.25 Die Prüfung der Zustandsgleichung

Tab. 15 zeigt die Abweichungen

$$\varepsilon = \frac{\pi_{\text{gem}} - \pi_{\text{berechn}}}{\pi_{\text{gem}}} 10^{3}\,{}^0/_{00}$$

der Zustandsgleichung (43) von den Meßwerten. Nur wenige Werte der von MICHELS und Mitarbeitern [41, 42] gemessenen Zustandsgrößen weisen eine Abweichung von mehr als $1\,{}^0/_{00}$ auf. Die schräggedruckten Einzelwerte bei unterkritischen Temperaturen liegen bereits in einem Bereich, für den Gl. (43) nicht aufgestellt wurde (Extrapolation). Sie stimmen aber noch recht gut überein, vor allem, wenn man berücksichtigt, daß das Vorzeichen von ε wechselt. Die Extrapolation nach höheren Temperaturen ist, wie wir an den Daten von HOLBORN und SCHULTZE [31] prüften, ebenfalls recht gut. Weniger gut ist die Übereinstimmung mit AMAGAT [8]. Wie ein Vergleich der Werte von MICHELS und AMAGAT in dem Bereich, der von beiden gemessen wurde, zeigt, weisen die im vorigen Jahrhundert durchgeführten Messungen von AMAGAT nicht die hohe Genauigkeit auf wie die neuen Untersuchungen von MICHELS.

Tabelle 15. *Abweichungen ε der Zustandsgleichung (43) von den Meßwerten von* MICHELS *und Mitarbeitern* [41, 42]

t °C	v dm³/kg	p_berechn bar	ε ⁰/₀₀	t °C	v dm³/kg	p_berechn bar	ε ⁰/₀₀	v dm³/kg	p_berechn bar	ε ⁰/₀₀	v dm³/kg	p_berechn bar	ε ⁰/₀₀
−155	38,241	7,9182	−0,32	−145	21,617	14,297	1,47	54,236	6,8951	1,36	54,411	7,4350	0,85
−155	21,540	12,779	1,10	−145	16,487	17,728	0,82	16,549	19,769	0,27	21,770	17,247	0,59
−155	16,425	15,599	2,28	−145	10,505	24,216	−1,58	10,548	27,737	−1,49	16,609	21,755	0,22
−155	1,4967	39,962	−3,50	−145	8,1398	27,788	−2,41	5,0714	41,037	0,65	10,590	31,121	−0,95
−150,5	10,136	22,580	−1,14	−145	1,5136	104,39	2,39	3,5217	45,633	0,68	6,2964	44,130	−0,34
−149	10,143	23,170	−1,19	−143	6,2491	32,063	0,48	2,7679	48,561	0,93	4,2997	54,166	−0,17
−147,5	10,150	23,751	−1,47	−141	6,255	33,476	0,24	2,4669	50,972	−1,16	3,1157	63,416	0,72
−146	10,156	24,325	1,63	−141	4,7946	35,909	3,45	1,9420	67,000	−2,03	2,2040	84,117	−1,52
−145	54,060	6,3510	1,63	−141	2,5248	37,578	−0,70	1,7141	97,121	1,44	1,7281	144,17	−0,30
−145	38,371	8,6970	1,84	−141	1,9659	43,829	1,53	1,5278	166,79	0,31	1,5404	227,00	−0,61

t = −115 °C			t = −100 °C			t = −85 °C			t = −70 °C		
v dm³/kg	p_berechn bar	ε ⁰/₀₀	v dm³/kg	p_berechn bar	ε ⁰/₀₀	v dm³/kg	p_berechn bar	ε ⁰/₀₀	v dm³/kg	p_berechn bar	ε ⁰/₀₀
54,586	7,9684	0,37	78,362	6,1935	0,02	78,730	6,7299	−0,23	103,20	5,5848	−0,20
21,845	18,680	0,37	21,959	20,787	0,20	31,016	16,581	0,01	31,168	17,985	−0,11
10,631	34,414	−0,55	8,2925	48,370	−0,18	10,753	43,907	0,14	10,813	48,488	0,34
6,3238	50,446	−0,31	5,1534	70,054	−0,40	6,4039	68,505	−0,21	6,4431	77,149	−0,03
4,3207	64,539	−0,07	4,1492	82,601	−0,39	4,3816	94,303	−0,40	5,2207	93,109	−0,50
3,5582	72,964	−0,18	3,1571	103,27	0,48	3,1813	126,39	0,55	3,2046	148,92	0,30
2,7992	86,783	1,04	2,2391	153,83	−0,47	2,2586	194,17	−0,21	2,2766	233,36	−0,04
2,2184	112,33	−0,89	1,7587	255,96	−0,28	1,7738	319,91	−0,17	1,7868	382,02	−0,21
1,7412	189,76	−0,30	1,5658	370,10	−0,30	1,5775	452,21	0,08	1,5874	532,04	0,28
1,5516	285,32	−0,52	1,4238	535,44	−0,89	1,4326	637,73	0,26	1,4400	737,48	0,71

t = −50 °C			t = −25 °C			t = 0 °C			t = 25 °C		
v dm³/kg	p_berechn bar	ε ⁰/₀₀	v dm³/kg	p_berechn bar	ε ⁰/₀₀	v dm³/kg	p_berechn bar	ε ⁰/₀₀	v dm³/kg	p_berechn bar	ε ⁰/₀₀
79,596	7,9556	−0,28	80,218	8,8114	−0,19	105,46	7,4083	−0,03	116,38	7,3412	0,01
39,579	15,810	−0,17	39,897	17,575	−0,15	56,612	13,753	0,04	42,102	20,227	0,17
10,892	54,457	0,44	17,198	40,020	0,31	33,628	23,047	−0,02	18,544	45,731	0,00
4,4495	127,01	−0,63	8,5330	78,843	0,56	9,1601	83,120	0,50	7,4319	114,55	0,25
2,8935	203,75	0,57	5,3176	125,59	−0,23	3,7956	208,99	−0,32	4,4966	195,83	−0,19
2,5835	237,25	0,46	3,7085	184,04	−0,44	2,4153	384,47	0,31	3,2024	295,09	−0,60
2,0417	351,80	0,06	2,6111	287,36	0,47	1,7937	684,70	−0,16	2,3634	460,98	0,56
1,8016	462,35	−0,11	2,0617	427,58	0,33	1,4356	1247,7	1,32	2,0375	603,06	0,60
1,5987	635,50	0,45	1,6105	760,59	0,41				1,7937	791,01	−0,53
1,4485	866,43	0,96	1,4576	1021,9	1,10				1,5318	1178,8	−1,36

t = 50 °C			t = 50 °C			t = 75 °C			t = 75 °C		
v dm³/kg	p_berechn bar	ε ⁰/₀₀	v dm³/kg	p_berechn bar	ε ⁰/₀₀	v dm³/kg	p_berechn bar	ε ⁰/₀₀	v dm³/kg	p_berechn bar	ε ⁰/₀₀
90,656	10,226	−0,08	3,7956	267,83	−0,63	116,38	8,5924	0,15	13,757	73,414	−0,66
42,102	22,003	−0,10	2,8014	401,16	−0,37	45,405	22,044	0,05	9,1601	111,46	−0,63
18,544	49,986	−0,21	2,4153	504,47	0,24	28,010	35,793	−0,18	6,0590	172,79	−0,18
9,1601	102,04	−0,21	2,1265	630,62	0,47	20,705	48,523	−0,38	5,0239	212,83	−0,10
5,0239	193,02	−0,01	1,9032	786,63	−0,48	16,875	59,664	−0,51	4,2446	259,06	−0,57

5.26 Der Gültigkeitsbereich der Zustandsgleichung

Die Stützisothermen $a(\delta)$ und $b_1(\delta)$ wurden bis zur Dichte

$$\delta_{max} = 2{,}25$$

genau dargestellt. Über diesen Wert hinaus sind Extrapolationen nicht zulässig, vgl. Abschn. 4.16. Meßwerte im Temperaturbereich zwischen $T_k = 132{,}52$ °K bis etwa 350 °K bildeten die Grundlage für die Aufstellung der Zustandsgleichung. In diesem Gebiet ist sie gültig unter Berücksichtigung der oberen Grenze δ_{max}.

Für die Berechnung der Tafeln und Diagramme wurde die Zustandsgleichung bis zu 450 °K extrapoliert, was wegen des geradlinigen Verlaufes der Isochoren der Funktion $C(\delta, \vartheta)$ zulässig erscheint. Unterhalb der Temperatur T_k des kritischen Kontaktes darf die Zustandsgleichung zur Extrapolation nur im Gasgebiet verwendet werden, wobei in der Zusatzfunktion Gl. (42) der Anteil $\frac{e(\delta)}{\vartheta^{10}}$ weggelassen wurde. Der Fehler dürfte in allen extrapolierten Bereichen höchstens wenige Prozent betragen.

5.3 Die Berechnung der kalorischen Zustandsgrößen für das homogene Zustandsgebiet

5.31 Die spezifische Wärmekapazität des idealen Gases

Die Gleichung für die spezifische Wärmekapazität c_v^0 im idealen Gaszustand ($\delta = 0$) ermittelten wir wieder aus den Tabellen des National Bureau of Standards, Washington [28], entsprechend den Erläuterungen in Abschn. 4.21. In Übereinstimmung mit der von MICHELS [42] angegebenen Molmasse

$$M = 28{,}95 \frac{\text{kg}}{\text{kmol}}$$

legten wir für die Wasser- und CO_2-freie Luft folgende Zusammensetzung zugrunde:

$$x_{N_2} = 0{,}7841 \frac{\text{kmol N}_2}{\text{kmol Luft}}, \quad x_{O_2} = 0{,}2066 \frac{\text{kmol O}_2}{\text{kmol Luft}},$$

$$x_{Ar} = 0{,}0093 \frac{\text{kmol Ar}}{\text{kmol Luft}}.$$

Die übrigen Spurenbestandteile wurden vernachlässigt.

Die nach der Gleichung

$$\frac{c_v^0}{R} = x_{N_2} \frac{C_{p_{N_2}}^0}{R} + x_{O_2} \frac{C_{p_{O_2}}^0}{R} + x_{Ar} \frac{C_{p_{Ar}}^0}{R} - 1$$

aus [28] für verschiedene Temperaturen erhaltenen Werte stellten wir durch die Funktion

$$\frac{c_v^0(\vartheta)}{R} = \sum_{i=0}^{6} p_i \vartheta^i \tag{44}$$

mit den Koeffizienten p_i in Tab. 16 im Bereich 40 °K $\leq T \leq$ 600 °K oder 0,301841 $\leq \vartheta \leq$ 4,527618 dar. Die Ergebnisse sind in Tab. 16 mit den Werten von HILSENRATH [28] verglichen. Die Abweichungen überschreiten an keiner Stelle 0,05‰.

5. Die Zustandsgrößen der Luft im Temperaturbereich zwischen 60 °K und 450 °K

Tabelle 16
Koeffizienten p_i nach Gl. (44). Abweichungen der Funktion c_v^0/R von den Werten von HILSENRATH [28]

i	p_i	$T\ °K$	$(c_v^0/R)_{\text{berechn}}$	$\varepsilon\ ^0/_{00}$
0	2,49493733	40	2,491928	−0,03
1	−0,01748691	80	2,491380	−0,01
2	0,03238635	120	2,491442	−0,03
3	−0,02815998	160	2,491546	0,01
4	0,01160588	200	2,491987	0,00
5	−0,00192628	240	2,493566	0,02
6	0,00011400	280	2,497283	−0,01
		320	2,504107	−0,05
		360	2,514792	−0,02
		400	2,529771	0,00
		440	2,549098	0,02
		480	2,572464	−0,00
		520	2,599267	−0,01
		560	2,628744	−0,00
		600	2,660175	0,03

$$\varepsilon = \frac{\left(\frac{c_v^0}{R}\right)_{\text{Hils}} - \left(\frac{c_v^0}{R}\right)_{\text{berechn}}}{\left(\frac{c_v^0}{R}\right)_{\text{Hils}}} 10^3\ ^0/_{00}$$

5.32 Die Enthalpie

Die Berechnung der spez. Enthalpie i vollzieht sich wie bereits in Abschn. 4.22 beschrieben. Die Integrationskonstante u_0^0 in Gl. (16) wurde für die Bezugstemperatur $T_0 = 40\ °K$ entsprechend $\vartheta_0 = 0{,}301841$ bestimmt, wobei die Enthalpie und die innere Energie des idealen Gases wieder bei $T = 0\ °K$ Null gesetzt sind. Wir erhielten

$$\frac{u_0^0}{R T_k} = \sum_n x_n \frac{U_{0_n}^0}{R T_k} = 0{,}744171$$

unter Benutzung der Tafeln von HILSENRATH und Mitarbeitern [28].

Die Gleichung für die spezifische Enthalpie lautet dann

$$\frac{i}{R T_k} = \frac{\pi}{\sigma(\xi+1)} + \frac{u_0^0}{R T_k} + \int_{0{,}301841}^{\vartheta} \frac{c_v^0(\vartheta)}{R} d\vartheta - \frac{1}{\sigma}\int_{-1}^{\xi}\left[\vartheta\left(\frac{\partial\pi}{\partial\vartheta}\right)_\xi - \pi\right]\frac{d\xi}{(\xi+1)^2}.$$

Nach Ausführung der Differentiationen und Integrationen fanden wir

$$\frac{i}{R T_k} = \frac{\pi}{\sigma(\xi+1)} + \sum_{i=0}^{7} q_i \vartheta^i + \sum_{i=0}^{11}\left[M_{1i} + \frac{M_{2i}}{\vartheta} + \frac{M_{3i}}{\vartheta^2} + M_{4i}\left(\frac{10}{\vartheta^9} - \frac{33}{\vartheta^{10}} + \frac{24}{\vartheta^{11}}\right)\right]\xi^i. \qquad (45)$$

Tab. 17 enthält die in dieser Gleichung auftretenden Koeffizienten.

Tabelle 17. Koeffizienten q_i und M_{1i} bis M_{4i} zur Berechnung der spezifischen Enthalpie i nach Gl. (45)

i	q_i	i	M_{1i}	M_{2i}	M_{3i}	M_{4i}
0	−0,00835080	0	−1,149809	−0,321854	−0,371804	−0,056495
1	2,49493733	1	−0,921734	−1,220147	0,701815	−0,042390
2	−0,00874345	2	0,310640	−1,206047	1,255111	0,343987
3	0,01079545	3	0,177703	−0,211683	−0,218258	−0,010949
4	−0,00703999	4	−0,051005	0,463008	−0,654680	−1,078763
5	0,00232117	5	−0,329657	0,547163	−0,027314	0,305030
6	−0,00032104	6	0,079745	−0,211598	0,227616	1,777483
7	0,00001628	7	0,185049	−0,296984	0	−0,814247
		8	−0,073869	0,094840		−1,442296
		9	0,004341	0	0	0,833291
		10	0	0	0	0,439425
		11	0	0	0	−0,287394

5.33 Die Bestimmung der Entropiekonstanten

Bei der Bestimmung der Entropiekonstanten ändert sich gegenüber Abschn. 4.23 nur die Mischungsentropie und der Bezugszustand. Für die Mischungsentropie fanden wir

$$\frac{\Delta s_M}{R} = -(x_{N_2} \ln x_{N_2} + x_{O_2} \ln x_{O_2} + x_{Ar} \ln x_{Ar}) = 0{,}5600.$$

Die Entropie der Luft im idealen Gaszustand für den Bezugszustand $p_0 = 1$ atm und $T_0 = 40\,°K$ ermittelten wir aus den molaren Entropien der einzelnen Bestandteile mit den Tabellen von HILSENRATH und Mitarbeitern [28]:

$$\frac{\sum s_{0n}^0}{R} = x_{N_2}\frac{S_{N_2}^0}{R} + x_{O_2}\frac{S_{O_2}^0}{R} + x_{Ar}\frac{S_{Ar}^0}{R} = 16{,}3111.$$

Damit erhalten wir für die absolute Entropie der Luft im idealen Gaszustand bei 40 °K und 1 atm

$$\frac{s_0^0}{R} = \frac{\Delta s_M^0}{R} + \frac{\sum s_{0n}^0}{R} = 16{,}8711.$$

5.34 Die Entropie

Dem Bezugszustand $T_0 = 40\,°K$ und $p_0 = 1$ atm entsprechen die reduzierte Temperatur $\vartheta_0 = 0{,}301841$ und die reduzierte Dichte $\delta_0 = 0{,}028177$ bzw. $\xi_0 = -0{,}971823$, die aus der thermischen Zustandsgleichung des idealen Gases zu berechnen ist. Die Entropiegleichung lautet dann

$$\frac{s}{R} = \frac{s_0^0}{R} + \int_{0,301841}^{\vartheta} \frac{c_v^0(\vartheta)}{R}\frac{d\vartheta}{\vartheta} - \int_{-0,971823}^{\xi}\frac{d\xi}{\xi+1} - \frac{1}{\sigma}\int_{-1}^{\xi}\left[\left(\frac{\partial \pi}{\partial \vartheta}\right)_\xi - \sigma(\xi+1)\right]\frac{d\xi}{(\xi+1)^2}.$$

Mit Gl. (44) für c_v^0 und der thermischen Zustandsgleichung (43b) erhalten wir daraus

$$\frac{s}{R} = \sum_{i=0}^{6} r_i \vartheta^i + C \ln \vartheta - \ln(\xi+1) + \sum_{i=0}^{11}\left[L_{1i} + \frac{L_{2i}}{\vartheta^2} + \frac{L_{3i}}{\vartheta^3} + L_{4i}\left(\frac{9}{\vartheta^{10}} - \frac{30}{\vartheta^{11}} + \frac{22}{\vartheta^{12}}\right)\right]\xi^i. \quad (46)$$

Die Koeffizienten sind in Tab. 18 aufgeführt.

Tabelle 18. *Koeffizienten r_i, L_{1i} bis L_{4i} und C zur Berechnung der spezifischen Entropie s nach Gl. (46)*

i	r_i	i	L_{1i}	L_{2i}	L_{3i}	L_{4i}
0	16,29445500	0	−0,556447	−0,160927	−0,247869	−0,056494
1	−0,01748691	1	−0,614002	−0,610073	0,467877	−0,042390
2	0,01619317	2	−0,065309	−0,603024	0,836741	0,343987
3	−0,00938666	3	0,026215	−0,105841	−0,145506	−0,010949
4	0,00290147	4	−0,007771	0,231504	−0,436453	−1,078763
5	−0,00038525	5	−0,100410	0,273581	−0,018209	0,305030
6	0,00001900	6	0,023981	−0,105799	0,151744	1,777483
		7	0,055402	−0,148492	0	−0,814247
	$C = 2{,}49493733$	8	−0,025079	0,047420	0	−1,442296
		9	0,002170	0	0	0,833291
		10	0	0	0	0,439425
		11	0	0	0	−0,287394

5.35 Die Exergie

Für die Berechnung der Exergie

$$e = i - i_u - T_u(s - s_u) \tag{47}$$

wurde der Umgebungszustand wieder zu $t_u = 15\,°C$ oder $T_u = 288{,}15\,°K$ und $p_u = 1\,\text{bar}$ festgelegt. Mit der spez. Enthalpie i nach Gl. (45) und der spez. Entropie s nach Gl. (46) ist die Exergie für jeden Zustand bestimmt.

5.36 Die spezifischen Wärmekapazitäten

Die spezifischen Wärmekapazitäten erhalten wir aus den Gln. (21) und (22) wie in Abschn. 4.26 bereits einmal erläutert. Wir fanden

$$\frac{c_v}{R} = \frac{c_v^0(\vartheta)}{R} + \sum_{i=0}^{11} \left[\frac{N_{1i}}{\vartheta^2} + \frac{N_{2i}}{\vartheta^3} + N_{3i}\left(\frac{15}{\vartheta^{10}} - \frac{55}{\vartheta^{11}} + \frac{44}{\vartheta^{12}}\right)\right]\xi^i \tag{48}$$

und

$$\frac{c_p}{R} = \frac{c_v}{R} + \frac{\left\{\sum_{i=0}^{11}\left[O_{1i} + \frac{O_{2i}}{\vartheta^2} + \frac{O_{3i}}{\vartheta^3} + O_{4i}\left(\frac{9}{\vartheta^{10}} - \frac{30}{\vartheta^{11}} + \frac{22}{\vartheta^{12}}\right)\right]\xi^i\right\}^2}{\sum_{i=0}^{11}\left(P_{1i} + \frac{P_{2i}}{\vartheta} + \frac{P_{3i}}{\vartheta^2} + \frac{P_{4i}}{\vartheta^3} + P_{5i}\frac{(\vartheta-1)(\vartheta-2)}{\vartheta^{12}}\right)\xi^i} \tag{49}$$

mit den Koeffizienten in Tab. 19.

Tabelle 19. *Koeffizienten zur Berechnung der spezifischen Wärmekapazitäten c_v und c_p nach Gl. (48) und Gl. (49)*

i	N_{1i}	N_{2i}	N_{3i}	O_{1i}	O_{2i}	O_{3i}
0	0,321854	0,743608	0,338965	2,870576	1,085044	−0,832140
1	1,220147	−1,403630	0,254342	1,324340	3,230054	−3,808504
2	1,206047	−2,510222	−2,063925	0,092435	2,709741	−2,199999
3	0,211683	0,436516	0,065692	−0,084587	−1,082232	3,881373
4	−0,463008	1,309359	6,472576	0,948208	−4,079849	3,266938
5	−0,547163	0,054628	−1,830182	0,637009	−1,303874	−1,457370
6	0,211598	−0,455231	−10,664901	−0,945650	2,977713	−1,619300
7	0,296984	0	4,885479	−0,332899	1,173993	0
8	−0,094840	0	8,653777	0,322100	−0,674708	0
9	0	0	−4,999748	−0,034740	0	0
10	0	0	−2,636549	0	0	0
11	0	0	1,724361	0	0	0

i	O_{4i}	P_{1i}	P_{2i}	P_{3i}	P_{4i}	P_{5i}
0	0,075393	7,460852	−3,866052	−7,6746	4,1268	1,90804
1	−1,148202	5,039600	5,402400	−21,1284	10,6864	8,22890
2	−1,165176	0,041874	14,077752	−8,6838	−4,4856	−35,04318
3	7,732934	6,143960	−19,273120	36,7240	−25,4272	−90,31384
4	4,961963	14,096910	−47,798320	47,8760	−8,0460	148,67405
5	−21,680568	−3,293598	11,463396	−17,8620	16,4160	325,59516
6	−8,830792	−15,917713	54,873826	−51,6880	10,0800	−271,74514
7	30,658744	−0,153648	3,859296	−7,1040	0	−538,42768
8	7,183097	4,599747	−14,599494	10,8000	0	223,62777
9	−21,153795	−0,617870	1,235740	0	0	415,23000
10	−2,192802	0	0	0	0	−67,10000
11	5,622570	0	0	0	0	−120,00000

5.4 Die Berechnung der Zustandsgrößen im Naßdampfgebiet

5.41 Die thermischen Zustandsgrößen

Wie sich bereits aus den Erörterungen in Abschn. 5.11 und 5.12 ergibt, stellt das Zweiphasengebiet im Gegensatz zu Einstoffsystemen keine einfach gekrümmte Regelfläche als Teil der p,v,T-Fläche der Luft dar. Die Isobaren fallen daher nicht mit den Isothermen zusammen. Da für dieses Gebiet nur einzelne Meßwerte vorliegen, die sich zur Aufstellung einer Gleichung nicht eignen, müssen wir, um trotzdem zu einer Aussage zu gelangen, vereinfachende Annahmen machen, deren wichtigste hier angeführt seien.

Wir nehmen an, daß die Isobaren des Naßdampfgebiets im v,T-Diagramm gerade Linien sind, vgl. Abb. 20. Die Abweichungen von den Geraden bleiben sehr gering, so daß dieser Schritt gerechtfertigt ist.

Eine Isobare im Naßdampfgebiet hat danach die Gleichung

$$\frac{v - v'}{v'' - v'} = \frac{T - T'}{T'' - T'} \qquad (50)$$

bzw. nach Einführung der reduzierten Zustandsgrößen ($\xi = \delta - 1$)

$$\frac{\frac{1}{\xi + 1} - \frac{1}{\xi' + 1}}{\frac{1}{\xi'' + 1} - \frac{1}{\xi' + 1}} = \frac{\vartheta - \vartheta'}{\vartheta'' - \vartheta'}. \qquad (50\,\text{a})$$

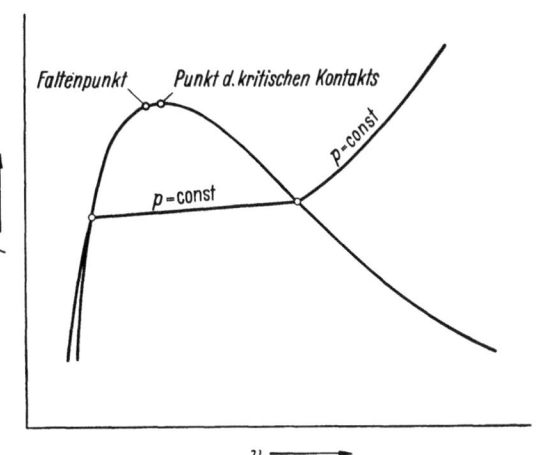

Abb. 20. Angenommener Verlauf einer Isobaren im Naßdampfgebiet (schematisch)

Zu jedem Druck lassen sich ϑ' und ϑ'' aus den Gln. (37) und (36) für die Siedekurve und die Taukurve berechnen. Die zugehörigen Werte von ξ' erhalten wir aus Gl. (38a) für die Dichte auf der Siedekurve. Die reduzierte Dichte ξ'' auf der Taukurve liefert die thermischen Zustandsgleichung (43b) mit $\pi = \pi''$ und $\vartheta = \vartheta''$.

Die lineare Abhängigkeit des spez. Volumens von der Temperatur im Naßdampfgebiet haben wir durch den Parameter

$$\lambda = \frac{v'' - v}{v'' - v'} = \frac{T'' - T}{T'' - T'} \qquad (51)$$

gekennzeichnet. Für die Taukurve ist $\lambda = 0$, für die Siedekurve gilt $\lambda = 1$. Da sich bei der Kondensation gasförmiger Luft die Konzentrationen der Komponenten in den beiden Phasen dauernd ändern, ist λ mit dem Flüssigkeitsgehalt

$$y = \frac{m'}{m'' + m'}$$

des nassen Dampfes nicht identisch. λ stellt jedoch eine gute Näherung für y dar.

5.42 Die kalorischen Zustandsgrößen

Zur Berechnung der kalorischen Zustandsgrößen des Naßdampfgebiets nehmen wir ferner an, daß auch der Anstieg der Isochoren

$$\left(\frac{\partial p}{\partial T}\right)_v \quad \text{bzw.} \quad \left(\frac{\partial \pi}{\partial \vartheta}\right)_\delta$$

5. Die Zustandsgrößen der Luft im Temperaturbereich zwischen 60 °K und 450 °K

sich auf einer Isobare linear von der Taukurve bis zur Siedekurve ändert. Diese Annahme ist gut erfüllt, denn die Steigungen dp''/dT der Taukurve und dp'/dT der Siedekurve unterscheiden sich bei gleichem Druck nur wenig, vgl. Abb. 10 auf S. 22. Mit λ nach Gl. (51) soll also

$$\left(\frac{\partial p}{\partial T}\right)_v = \frac{dp''}{dT} + \lambda\left(\frac{dp'}{dT} - \frac{dp''}{dT}\right), \quad (p = \text{const}) \tag{52}$$

gelten.

Als Entropieänderung ds auf einer Isobare erhalten wir allgemein

$$ds = \left(\frac{\partial s}{\partial v}\right)_p dv = \left[\left(\frac{\partial s}{\partial v}\right)_T + \frac{c_v}{T}\left(\frac{\partial T}{\partial v}\right)_p\right]dv. \tag{53}$$

Im Naßdampfgebiet der Luft wird nach der durch Gl. (50) zum Ausdruck gebrachten Annahme

$$\left(\frac{\partial T}{\partial v}\right)_p = \frac{T'' - T'}{v'' - v'}.$$

Dies ist eine auf den einzelnen Isobaren konstante und außerdem kleine Größe. Wir wollen daher in Gl. (53) den zweiten Summanden gegenüber dem ersten vernachlässigen, zumal c_v im Naßdampfgebiet nicht bekannt ist. Wir setzen also

$$\left(\frac{\partial s}{\partial v}\right)_p \approx \left(\frac{\partial s}{\partial v}\right)_T = \left(\frac{\partial p}{\partial T}\right)_v.$$

Mit Gl. (52) und

$$dv = -(v'' - v')\, d\lambda$$

erhalten wir dann aus Gl. (53)

$$ds = -(v'' - v')\left[\frac{dp''}{dT} + \lambda\left(\frac{dp'}{dT} - \frac{dp''}{dT}\right)\right] d\lambda.$$

Die Integration dieser Gleichung ergibt nach Einführen der reduzierten Zustandsgrößen

$$\frac{s}{R} = \frac{s''}{R} - \frac{1}{\sigma}\left(\frac{1}{\xi'' + 1} - \frac{1}{\xi' + 1}\right)\left[\lambda\frac{d\pi''}{d\vartheta} + \frac{\lambda^2}{2}\left(\frac{d\pi'}{d\vartheta} - \frac{d\pi''}{d\vartheta}\right)\right], \quad (p = \text{const}). \tag{54}$$

Für die Enthalpie i eines reinen Stoffes gilt auf jeder Isobare des Naßdampfgebiets

$$i = i'' + T(s - s''). \tag{55}$$

Da bei Luft die Isothermen und Isobaren nicht zusammenfallen, T also auf einer Isobare noch etwas veränderlich ist, haben wir für T in Gl. (55) einen Mittelwert, nämlich

$$T_m = T'' + \frac{\lambda}{2}(T' - T'')$$

eingesetzt. Dies führt mit Gl. (54) auf die Beziehung

$$\frac{i}{RT_k} = \frac{i''}{RT_k} - \frac{1}{\sigma}\left(\vartheta'' + \frac{\lambda}{2}(\vartheta' - \vartheta'')\right)\left(\frac{1}{\xi'' + 1} - \frac{1}{\xi' + 1}\right)\left[\lambda\frac{d\pi''}{d\vartheta} + \frac{\lambda^2}{2}\left(\frac{d\pi'}{d\vartheta} - \frac{d\pi''}{d\vartheta}\right)\right], \quad (p = \text{const}). \tag{56}$$

Nach Gl. (54) und (56) berechneten wir für jede Isobare des Naßdampfgebiets die Entropie und die Enthalpie. Die Größen ϑ', ϑ'', ξ', ξ'' sowie $\dfrac{d\pi'}{d\vartheta}$ und $\dfrac{d\pi''}{d\vartheta}$ sind für alle

Drücke nach den Gleichungen der Abschn. 5.12 und 5.13 bzw. mittels der thermischen Zustandsgleichung (43) zu bestimmen. Die Werte s'' und i'' auf der Taukurve erhalten wir aus Gl. (45) und (46).

5.5 Die Berechnung der Tafeln und Diagramme

5.51 Die Tafeln der thermischen und kalorischen Zustandsgrößen

Die Auswertung der Endgleichungen geschah in derselben Weise wie in Abschn. 4.31 erläutert. Tafel III auf den S. 95 bis 129 enthält für 108 Isobaren das spez. Volumen v in dm³/kg, die spez. Entropie s in kJ/kg grd, die spez. Enthalpie i in kJ/kg und die spez. Exergie e in kJ/kg. Die obere Temperaturgrenze ist stets 450 °K, die untere Temperaturgrenze bildet die Taukurve für $v > v_k$, dagegen die Isotherme $T = 135$ °K für $v < v_k$ bzw. eine höhere Temperatur, wenn die Bedingung $\delta \leq 2{,}25$ verletzt ist, vgl. S. 31. In Tafel IV auf S. 130 sind Werte der spezifischen Wärmekapazitäten c_v und c_p in kJ/kg grd angegeben.

Tafel V gibt die Zustandsgrößen auf der Tau- und Siedekurve für gleiche Temperaturen, Tafel VI enthält diese Größen für gleiche Drücke. In Tafel VII haben wir spez. Entropie, spez. Enthalpie und spez. Exergie für Isobaren des Naßdampfgebiets als Funktion des Parameters λ nach Gl. (51) vertafelt, da diese Größen im Gegensatz zu T und v nach Gl. (54) und (56) nicht linear von λ abhängen.

5.52 Das Mollier-i, s-Diagramm

Der in Tafel III erfaßte Zustandsbereich und ein Teil des Zweiphasengebiets wurden durch ein Mollier-i, s-Diagramm dargestellt. Es umfaßt den Temperaturbereich von 70 bis 450 °K. Die Umgebungsgerade $e = 0$ ermöglicht das Abgreifen der Exergie, vgl. Abb. 7.

5.53 Das T, s-Diagramm

Das T, s-Diagramm IV enthält außer dem in Diagramm III dargestellten Bereich das Zweiphasengebiet vollständig sowie einen Teil des Flüssigkeitsgebietes bis $p = 300$ bar.

Im Flüssigkeitsgebiet wurden die Isobaren folgendermaßen ermittelt. Für die Entropie gilt bei $T = $ const

$$s - s' = -\int_{p'}^{p} \left(\frac{\partial v}{\partial T}\right)_v dp. \tag{57}$$

Bei niedrigen Temperaturen in einiger Entfernung vom kritischen Gebiet und bei nicht zu hohen Drücken kann man näherungsweise auf einer Isothermen

$$\left(\frac{\partial v}{\partial T}\right)_p \approx \frac{dv'}{dT} = \text{const} \tag{58}$$

setzen. Damit folgt aus Gl. (57)

$$s = s' - \frac{dv'}{dT}(p - p'), \quad (T = \text{const}). \tag{59}$$

Die Ableitung dv'/dT finden wir aus Gl. (38); p' und s' sind die Zustandsgrößen auf der Siedekurve. Bei höheren Temperaturen gilt die Annahme nach Gl. (58) nicht mehr. Hier wurden die Isobaren des T, s-Diagramms graphisch interpoliert.

5. Die Zustandsgrößen der Luft im Temperaturbereich zwischen 60 °K und 450 °K

Auf einer Isentropen (s = const) gilt allgemein

$$i = i' + \int_{p'}^{p} v\,dp. \tag{60}$$

Bei tiefen Temperaturen kann die Flüssigkeit als inkompressibel angesehen werden. Mit

$$v = v' = \text{const}$$

finden wir daher aus Gl. (60)

$$i = i' + v'(p - p'), \quad (s = \text{const}). \tag{61}$$

6. Literaturverzeichnis

- [1] ALT, H.: Ann. Phys. 13 (1904) S.1010; 19 (1906) S. 739; Phys. Z. 6 (1905) S. 346.
- [2] AMAGAT, E. H.: Ann. Chim. [4] 28 (1873) S. 274.
- [3] —: Ann. Chim. [5] 8 (1876) S. 270.
- [4] —: Comptes rendus 82 (1876) S. 914.
- [5] —: Ann. Chim. [5] 19 (1880) S. 345.
- [6] —: Ann. Chim. [5] 28 (1883) S. 464.
- [7] —: Comptes rendus 107 (1888) S. 522.
- [8] —: Ann. Chim. Phys. [6] 29 (1893) S. 68.
- [9] ARMSTRONG, GOLDSTEIN u. ROBERTS: Nat. Bur. Standards mics. Publ., Rep. No. 3921.
- [10] BALY, E. E. C.: Phil. Mag. 49 (1900) S. 517.
- [11] BEHN, U.: Ann. Phys. 1 (1900) S. 270.
- [12] BENZLER, H.: Zur Zustandsgleichung reiner fluider Stoffe, insbesondere bei überkritischen Dichten. Abh. Akad. Wiss. Lit. Mainz, Math. Nat. Kl. 1954/1.
- [13] BRADLEY, W. P., u. C. F. HALE: Phys. Rev. 29 (1909) S. 258.
- [14] DAILEY, B. P., u. W. A. FELSING: J. Am. Chem. Soc. 65 (1943) S. 42.
- [15] DALTON, J. P.: Comm. Leiden Nr. 109c (1909).
- [16] DANA, L. I.: Proc. Amer. Acad. 60 (1925) S. 241.
- [17] DEWAR, J.: Chem. News 73 (1897) S. 43.
- [18] DIN, F.: Thermodynamic Funktions of Gases, Bd. 2, London: Butterworth 1956.
- [19] DODGE, B. F., u. A. K. DUNBAR: J. Am. Chem. Soc. 49 (1927) S. 591.
- [20] EUCKEN, A., u. HAUCK: Z. phys. Chem. 134 (1928) S.161.
- [21] EUCKEN, A., u. K. von LÜDE: Z. phys. Chem. [B] 5 (1929) S. 413.
- [22] EUCKEN, A., K. CLUSIUS u. W. BERGER: Z. tech. Phys. 13 (1932) S. 267.
- [23] FENNER, R. C., u. F. K. RICHTMYER: Phys. Rev. 20 (1905) S.77.
- [24] FURUKAWA u. MCCOSKEY: Tech. Note, U.S. Comm. Aero., No. 2969 (1953).
- [25] GIACOMINI: Phil. Mag. 50 (1925) S.146.
- [26] HAUSEN, H.: Der Thomson-Joule-Effekt und die Zustandsgrößen der Luft. Forsch. Ing. Wes. H. 274 (1926).
- [27] HENRY: Proc. Roy. Soc. [A] 133 (1931) S. 492.
- [28] HILSENRATH, J., u. Mitarb.: Tables of Thermal Properties of Gases. National Bureau of Standards Circular 564 (1955).
- [29] HOLBORN, L., u. AUSTIN: Ann. Phys. 23 (1907) S. 809.
- [30] HOLBORN, L., u. M. JACOB: S. B. Preuss. Akad. Wiss., 1914, S. 213.
- [31] HOLBORN, L., u. H. SCHULTZE: Ann. Phys. 47 (1915) S.1089.
- [32] HOXTON, L. G.: Phys. Rev. 13 (1919) S. 438.
- [33] INGLIS: Phil. Mag. [6] 11 (1906) S. 640.
- [34] KISTIAKOWSKY, C. B., u. W. W. RICE: J. Chem. Phys. 7 (1939) S. 281.
- [35] KIYAMA, R.: Rev. Phys. Chem. Japan 19 (1945) S. 38.
- [36] KOCH, P. P.: Ann. Phys. [4] 27 (1908) S. 311.
- [37] KUENEN, J. P., u. A. L. CLARK: Comm. Leiden Nr. 150b (1917).

[38] LADENBURG, R., u. KRÜGEL: Ber. Dt. Chem. Ges. 32 (1899) S. 1415.
[39] MATHIAS, E., u. H. KAMERLINGH ONNES: Comm. Leiden No. 117 (1911).
[40] MATHIAS, E., C. A. CROMMELIN u. H. KAMERLINGH ONNES: Comm. Leiden No. 145c (1914).
[41] MICHELS, A., T. WASSENAAR u. W. van SEVENTER: Appl. sci. Res. [A] 4 (1954) S. 52.
[42] MICHELS, A., u. Mitarb.: Appl. sci. Res. [A] 4 (1954) S. 381.
[43] MICHELS, A., T. WASSENAAR u. G. J. WOLKERS: Appl. sci. Res. [A] 5 (1954) S. 121.
[44] NOELL, F.: Die Abhängigkeit des Thomson-Joule-Effektes für Luft von Druck und Temperatur bei Drücken bis 150 at und Temperaturen von $-55\,°C$ bis $+250\,°C$. Forsch. Ing. Wes. H. 184 (1916).
[45] OLSZEWSKI, K.: Comptes rendus 99 (1884) S. 184.
[46] PENNING, F. M.: Comm. Leiden No. 166 (1923).
[47] ROEBUCK, J. R.: Proc. Am. Acad. Arts Sci. 60 (1925) S. 537.
[48] —: Proc. Am. Acad. Arts Sci. 64 (1930) S. 287.
[49] SCHEEL, K., u. HEUSE: Ann. Phys. [4] 37 (1912) S. 79.
[50] SHEARER, J. S.: Phys. Rev. 14 (1900) S. 188.
[51] —: Phys. Rev. 17 (1903) S. 469.
[52] SHILLING, W. G., u. PARTINGTON: Phil. Mag. [7] 6 (1928) S. 920.
[53] SWANN: Phil. Trans. [A] 210 (1910) S. 199.
[54] VOGEL, E.: Über die Temperaturänderung von Luft und Sauerstoff beim Strömen durch eine Drosselstelle bei $10\,°C$ und Drücken bis 50 at. Forsch. Ing. Wes. H. 108 (1911).
[55] WITKOWSKI, A. W.: Phil. Mag. [5] 41 (1896) 288, und [5] 42 (1896) S. 1.

7. Tafeln der Zustandsgrößen

Tafel I: v, s, i und e im Temperaturbereich zwischen $-50\,°C$ und $+1250\,°C$ bis zu Drücken von 4500 bar auf S. 42-91

Tafel II: c_v und c_p im Temperaturbereich zwischen $-50\,°C$ und $+1200\,°C$ bis zu Drücken von 4000 bar auf S. 92-94

Tafel III: v, s, i und e im Temperaturbereich zwischen $60\,°K$ und $450\,°K$ bis zu Drücken von 1200 bar auf S. 95-129

Tafel IV: c_v und c_p im Temperaturbereich zwischen $90\,°K$ und $450\,°K$ bis zu Drücken von 1000 bar auf S. 130-131

Tafel V: Zustandsgrößen auf der Tau- und Siedekurve für gleiche Temperaturen auf S. 132

Tafel VI: Zustandsgrößen auf der Tau- und Siedekurve für gleiche Drücke auf S. 133

Tafel VII: s, i und e für Isobaren des Naßdampfgebiets auf S. 134-136

Tafel I. Luft von −50 bis 1250 °C

t °C	p = 0,5 bar v dm³/kg	s kJ/kg grd	i kJ/kg	e kJ/kg	p = 1 bar v dm³/kg	s kJ/kg grd	i kJ/kg	e kJ/kg	p = 2 bar v dm³/kg	s kJ/kg grd	i kJ/kg	e kJ/kg
−50	1280,9	6,7738	223,27	−48,642	639,93	6,5740	223,07	8,7205	319,47	6,3735	222,65	66,080
−40	1338,4	6,8178	233,33	−51,288	668,79	6,6181	233,14	6,0699	333,96	6,4178	232,76	63,419
−30	1396,0	6,8600	243,38	−53,400	697,63	6,6604	243,20	3,9542	348,44	6,4602	242,86	61,297
−20	1453,5	6,9006	253,43	−55,022	726,46	6,7010	253,27	2,3301	362,91	6,5009	252,95	59,668
−10	1511,1	6,9395	263,48	−56,191	755,27	6,7400	263,33	1,1591	377,37	6,5400	263,04	58,494
0	1568,6	6,9770	273,53	−56,943	784,08	6,7775	273,40	0,40717	391,81	6,5776	273,13	57,740
10	1626,1	7,0132	283,59	−57,305	812,88	6,8137	283,46	0,04418	406,25	6,6139	283,21	57,377
20	1683,7	7,0481	293,65	−57,306	841,68	6,8486	293,53	0,04318	420,69	6,6489	293,30	57,376
30	1741,2	7,0818	303,71	−56,970	870,46	6,8824	303,60	0,37999	435,11	6,6827	303,39	57,713
40	1798,7	7,1145	313,77	−56,317	899,25	6,9151	313,67	1,0329	449,53	6,7154	313,47	58,367
50	1856,2	7,1461	323,84	−55,368	928,02	6,9468	323,75	1,9824	463,95	6,7472	323,56	59,318
60	1913,7	7,1768	333,92	−54,141	956,80	6,9775	333,83	3,2107	478,36	6,7779	333,66	60,547
70	1971,1	7,2067	344,00	−52,651	985,57	7,0073	343,92	4,7018	492,77	6,8078	343,76	62,040
80	2028,7	7,2356	354,09	−50,912	1014,3	7,0363	354,02	6,4411	507,18	6,8368	353,87	63,781
90	2086,1	7,2638	364,19	−48,939	1043,1	7,0645	364,12	8,4152	521,58	6,8651	363,98	65,757
100	2143,6	7,2913	374,30	−46,743	1071,9	7,0920	374,23	10,612	535,98	6,8926	374,10	67,956
110	2201,1	7,3181	384,42	−44,335	1100,6	7,1188	384,35	13,021	550,38	6,9193	384,23	70,367
120	2258,6	7,3441	394,54	−41,727	1129,4	7,1449	394,49	15,631	564,78	6,9455	394,37	72,979
130	2316,0	7,3696	404,69	−38,925	1158,1	7,1704	404,63	18,433	579,17	6,9710	404,52	75,784
140	2373,5	7,3945	414,84	−35,940	1186,9	7,1953	414,79	21,419	593,56	6,9959	414,69	78,771
150	2431,0	7,4188	425,01	−32,780	1215,6	7,2196	424,96	24,580	607,95	7,0202	424,86	81,935
160	2488,5	7,4426	435,19	−29,451	1244,4	7,2434	435,14	27,910	622,34	7,0440	435,05	85,267
170	2545,9	7,4659	445,38	−25,961	1273,1	7,2666	445,34	31,401	636,73	7,0673	445,26	88,760
180	2603,4	7,4886	455,59	−22,316	1301,9	7,2894	455,55	35,048	651,11	7,0901	455,48	92,408
190	2660,9	7,5110	465,82	−18,521	1330,6	7,3118	465,78	38,843	665,50	7,1124	465,71	96,206
200	2718,4	7,5329	476,07	−14,582	1359,4	7,3337	476,03	42,783	679,89	7,1343	475,97	100,15
210	2775,8	7,5543	486,33	−10,505	1388,1	7,3551	486,30	46,861	694,27	7,1558	486,23	104,23
220	2833,3	7,5754	496,61	−6,2933	1416,9	7,3762	496,58	51,074	708,65	7,1769	496,52	108,44
230	2890,7	7,5961	506,91	−1,9516	1445,6	7,3969	506,88	55,417	723,03	7,1976	506,83	112,79
240	2948,2	7,6164	517,22	2,5154	1474,3	7,4172	517,20	59,885	737,41	7,2179	517,15	117,26
250	3005,7	7,6363	527,56	7,1045	1503,1	7,4371	527,54	64,474	751,79	7,2379	527,50	121,85
260	3063,1	7,6559	537,92	11,811	1531,8	7,4568	537,90	69,182	766,17	7,2575	537,86	126,56
270	3120,6	7,6752	548,30	16,633	1560,6	7,4760	548,28	74,005	780,54	7,2768	548,25	131,38
280	3178,0	7,6942	558,70	21,566	1589,3	7,4950	558,69	78,939	794,92	7,2958	558,65	136,32
290	3235,5	7,7129	569,13	26,608	1618,0	7,5137	569,11	83,981	809,30	7,3145	569,08	141,36
300	3292,9	7,7312	579,57	31,755	1646,8	7,5321	579,56	89,129	823,68	7,3329	579,53	146,51
310	3350,4	7,7494	590,04	37,005	1675,5	7,5502	590,02	94,380	838,05	7,3510	590,00	151,76
320	3407,9	7,7672	600,53	42,356	1704,2	7,5680	600,52	99,731	852,43	7,3688	600,49	157,12
330	3465,3	7,7848	611,04	47,804	1733,0	7,5856	611,03	105,18	866,80	7,3864	611,01	162,57
340	3522,8	7,8021	621,57	53,346	1761,7	7,6029	621,57	110,72	881,17	7,4037	621,55	168,11
350	3580,3	7,8192	632,13	58,984	1790,5	7,6200	632,13	116,36	895,55	7,4208	632,11	173,75
360	3637,7	7,8360	642,71	64,711	1819,2	7,6369	642,71	122,09	909,92	7,4377	642,70	179,48
370	3695,2	7,8526	653,32	70,528	1847,9	7,6535	653,32	127,91	924,30	7,4543	653,31	185,30
380	3752,6	7,8690	663,95	76,433	1876,6	7,6699	663,95	133,81	938,67	7,4707	663,94	191,21
390	3810,1	7,8852	674,61	82,422	1905,4	7,6861	674,60	139,80	953,04	7,4869	674,60	197,20
400	3867,5	7,9012	685,28	88,495	1934,1	7,7021	685,28	145,88	967,41	7,5029	685,28	203,27
410	3925,0	7,9170	695,99	94,649	1962,9	7,7179	695,99	152,03	981,78	7,5187	695,99	209,43
420	3982,4	7,9326	706,71	100,88	1991,6	7,7334	706,71	158,26	996,15	7,5343	706,72	215,66
430	4039,8	7,9480	717,46	107,19	2020,3	7,7488	717,46	164,58	1010,5	7,5497	717,47	221,98
440	4097,4	7,9632	728,23	113,59	2049,0	7,7641	728,24	170,97	1024,9	7,5649	728,25	228,37
450	4154,8	7,9782	739,03	120,05	2077,8	7,7791	739,04	177,43	1039,3	7,5799	739,05	234,84
460	4212,2	7,9931	749,85	126,59	2106,5	7,7940	749,86	183,97	1053,6	7,5948	749,87	241,38
470	4269,7	8,0078	760,70	133,20	2135,2	7,8087	760,71	190,59	1068,0	7,6095	760,72	247,99
480	4327,1	8,0223	771,57	139,88	2164,0	7,8232	771,58	197,27	1082,4	7,6240	771,59	254,67
490	4384,6	8,0367	782,46	146,64	2192,7	7,8376	782,47	204,02	1096,7	7,6384	782,49	261,43

Tafel I. Luft von −50 bis 1250 °C (Fortsetzung)

t °C	p = 0,5 bar				p = 1 bar				p = 2 bar			
	v dm³/kg	s kJ/kg grd	i kJ/kg	e kJ/kg	v dm³/kg	s kJ/kg grd	i kJ/kg	e kJ/kg	v dm³/kg	s kJ/kg grd	i kJ/kg	e kJ/kg
500	4442,0	8,0509	793,38	153,46	2221,4	7,8518	793,39	210,84	1111,1	7,6526	793,41	268,25
510	4499,5	8,0650	804,32	160,35	2250,2	7,8658	804,33	217,73	1125,5	7,6667	804,35	275,14
520	4557,0	8,0789	815,28	167,30	2278,9	7,8797	815,29	224,69	1139,9	7,6806	815,31	282,10
530	4614,4	8,0926	826,27	174,32	2307,6	7,8935	826,28	231,71	1154,2	7,6944	826,30	289,12
540	4671,9	8,1063	837,28	181,41	2336,3	7,9071	837,29	238,79	1168,6	7,7080	837,32	296,21
550	4729,3	8,1197	848,31	188,55	2365,1	7,9206	848,33	245,94	1183,0	7,7215	848,35	303,35
560	4786,7	8,1331	859,37	195,76	2393,8	7,9340	859,38	253,15	1197,3	7,7348	859,41	310,56
570	4844,2	8,1463	870,45	203,03	2422,5	7,9472	870,46	260,42	1211,7	7,7480	870,49	317,83
580	4901,6	8,1594	881,54	210,36	2451,2	7,9603	881,56	267,75	1226,1	7,7611	881,59	325,16
590	4959,1	8,1724	892,67	217,75	2480,0	7,9733	892,69	275,14	1240,4	7,7741	892,72	332,55
600	5016,5	8,1852	903,81	225,19	2508,7	7,9861	903,83	282,58	1254,8	7,7869	903,86	340,00
620	5131,5	8,2105	926,17	240,25	2566,2	8,0114	926,19	297,64	1283,5	7,8123	926,22	355,06
640	5246,3	8,2354	948,60	255,53	2623,6	8,0363	948,62	312,92	1312,3	7,8371	948,66	370,34
660	5361,2	8,2598	971,13	271,02	2681,1	8,0607	971,15	328,41	1341,0	7,8615	971,19	385,83
680	5476,0	8,2837	993,73	286,71	2738,5	8,0846	993,75	344,11	1369,7	7,8855	993,80	401,53
700	5590,9	8,3073	1016,4	302,61	2796,0	8,1082	1016,4	360,01	1398,5	7,9091	1016,5	417,43
720	5705,8	8,3305	1039,2	318,70	2853,4	8,1314	1039,2	376,10	1427,2	7,9322	1039,2	433,52
740	5820,8	8,3532	1062,0	334,97	2910,9	8,1541	1062,0	392,37	1455,9	7,9550	1062,1	449,80
760	5935,6	8,3756	1084,9	351,43	2968,3	8,1765	1085,0	408,83	1484,7	7,9774	1085,0	466,26
780	6050,6	8,3977	1107,9	368,07	3025,8	8,1986	1107,9	425,46	1513,4	7,9995	1108,0	482,89
800	6165,5	8,4194	1131,0	384,87	3083,2	8,2203	1131,0	442,27	1542,1	8,0212	1131,1	499,70
820	6280,4	8,4407	1154,1	401,84	3140,7	8,2416	1154,1	459,24	1570,8	8,0425	1154,2	516,67
840	6395,2	8,4618	1177,3	418,96	3198,1	8,2627	1177,3	476,37	1599,6	8,0635	1177,4	533,80
860	6510,2	8,4825	1200,5	436,25	3255,6	8,2834	1200,6	493,65	1628,3	8,0843	1200,6	551,09
880	6625,1	8,5029	1223,8	453,68	3313,1	8,3038	1223,9	511,09	1657,0	8,1047	1223,9	568,52
900	6740,1	8,5230	1247,2	471,27	3370,5	8,3239	1247,3	528,67	1685,8	8,1248	1247,3	586,11
920	6854,9	8,5428	1270,7	488,99	3428,0	8,3437	1270,7	546,39	1714,5	8,1446	1270,8	603,83
940	6969,8	8,5624	1294,2	506,85	3485,4	8,3633	1294,2	564,26	1743,2	8,1642	1294,3	621,70
960	7084,7	8,5817	1317,7	524,85	3542,8	8,3826	1317,7	582,25	1771,9	8,1834	1317,8	639,69
980	7199,6	8,6007	1341,3	542,98	3600,3	8,4016	1341,3	600,38	1800,7	8,2024	1341,4	657,82
1000	7314,5	8,6194	1365,0	561,23	3657,8	8,4203	1365,0	618,63	1829,4	8,2212	1365,1	676,07
1050	7601,5	8,6652	1424,3	607,38	3801,4	8,4661	1424,4	664,79	1901,2	8,2670	1424,4	722,24
1100	7888,8	8,7095	1484,0	654,26	3945,0	8,5104	1484,0	711,67	1973,0	8,3113	1484,1	769,11
1150	8175,9	8,7525	1543,9	701,79	4088,6	8,5534	1543,9	759,20	2044,9	8,3543	1544,0	816,66
1200	8463,3	8,7941	1604,0	749,96	4232,3	8,5950	1604,1	807,37	2116,7	8,3959	1604,2	864,82
1250	8750,5	8,8346	1664,4	798,69	4375,9	8,6355	1664,5	856,11	2188,5	8,4364	1664,5	913,56

Tafel I. Luft von −50 bis 1250 °C (Fortsetzung)

t °C	p = 5 bar				p = 10 bar				p = 15 bar			
	v dm³/kg	s kJ/kg grd	i kJ/kg	e kJ/kg	v dm³/kg	s kJ/kg grd	i kJ/kg	e kJ/kg	v dm³/kg	s kJ/kg grd	i kJ/kg	e kJ/kg
−50	127,20	6,1060	221,40	141,89	63,114	5,8998	219,32	199,23	41,760	5,7763	217,25	232,76
−40	133,07	6,1508	231,62	139,20	66,120	5,9455	229,73	196,49	43,809	5,8227	227,84	229,97
−30	138,94	6,1937	241,82	137,06	69,110	5,9890	240,09	194,31	45,842	5,8669	238,37	227,76
−20	144,79	6,2347	252,00	135,42	72,089	6,0306	250,41	192,65	47,863	5,9091	248,84	226,07
−10	150,63	6,2741	262,16	134,23	75,056	6,0705	260,71	191,45	49,873	5,9495	259,26	224,86
0	156,46	6,3120	272,32	133,48	78,015	6,1088	270,98	190,68	51,874	5,9882	269,64	224,08
10	162,28	6,3484	282,47	133,11	80,965	6,1456	281,22	190,31	53,867	6,0254	279,99	223,71
20	168,10	6,3836	292,61	133,11	83,909	6,1811	291,45	190,31	55,853	6,0612	290,31	223,71
30	173,91	6,4176	302,74	133,45	86,847	6,2154	301,67	190,65	57,833	6,0958	300,61	224,05
40	179,71	6,4505	312,87	134,10	89,779	6,2485	311,88	191,31	59,808	6,1292	310,89	224,72
50	185,51	6,4824	323,01	135,06	92,707	6,2806	322,08	192,28	61,779	6,1614	321,16	225,69
60	191,31	6,5132	333,14	136,29	95,631	6,3117	332,28	193,52	63,745	6,1927	331,42	226,94
70	197,10	6,5432	343,27	137,79	98,552	6,3418	342,47	195,02	65,708	6,2230	341,67	228,45
80	202,89	6,5723	353,41	139,54	101,47	6,3711	352,66	196,78	67,667	6,2525	351,92	230,22
90	208,68	6,6007	363,55	141,52	104,38	6,3995	362,85	198,77	69,624	6,2811	362,16	232,22
100	214,46	6,6282	373,70	143,73	107,29	6,4272	373,05	200,99	71,578	6,3089	372,40	234,44
110	220,24	6,6551	383,86	146,14	110,20	6,4542	383,25	203,41	73,529	6,3360	382,65	236,88
120	226,02	6,6813	394,03	148,76	113,11	6,4805	393,45	206,04	75,479	6,3624	392,89	239,52
130	231,80	6,7068	404,20	151,57	116,02	6,5062	403,67	208,86	77,426	6,3881	403,14	242,35
140	237,57	6,7318	414,38	154,57	118,92	6,5312	413,89	211,87	79,372	6,4132	413,40	245,37
150	243,35	6,7562	424,58	157,73	121,82	6,5557	424,12	215,05	81,316	6,4378	423,66	248,56
160	249,12	6,7800	434,79	161,07	124,72	6,5796	434,36	218,40	83,258	6,4618	433,93	251,91
170	254,89	6,8034	445,01	164,57	127,62	6,6030	444,61	221,91	85,199	6,4852	444,21	255,43
180	260,66	6,8262	455,25	168,23	130,52	6,6259	454,87	225,57	87,139	6,5082	454,50	259,11
190	266,43	6,8486	465,50	172,03	133,41	6,6483	465,15	229,38	89,078	6,5307	464,81	262,93
200	272,20	6,8705	475,77	175,98	136,31	6,6703	475,44	233,34	91,015	6,5527	475,12	266,90
210	277,96	6,8920	486,05	180,06	139,20	6,6919	485,75	237,44	92,951	6,5743	485,46	271,00
220	283,73	6,9131	496,35	184,28	142,09	6,7130	496,07	241,66	94,887	6,5955	495,80	275,24
230	289,49	6,9338	506,67	188,63	144,99	6,7338	506,41	246,02	96,821	6,6163	506,16	279,61
240	295,26	6,9542	517,01	193,11	147,88	6,7542	516,77	250,51	98,755	6,6368	516,54	284,10
250	301,02	6,9742	527,36	197,71	150,77	6,7742	527,15	255,11	100,69	6,6568	526,94	288,72
260	306,78	6,9938	537,74	202,42	153,66	6,7939	537,54	259,84	102,62	6,6765	537,35	293,45
270	312,54	7,0131	548,14	207,25	156,55	6,8132	547,96	264,67	104,55	6,6959	547,78	298,30
280	318,30	7,0321	558,55	212,19	159,43	6,8322	558,39	269,62	106,48	6,7150	558,23	303,25
290	324,06	7,0508	568,99	217,24	162,32	6,8510	568,84	274,68	108,41	6,7338	568,70	308,32
300	329,82	7,0692	579,45	222,39	165,21	6,8694	579,32	279,84	110,34	6,7522	579,20	313,49
310	335,58	7,0874	589,93	227,65	168,10	6,8876	589,81	285,11	112,27	6,7704	589,71	318,76
320	341,34	7,1052	600,43	233,01	170,98	6,9055	600,33	290,47	114,20	6,7883	600,24	324,13
330	347,10	7,1228	610,96	238,46	173,87	6,9231	610,87	295,93	116,13	6,8060	610,79	329,60
340	352,85	7,1402	621,50	244,01	176,75	6,9404	621,43	301,49	118,06	6,8233	621,37	335,16
350	358,61	7,1573	632,08	249,65	179,64	6,9576	632,02	307,14	119,98	6,8405	631,96	340,82
360	364,37	7,1741	642,67	255,39	182,52	6,9744	642,62	312,88	121,91	6,8574	642,58	346,57
370	370,12	7,1908	653,29	261,21	185,41	6,9911	653,25	318,71	123,84	6,8741	653,23	352,41
380	375,88	7,2072	663,93	267,12	188,29	7,0075	663,91	324,63	125,76	6,8905	663,89	358,33
390	381,64	7,2234	674,59	273,12	191,17	7,0238	674,58	330,63	127,69	6,9068	674,58	364,34
400	387,39	7,2394	685,28	279,19	194,06	7,0398	685,28	336,71	129,61	6,9228	685,29	370,43
410	393,15	7,2552	695,99	285,35	196,94	7,0556	696,00	342,88	131,54	6,9386	696,02	376,60
420	398,90	7,2708	706,73	291,59	199,82	7,0712	706,75	349,13	133,46	6,9543	706,77	382,85
430	404,65	7,2862	717,48	297,91	202,70	7,0866	717,52	355,45	135,39	6,9697	717,55	389,18
440	410,41	7,3014	728,27	304,31	205,58	7,1019	728,31	361,85	137,31	6,9849	728,36	395,59
450	416,16	7,3165	739,07	310,78	208,46	7,1169	739,12	368,33	139,24	7,0000	739,18	402,07
460	421,92	7,3313	749,90	317,32	211,35	7,1318	749,96	374,88	141,16	7,0149	750,03	408,62
470	427,67	7,3461	760,76	323,94	214,23	7,1465	760,83	381,50	143,08	7,0297	760,90	415,25
480	433,42	7,3606	771,64	330,63	217,11	7,1611	771,71	388,19	145,01	7,0442	771,80	421,95
490	439,17	7,3750	782,54	337,38	219,99	7,1755	782,62	394,95	146,93	7,0586	782,71	428,72

Tafel I. Luft von −50 bis 1250 °C (Fortsetzung)

t °C	p = 5 bar				p = 10 bar				p = 15 bar			
	v dm³/kg	s kJ/kg grd	i kJ/kg	e kJ/kg	v dm³/kg	s kJ/kg grd	i kJ/kg	e kJ/kg	v dm³/kg	s kJ/kg grd	i kJ/kg	e kJ/kg
500	444,93	7,3892	793,46	344,21	222,87	7,1897	793,55	401,78	148,85	7,0729	793,65	435,55
510	450,68	7,4033	804,41	351,10	225,75	7,2038	804,51	408,68	150,77	7,0870	804,62	442,46
520	456,43	7,4172	815,38	358,06	228,63	7,2177	815,49	415,65	152,70	7,1009	815,60	449,43
530	462,18	7,4310	826,37	365,09	231,51	7,2315	826,49	422,68	154,62	7,1147	826,61	456,46
540	467,93	7,4446	837,39	372,17	234,39	7,2451	837,51	429,77	156,54	7,1283	837,64	463,56
550	473,69	7,4581	848,43	379,33	237,27	7,2587	848,56	436,93	158,46	7,1418	848,70	470,72
560	479,44	7,4714	859,49	386,54	240,15	7,2720	859,63	444,14	160,38	7,1552	859,77	477,94
570	485,19	7,4847	870,57	393,81	243,02	7,2853	870,72	451,42	162,31	7,1685	870,87	485,22
580	490,94	7,4978	881,68	401,14	245,90	7,2984	881,83	458,76	164,23	7,1816	881,99	492,56
590	496,69	7,5107	892,81	408,54	248,78	7,3113	892,97	466,15	166,15	7,1946	893,13	499,96
600	502,44	7,5236	903,96	415,98	251,66	7,3242	904,13	473,61	168,07	7,2074	904,30	507,42
620	513,94	7,5489	926,33	431,05	257,42	7,3495	926,50	488,68	171,91	7,2328	926,69	522,50
640	525,44	7,5738	948,77	446,34	263,17	7,3744	948,96	503,97	175,75	7,2577	949,16	537,81
660	536,94	7,5982	971,31	461,83	268,93	7,3988	971,51	519,48	179,59	7,2821	971,71	553,32
680	548,44	7,6222	993,92	477,54	274,68	7,4228	994,13	535,19	183,43	7,3061	994,35	569,04
700	559,94	7,6457	1016,6	493,44	280,44	7,4464	1016,8	551,10	187,27	7,3297	1017,1	584,95
720	571,44	7,6689	1039,4	509,54	286,19	7,4696	1039,6	567,20	191,11	7,3529	1039,9	601,06
740	582,94	7,6917	1062,2	525,82	291,94	7,4924	1062,5	583,49	194,95	7,3757	1062,7	617,36
760	594,43	7,7141	1085,2	542,28	297,70	7,5148	1085,4	599,96	198,79	7,3981	1085,7	633,83
780	605,93	7,7361	1108,1	558,92	303,45	7,5369	1108,4	616,61	202,63	7,4202	1108,7	650,49
800	617,43	7,7579	1131,2	575,73	309,20	7,5586	1131,5	633,42	206,46	7,4419	1131,7	667,31
820	628,93	7,7792	1154,3	592,70	314,96	7,5799	1154,6	650,40	210,30	7,4633	1154,9	684,29
840	640,42	7,8003	1177,5	609,84	320,71	7,6010	1177,8	667,54	214,14	7,4843	1178,1	701,44
860	651,92	7,8210	1200,8	627,12	326,46	7,6217	1201,1	684,83	217,98	7,5051	1201,4	718,74
880	663,42	7,8414	1224,1	644,57	332,21	7,6421	1224,4	702,28	221,81	7,5255	1224,7	736,19
900	674,91	7,8615	1247,5	662,15	337,96	7,6623	1247,8	719,87	225,65	7,5456	1248,1	753,79
920	686,41	7,8813	1270,9	679,88	343,71	7,6821	1271,3	737,60	229,49	7,5655	1271,6	771,52
940	697,90	7,9009	1294,4	697,75	349,47	7,7016	1294,8	755,48	233,32	7,5850	1295,1	789,40
960	709,40	7,9202	1318,0	715,75	355,22	7,7209	1318,3	773,48	237,16	7,6043	1318,6	807,41
980	720,89	7,9392	1341,6	733,88	360,97	7,7399	1341,9	791,62	240,99	7,6233	1342,3	825,55
1000	732,39	7,9579	1365,3	752,13	366,72	7,7587	1365,6	809,88	244,83	7,6421	1365,9	843,81
1050	761,12	8,0037	1424,6	798,30	381,09	7,8045	1425,0	856,06	254,42	7,6879	1425,3	890,01
1100	789,86	8,0481	1484,3	845,19	395,47	7,8488	1484,7	902,95	264,00	7,7323	1485,0	936,91
1150	818,59	8,0910	1544,2	892,73	409,84	7,8918	1544,6	950,51	273,59	7,7752	1545,0	984,48
1200	847,33	8,1327	1604,4	940,90	424,21	7,9335	1604,8	998,69	283,17	7,8169	1605,2	1032,7
1250	876,06	8,1731	1664,8	989,65	438,58	7,9739	1665,2	1047,4	292,76	7,8574	1665,6	1081,4

Tafel I. Luft von −50 bis 1250 °C (Fortsetzung)

t °C	p = 20 bar v dm³/kg	s kJ/kg grd	i kJ/kg	e kJ/kg	p = 25 bar v dm³/kg	s kJ/kg grd	i kJ/kg	e kJ/kg	p = 30 bar v dm³/kg	s kJ/kg grd	i kJ/kg	e kJ/kg
−50	31,089	5,6865	215,18	256,55	24,691	5,6153	213,11	275,01	20,430	5,5558	211,05	290,09
−40	32,659	5,7338	225,96	253,71	25,974	5,6634	224,09	272,12	21,521	5,6048	222,22	287,15
−30	34,213	5,7787	236,65	251,47	27,241	5,7090	234,94	269,84	22,597	5,6511	233,24	284,83
−20	35,755	5,8215	247,26	249,75	28,495	5,7524	245,70	268,10	23,659	5,6950	244,15	283,07
−10	37,287	5,8623	257,81	248,53	29,739	5,7937	256,38	266,86	24,712	5,7369	254,95	281,81
0	38,809	5,9015	268,31	247,74	30,974	5,8333	266,99	266,06	25,754	5,7769	265,67	281,01
10	40,323	5,9391	278,76	247,36	32,201	5,8712	277,54	265,68	26,789	5,8152	276,33	280,63
20	41,830	5,9752	289,17	247,36	33,420	5,9077	288,04	265,68	27,817	5,8520	286,92	280,63
30	43,331	6,0100	299,56	247,71	34,634	5,9428	298,51	266,03	28,840	5,8873	297,47	280,98
40	44,828	6,0436	309,91	248,38	35,843	5,9767	308,94	266,71	29,857	5,9214	307,98	281,66
50	46,319	6,0761	320,25	249,36	37,047	6,0094	319,35	267,69	30,869	5,9544	318,46	282,65
60	47,807	6,1076	330,57	250,61	38,247	6,0410	329,74	268,95	31,877	5,9862	328,90	283,92
70	49,291	6,1381	340,88	252,14	39,444	6,0717	340,10	270,49	32,882	6,0170	339,33	285,46
80	50,771	6,1677	351,18	253,91	40,637	6,1014	350,45	272,27	33,884	6,0469	349,73	287,25
90	52,249	6,1964	361,47	255,92	41,827	6,1303	360,80	274,29	34,882	6,0760	360,13	289,29
100	53,724	6,2244	371,76	258,16	43,015	6,1584	371,13	276,54	35,878	6,1041	370,51	291,54
110	55,197	6,2516	382,05	260,61	44,200	6,1857	381,46	278,99	36,872	6,1316	380,88	294,01
120	56,667	6,2781	392,33	263,25	45,383	6,2123	391,78	281,65	37,863	6,1583	391,24	296,68
130	58,136	6,3039	402,62	266,10	46,565	6,2382	402,11	284,51	38,853	6,1843	401,60	299,54
140	59,603	6,3291	412,91	269,12	47,744	6,2635	412,43	287,54	39,841	6,2097	411,96	302,59
150	61,068	6,3537	423,21	272,32	48,922	6,2882	422,76	290,75	40,827	6,2345	422,33	305,81
160	62,531	6,3778	433,51	275,69	50,098	6,3124	433,10	294,13	41,811	6,2587	432,69	309,20
170	63,993	6,4013	443,82	279,22	51,273	6,3360	443,44	297,67	42,795	6,2823	443,06	312,75
180	65,454	6,4244	454,14	282,90	52,446	6,3591	453,78	301,36	43,776	6,3055	453,43	316,45
190	66,914	6,4469	464,47	286,74	53,619	6,3817	464,14	305,21	44,757	6,3282	463,82	320,30
200	68,373	6,4690	474,81	290,71	54,790	6,4038	474,51	309,19	45,737	6,3504	474,21	324,30
210	69,830	6,4907	485,17	294,83	55,960	6,4255	484,89	313,32	46,715	6,3721	484,61	328,43
220	71,287	6,5119	495,54	299,08	57,129	6,4468	495,28	317,57	47,693	6,3935	495,02	332,70
230	72,743	6,5327	505,92	303,45	58,298	6,4677	505,68	321,96	48,670	6,4144	505,45	337,09
240	74,198	6,5532	516,32	307,95	59,465	6,4882	516,10	326,47	49,646	6,4349	515,89	341,61
250	75,652	6,5733	526,73	312,58	60,632	6,5083	526,54	331,10	50,621	6,4551	526,34	346,25
260	77,105	6,5931	537,17	317,32	61,798	6,5281	536,99	335,85	51,596	6,4749	536,81	351,01
270	78,558	6,6125	547,62	322,17	62,964	6,5476	547,45	340,71	52,569	6,4944	547,30	355,88
280	80,010	6,6316	558,08	327,14	64,128	6,5667	557,94	345,69	53,543	6,5136	557,80	360,86
290	81,461	6,6504	568,57	332,21	65,293	6,5855	568,44	350,77	54,515	6,5324	568,32	365,95
300	82,912	6,6689	579,08	337,39	66,456	6,6041	578,97	355,95	55,487	6,5510	578,86	371,14
310	84,362	6,6871	589,60	342,67	67,619	6,6223	589,51	361,24	56,459	6,5692	589,42	376,44
320	85,812	6,7050	600,15	348,05	68,782	6,6402	600,07	366,63	57,430	6,5872	599,99	381,83
330	87,261	6,7227	610,72	353,52	69,944	6,6579	610,65	372,11	58,400	6,6049	610,59	387,32
340	88,711	6,7401	621,31	359,10	71,105	6,6754	621,25	377,69	59,370	6,6224	621,20	392,91
350	90,159	6,7573	631,92	364,76	72,267	6,6926	631,88	383,36	60,340	6,6396	631,84	398,59
360	91,607	6,7742	642,55	370,51	73,427	6,7095	642,52	389,12	61,309	6,6566	642,50	404,35
370	93,055	6,7909	653,20	376,36	74,588	6,7262	653,19	394,97	62,278	6,6733	653,17	410,21
380	94,502	6,8073	663,88	382,29	75,748	6,7427	663,87	400,91	63,246	6,6898	663,87	416,15
390	95,949	6,8236	674,58	388,30	76,907	6,7590	674,58	406,93	64,214	6,7061	674,59	422,18
400	97,396	6,8396	685,30	394,40	78,067	6,7750	685,31	413,03	65,182	6,7222	685,34	428,29
410	98,842	6,8555	696,04	400,58	79,226	6,7909	696,07	419,22	66,150	6,7380	696,10	434,48
420	100,29	6,8711	706,81	406,83	80,384	6,8066	706,84	425,48	67,117	6,7537	706,89	440,75
430	101,73	6,8866	717,60	413,17	81,543	6,8220	717,64	431,82	68,084	6,7692	717,70	447,10
440	103,18	6,9019	728,41	419,58	82,701	6,8373	728,46	438,24	69,050	6,7845	728,53	453,52
450	104,62	6,9169	739,24	426,07	83,859	6,8524	739,31	444,73	70,016	6,7996	739,38	460,02
460	106,07	6,9319	750,10	432,63	85,016	6,8673	750,18	451,30	70,982	6,8145	750,26	466,59
470	107,51	6,9466	760,98	439,26	86,174	6,8821	761,06	457,94	71,948	6,8293	761,15	473,23
480	108,96	6,9612	771,88	445,97	87,331	6,8967	771,98	464,64	72,914	6,8439	772,07	479,95
490	110,40	6,9756	782,81	452,74	88,488	6,9111	782,91	471,42	73,879	6,8583	783,02	486,73

Tafel I. Luft von −50 bis 1250 °C (Fortsetzung)

t °C	p = 20 bar				p = 25 bar				p = 30 bar			
	v dm³/kg	s kJ/kg grd	i kJ/kg	e kJ/kg	v dm³/kg	s kJ/kg grd	i kJ/kg	e kJ/kg	v dm³/kg	s kJ/kg grd	i kJ/kg	e kJ/kg
500	111,85	6,9898	793,76	459,58	89,644	6,9254	793,87	478,27	74,844	6,8726	793,98	493,58
510	113,29	7,0039	804,73	466,49	90,801	6,9395	804,85	485,18	75,809	6,8867	804,97	500,50
520	114,73	7,0179	815,72	473,46	91,957	6,9534	815,85	492,16	76,774	6,9007	815,98	507,48
530	116,18	7,0317	826,74	480,50	93,113	6,9672	826,87	499,20	77,739	6,9145	827,01	514,53
540	117,62	7,0454	837,78	487,60	94,269	6,9809	837,92	506,31	78,703	6,9282	838,06	521,64
550	119,06	7,0589	848,84	494,77	95,425	6,9944	848,99	513,48	79,667	6,9417	849,14	528,82
560	120,51	7,0723	859,92	502,00	96,581	7,0078	860,08	520,71	80,631	6,9551	860,23	536,05
570	121,95	7,0855	871,03	509,28	97,736	7,0211	871,19	528,00	81,595	6,9684	871,35	543,35
580	123,39	7,0986	882,15	516,63	98,891	7,0342	882,32	535,35	82,559	6,9815	882,49	550,70
590	124,83	7,1116	893,30	524,03	100,05	7,0472	893,47	542,76	83,523	6,9945	893,65	558,12
600	126,28	7,1245	904,47	531,49	101,20	7,0601	904,65	550,23	84,486	7,0074	904,83	565,58
620	129,16	7,1499	926,87	546,58	103,51	7,0855	927,06	565,33	86,413	7,0328	927,26	580,69
640	132,04	7,1748	949,36	561,89	105,82	7,1104	949,56	580,64	88,339	7,0578	949,76	596,02
660	134,93	7,1992	971,92	577,41	108,13	7,1349	972,14	596,17	90,264	7,0822	972,35	611,55
680	137,81	7,2232	994,57	593,14	110,44	7,1589	994,79	611,90	92,189	7,1063	995,02	627,29
700	140,69	7,2468	1017,3	609,06	112,74	7,1825	1017,5	627,84	94,114	7,1299	1017,8	643,23
720	143,57	7,2700	1040,1	625,18	115,05	7,2057	1040,3	643,96	96,038	7,1531	1040,6	659,36
740	146,45	7,2928	1063,0	641,48	117,36	7,2285	1063,2	660,27	97,962	7,1759	1063,5	675,68
760	149,34	7,3153	1085,9	657,96	119,66	7,2510	1086,2	676,75	99,885	7,1984	1086,4	692,17
780	152,22	7,3373	1108,9	674,62	121,97	7,2730	1109,2	693,42	101,81	7,2205	1109,5	708,84
800	155,10	7,3591	1132,0	691,45	124,28	7,2948	1132,3	710,25	103,73	7,2422	1132,6	725,68
820	157,98	7,3805	1155,2	708,44	126,58	7,3162	1155,5	727,25	105,65	7,2636	1155,7	742,68
840	160,86	7,4015	1178,4	725,59	128,89	7,3372	1178,7	744,40	107,58	7,2847	1179,0	759,84
860	163,74	7,4223	1201,7	742,90	131,19	7,3580	1202,0	761,72	109,50	7,3054	1202,3	777,16
880	166,61	7,4427	1225,0	760,35	133,50	7,3784	1225,3	779,18	111,42	7,3259	1225,6	794,63
900	169,49	7,4628	1248,4	777,95	135,80	7,3986	1248,7	796,78	113,34	7,3460	1249,1	812,24
920	172,37	7,4827	1271,9	795,70	138,11	7,4184	1272,2	814,53	115,26	7,3659	1272,5	829,99
940	175,25	7,5022	1295,4	813,58	140,41	7,4380	1295,7	832,42	117,18	7,3855	1296,1	847,88
960	178,13	7,5215	1319,0	831,59	142,71	7,4573	1319,3	850,44	119,10	7,4048	1319,6	865,91
980	181,01	7,5406	1342,6	849,74	145,02	7,4763	1342,9	868,59	121,03	7,4238	1343,3	884,06
1000	183,89	7,5593	1366,3	868,01	147,32	7,4951	1366,6	886,86	122,95	7,4426	1367,0	902,34
1050	191,08	7,6052	1425,7	914,21	153,08	7,5409	1426,0	933,07	127,75	7,4884	1426,4	948,56
1100	198,27	7,6495	1485,4	961,12	158,84	7,5853	1485,8	980,00	132,55	7,5328	1486,1	995,49
1150	205,47	7,6925	1545,3	1008,7	164,59	7,6283	1545,7	1027,6	137,34	7,5758	1546,1	1043,1
1200	212,66	7,7342	1605,6	1056,9	170,35	7,6700	1605,9	1075,8	142,14	7,6175	1606,3	1091,3
1250	219,85	7,7746	1666,0	1105,7	176,10	7,7105	1666,4	1124,6	146,94	7,6580	1666,8	1140,1

Tafel I. Luft von −50 bis 1250 °C (Fortsetzung)

t °C	p = 35 bar v dm³/kg	s kJ/kg grd	i kJ/kg	e kJ/kg	p = 40 bar v dm³/kg	s kJ/kg grd	i kJ/kg	e kJ/kg	p = 45 bar v dm³/kg	s kJ/kg grd	i kJ/kg	e kJ/kg
−50	17,390	5,5044	208,99	302,85	15,113	5,4589	206,94	313,90	13,345	5,4179	204,90	323,66
−40	18,344	5,5542	220,36	299,85	15,965	5,5096	218,51	310,86	14,117	5,4695	216,66	320,57
−30	19,283	5,6012	231,55	297,50	16,801	5,5573	229,87	308,47	14,873	5,5179	228,19	318,14
−20	20,209	5,6458	242,60	295,72	17,624	5,6024	241,06	306,66	15,616	5,5637	239,54	316,31
−10	21,124	5,6881	253,53	294,45	18,436	5,6453	252,12	305,38	16,348	5,6070	250,73	315,01
0	22,029	5,7285	264,37	293,64	19,239	5,6861	263,07	304,56	17,070	5,6483	261,79	314,18
10	22,927	5,7672	275,12	293,25	20,033	5,7252	273,93	304,17	17,785	5,6877	272,75	313,79
20	23,818	5,8043	285,81	293,25	20,822	5,7626	284,71	304,17	18,493	5,7254	283,62	313,79
30	24,703	5,8400	296,44	293,60	21,604	5,7985	295,43	304,52	19,195	5,7616	294,42	314,15
40	25,583	5,8743	307,03	294,29	22,381	5,8331	306,08	305,21	19,892	5,7965	305,15	314,84
50	26,459	5,9075	317,57	295,28	23,153	5,8665	316,70	306,21	20,584	5,8300	315,83	315,85
60	27,330	5,9395	328,08	296,56	23,922	5,8987	327,27	307,50	21,273	5,8625	326,47	317,14
70	28,198	5,9705	338,56	298,11	24,687	5,9299	337,81	309,06	21,957	5,8938	337,06	318,71
80	29,062	6,0005	349,02	299,91	25,448	5,9601	348,32	310,87	22,639	5,9241	347,63	320,53
90	29,924	6,0297	359,46	301,95	26,207	5,9894	358,81	312,92	23,318	5,9536	358,16	322,59
100	30,783	6,0580	369,89	304,22	26,963	6,0178	369,28	315,19	23,994	5,9821	368,68	324,87
110	31,639	6,0855	380,30	306,70	27,717	6,0455	379,74	317,68	24,668	6,0099	379,18	327,37
120	32,494	6,1124	390,71	309,38	28,469	6,0724	390,18	320,37	25,339	6,0369	389,66	330,07
130	33,347	6,1385	401,11	312,25	29,218	6,0986	400,62	323,26	26,009	6,0632	400,13	332,96
140	34,197	6,1639	411,50	315,30	29,967	6,1241	411,05	326,32	26,677	6,0888	410,60	336,04
150	35,046	6,1888	421,89	318,54	30,713	6,1491	421,47	329,56	27,344	6,1139	421,06	339,29
160	35,894	6,2131	432,29	321,93	31,458	6,1734	431,90	332,97	28,009	6,1383	431,51	342,71
170	36,740	6,2368	442,69	325,49	32,201	6,1972	442,32	336,54	28,672	6,1622	441,97	346,29
180	37,585	6,2600	453,09	329,21	32,944	6,2205	452,75	340,26	29,335	6,1855	452,43	350,02
190	38,429	6,2828	463,50	333,07	33,685	6,2433	463,19	344,14	29,996	6,2083	462,89	353,90
200	39,272	6,3050	473,92	337,07	34,425	6,2656	473,63	348,15	30,656	6,2307	473,35	357,93
210	40,114	6,3268	484,34	341,22	35,164	6,2874	484,08	352,30	31,315	6,2526	483,82	362,09
220	40,955	6,3482	494,78	345,49	35,902	6,3089	494,54	356,59	31,973	6,2740	494,30	366,38
230	41,794	6,3692	505,23	349,90	36,639	6,3299	505,01	361,00	32,630	6,2951	504,79	370,80
240	42,634	6,3897	515,69	354,43	37,376	6,3505	515,49	365,54	33,287	6,3158	515,29	375,35
250	43,472	6,4100	526,16	359,07	38,111	6,3707	525,98	370,19	33,943	6,3361	525,80	380,01
260	44,309	6,4298	536,65	363,84	38,846	6,3906	536,48	374,97	34,598	6,3560	536,33	384,80
270	45,146	6,4493	547,15	368,72	39,580	6,4102	547,01	379,86	35,252	6,3756	546,87	389,69
280	45,983	6,4685	557,67	373,71	40,314	6,4294	557,54	384,85	35,906	6,3948	557,42	394,70
290	46,818	6,4874	568,20	378,80	41,047	6,4483	568,09	389,96	36,559	6,4138	567,99	399,81
300	47,654	6,5060	578,76	384,01	41,779	6,4669	578,66	395,17	37,212	6,4324	578,57	405,03
310	48,488	6,5243	589,33	389,31	42,511	6,4852	589,25	400,48	37,864	6,4507	589,17	410,34
320	49,322	6,5423	599,92	394,71	43,243	6,5033	599,85	405,88	38,515	6,4688	599,79	415,76
330	50,156	6,5600	610,53	400,21	43,974	6,5210	610,48	411,39	39,166	6,4866	610,43	421,27
340	50,989	6,5775	621,16	405,80	44,704	6,5385	621,12	416,99	39,817	6,5041	621,08	426,88
350	51,822	6,5947	631,81	411,48	45,434	6,5558	631,78	422,68	40,467	6,5213	631,76	432,58
360	52,654	6,6117	642,48	417,26	46,164	6,5728	642,46	428,46	41,117	6,5384	642,45	438,36
370	53,486	6,6285	653,17	423,12	46,893	6,5895	653,16	434,33	41,767	6,5552	653,16	444,24
380	54,318	6,6450	663,88	429,07	47,622	6,6061	663,89	440,29	42,416	6,5717	663,90	450,20
390	55,149	6,6613	674,61	435,10	48,351	6,6224	674,63	446,33	43,064	6,5881	674,65	456,25
400	55,980	6,6774	685,36	441,22	49,079	6,6385	685,39	452,45	43,713	6,6042	685,43	462,38
410	56,811	6,6933	696,14	447,42	49,807	6,6544	696,18	458,65	44,361	6,6201	696,22	468,58
420	57,641	6,7090	706,93	453,69	50,535	6,6701	706,98	464,93	45,009	6,6358	707,04	474,87
430	58,471	6,7245	717,75	460,04	51,262	6,6856	717,81	471,29	45,656	6,6514	717,88	481,23
440	59,301	6,7398	728,59	466,47	51,989	6,7010	728,66	477,72	46,304	6,6667	728,74	487,68
450	60,130	6,7549	739,45	472,98	52,716	6,7161	739,53	484,23	46,951	6,6818	739,62	494,19
460	60,959	6,7698	750,34	479,55	53,443	6,7311	750,43	490,82	47,597	6,6968	750,52	500,78
470	61,788	6,7846	761,25	486,20	54,169	6,7459	761,34	497,47	48,244	6,7116	761,44	507,44
480	62,617	6,7992	772,17	492,92	54,895	6,7605	772,28	504,19	48,890	6,7262	772,39	514,17
490	63,446	6,8137	783,13	499,71	55,621	6,7749	783,24	510,99	49,536	6,7407	783,36	520,96

Tafel I. Luft von −50 bis 1250 °C (Fortsetzung)

t °C	p = 35 bar				p = 40 bar				p = 45 bar			
	v dm³/kg	s kJ/kg grd	i kJ/kg	e kJ/kg	v dm³/kg	s kJ/kg grd	i kJ/kg	e kJ/kg	v dm³/kg	s kJ/kg grd	i kJ/kg	e kJ/kg
500	64,274	6,8280	794,10	506,57	56,347	6,7892	794,22	517,85	50,182	6,7550	794,34	527,83
510	65,102	6,8421	805,09	513,49	57,073	6,8034	805,22	524,78	50,828	6,7692	805,35	534,76
520	65,930	6,8561	816,11	520,48	57,798	6,8174	816,25	531,77	51,474	6,7832	816,39	541,76
530	66,758	6,8699	827,15	527,53	58,523	6,8312	827,29	538,83	52,119	6,7970	827,44	548,82
540	67,586	6,8836	838,21	534,65	59,248	6,8449	838,36	545,95	52,764	6,8107	838,51	555,95
550	68,413	6,8971	849,29	541,83	59,973	6,8584	849,45	553,13	53,409	6,8243	849,61	563,14
560	69,240	6,9105	860,39	549,07	60,697	6,8719	860,56	560,38	54,054	6,8377	860,72	570,38
570	70,067	6,9238	871,52	556,37	61,422	6,8851	871,69	567,68	54,698	6,8510	871,86	577,69
580	70,894	6,9370	882,66	563,72	62,146	6,8983	882,84	575,04	55,343	6,8642	883,02	585,06
590	71,721	6,9500	893,83	571,14	62,870	6,9113	894,01	582,46	55,987	6,8772	894,20	592,48
600	72,548	6,9629	905,02	578,61	63,594	6,9242	905,21	589,94	56,631	6,8901	905,40	599,97
620	74,201	6,9883	927,45	593,73	65,042	6,9496	927,66	605,06	57,919	6,9155	927,86	615,10
640	75,853	7,0132	949,97	609,06	66,489	6,9746	950,19	620,40	59,207	6,9405	950,40	630,45
660	77,505	7,0377	972,57	624,61	67,936	6,9991	972,80	635,96	60,494	6,9650	973,02	646,00
680	79,156	7,0617	995,25	640,35	69,382	7,0231	995,48	651,71	61,781	6,9891	995,72	661,76
700	80,807	7,0854	1018,0	656,30	70,828	7,0468	1018,2	667,66	63,067	7,0127	1018,5	677,72
720	82,458	7,1086	1040,8	672,43	72,273	7,0700	1041,1	683,80	64,352	7,0360	1041,3	693,87
740	84,108	7,1314	1063,7	688,76	73,718	7,0929	1064,0	700,13	65,638	7,0588	1064,3	710,21
760	85,758	7,1539	1086,7	705,26	75,163	7,1153	1087,0	716,64	66,923	7,0813	1087,3	726,72
780	87,407	7,1760	1109,8	721,93	76,607	7,1374	1110,0	733,32	68,208	7,1034	1110,3	743,41
800	89,057	7,1977	1132,9	738,78	78,051	7,1592	1133,1	750,17	69,492	7,1252	1133,4	760,26
820	90,706	7,2192	1156,0	755,78	79,495	7,1806	1156,3	767,18	70,776	7,1466	1156,6	777,28
840	92,354	7,2402	1179,3	772,95	80,939	7,2017	1179,6	784,36	72,060	7,1677	1179,9	794,46
860	94,003	7,2610	1202,6	790,27	82,382	7,2225	1202,9	801,68	73,344	7,1885	1203,2	811,79
880	95,651	7,2814	1226,0	807,75	83,825	7,2429	1226,3	819,16	74,627	7,2089	1226,6	829,28
900	97,299	7,3016	1249,4	825,36	85,267	7,2631	1249,7	836,78	75,910	7,2291	1250,0	846,90
920	98,947	7,3215	1272,9	843,12	86,710	7,2830	1273,2	854,55	77,193	7,2490	1273,5	864,67
940	100,59	7,3410	1296,4	861,02	88,152	7,3025	1296,7	872,45	78,476	7,2686	1297,1	882,58
960	102,24	7,3604	1320,0	879,04	89,594	7,3218	1320,3	890,48	79,758	7,2879	1320,7	900,61
980	103,89	7,3794	1343,6	897,20	91,036	7,3409	1344,0	908,64	81,041	7,3069	1344,3	918,78
1000	105,54	7,3982	1367,3	915,49	92,478	7,3597	1367,7	926,93	82,323	7,3257	1368,0	937,07
1050	109,65	7,4440	1426,8	961,72	96,082	7,4055	1427,1	973,17	85,527	7,3716	1427,5	983,33
1100	113,77	7,4884	1486,5	1008,7	99,684	7,4499	1486,9	1020,1	88,731	7,4160	1487,3	1030,3
1150	117,88	7,5314	1546,5	1056,3	103,29	7,4930	1546,9	1067,7	91,934	7,4590	1547,3	1077,9
1200	122,00	7,5731	1606,7	1104,5	106,89	7,5347	1607,1	1116,0	95,136	7,5007	1607,5	1126,1
1250	126,11	7,6136	1667,2	1153,3	110,49	7,5752	1667,6	1164,8	98,337	7,5412	1668,0	1175,0

Tafel I. Luft von −50 bis 1250 °C (Fortsetzung)

t °C	p = 50 bar v dm³/kg	s kJ/kg grd	i kJ/kg	e kJ/kg	p = 60 bar v dm³/kg	s kJ/kg grd	i kJ/kg	e kJ/kg	p = 70 bar v dm³/kg	s kJ/kg grd	i kJ/kg	e kJ/kg
−50	11,934	5,3805	202,86	332,40	9,8264	5,3140	198,82	347,54	8,3313	5,2556	194,83	360,38
−40	12,642	5,4330	214,82	329,25	10,438	5,3682	211,19	344,29	8,8724	5,3116	207,61	357,01
−30	13,334	5,4821	226,53	326,79	11,032	5,4188	223,24	341,75	9,3974	5,3637	220,01	354,41
−20	14,012	5,5285	238,02	324,94	11,614	5,4663	235,03	339,85	9,9092	5,4124	232,10	352,46
−10	14,680	5,5723	249,34	323,62	12,185	5,5112	246,61	338,50	10,410	5,4583	243,93	351,08
0	15,338	5,6140	260,52	322,78	12,746	5,5537	258,02	337,65	10,902	5,5017	255,57	350,21
10	15,989	5,6538	271,58	322,38	13,300	5,5942	269,28	337,24	11,386	5,5429	267,03	349,79
20	16,632	5,6918	282,54	322,38	13,847	5,6329	280,42	337,24	11,863	5,5822	278,35	349,79
30	17,270	5,7283	293,42	322,75	14,388	5,6699	291,46	337,61	12,335	5,6197	289,55	350,17
40	17,903	5,7634	304,23	323,45	14,924	5,7055	302,42	338,32	12,802	5,6558	300,65	350,89
50	18,531	5,7972	314,98	324,46	15,456	5,7397	313,30	339,35	13,264	5,6904	311,66	351,92
60	19,155	5,8298	325,67	325,76	15,983	5,7727	324,12	340,66	13,722	5,7237	322,60	353,26
70	19,776	5,8613	336,32	327,34	16,507	5,8045	334,88	342,25	14,177	5,7559	333,48	354,86
80	20,393	5,8918	346,94	329,17	17,028	5,8353	345,60	344,10	14,629	5,7870	344,30	356,73
90	21,008	5,9214	357,53	331,23	17,547	5,8651	356,28	346,19	15,078	5,8171	355,07	358,83
100	21,620	5,9500	368,09	333,53	18,062	5,8941	366,93	348,50	15,525	5,8462	365,81	361,16
110	22,230	5,9779	378,63	336,04	18,576	5,9222	377,55	351,03	15,970	5,8745	376,51	363,71
120	22,837	6,0050	389,15	338,75	19,087	5,9495	388,15	353,76	16,412	5,9020	387,19	366,46
130	23,443	6,0314	399,66	341,65	19,597	5,9760	398,73	356,68	16,853	5,9288	397,84	369,40
140	24,047	6,0571	410,16	344,74	20,105	6,0019	409,30	359,79	17,292	5,9548	408,47	372,53
150	24,650	6,0822	420,65	348,00	20,611	6,0272	419,85	363,07	17,729	5,9802	419,09	375,83
160	25,250	6,1067	431,13	351,43	21,116	6,0518	430,40	366,52	18,165	6,0050	429,69	379,30
170	25,850	6,1307	441,62	355,01	21,619	6,0759	440,94	370,13	18,600	6,0292	440,29	382,92
180	26,448	6,1541	452,10	358,76	22,122	6,0994	451,48	373,89	19,034	6,0528	450,88	386,70
190	27,046	6,1769	462,59	362,65	22,623	6,1224	462,01	377,80	19,466	6,0759	461,46	390,63
200	27,642	6,1993	473,08	366,68	23,123	6,1449	472,55	381,85	19,897	6,0985	472,05	394,70
210	28,237	6,2213	483,57	370,85	23,622	6,1669	483,09	386,04	20,328	6,1207	482,63	398,91
220	28,831	6,2428	494,07	375,15	24,120	6,1885	493,64	390,36	20,757	6,1424	493,22	403,24
230	29,424	6,2639	504,58	379,58	24,617	6,2097	504,19	394,80	21,186	6,1636	503,81	407,71
240	30,017	6,2846	515,10	384,14	25,114	6,2305	514,75	399,38	21,614	6,1845	514,41	412,30
250	30,609	6,3049	525,63	388,81	25,610	6,2509	525,31	404,07	22,041	6,2049	525,01	417,00
260	31,200	6,3249	536,18	393,60	26,105	6,2709	535,89	408,87	22,468	6,2250	535,63	421,83
270	31,790	6,3445	546,73	398,51	26,600	6,2906	546,48	413,79	22,894	6,2448	546,25	426,76
280	32,380	6,3638	557,30	403,52	27,093	6,3099	557,08	418,82	23,319	6,2642	556,88	431,80
290	32,969	6,3828	567,89	408,64	27,587	6,3290	567,70	423,96	23,744	6,2833	567,53	436,95
300	33,558	6,4014	578,49	413,86	28,079	6,3477	578,33	429,19	24,168	6,3020	578,19	442,21
310	34,146	6,4198	589,10	419,19	28,572	6,3661	588,97	434,53	24,592	6,3205	588,86	447,56
320	34,734	6,4379	599,73	424,61	29,063	6,3842	599,63	439,97	25,015	6,3387	599,55	453,01
330	35,321	6,4557	610,38	430,13	29,555	6,4021	610,31	445,50	25,438	6,3565	610,25	458,56
340	35,908	6,4732	621,05	435,74	30,046	6,4196	621,00	451,13	25,860	6,3742	620,97	464,20
350	36,494	6,4905	631,74	441,45	30,536	6,4370	631,72	456,85	26,282	6,3915	631,71	469,93
360	37,080	6,5075	642,45	447,24	31,026	6,4541	642,45	462,66	26,703	6,4087	642,46	475,75
370	37,666	6,5243	653,17	453,12	31,516	6,4709	653,19	468,55	27,125	6,4255	653,23	481,66
380	38,251	6,5409	663,92	459,09	32,005	6,4875	663,96	474,53	27,545	6,4422	664,02	487,65
390	38,836	6,5573	674,68	465,14	32,494	6,5039	674,75	480,60	27,966	6,4586	674,83	493,73
400	39,420	6,5734	685,47	471,28	32,983	6,5201	685,56	486,74	28,386	6,4748	685,66	499,89
410	40,005	6,5894	696,27	477,49	33,471	6,5360	696,38	492,97	28,806	6,4908	696,50	506,12
420	40,589	6,6051	707,10	483,78	33,959	6,5518	707,23	499,27	29,226	6,5066	707,37	512,44
430	41,172	6,6206	717,95	490,15	34,447	6,5674	718,09	505,65	29,645	6,5222	718,26	518,83
440	41,756	6,6360	728,81	496,60	34,935	6,5827	728,98	512,11	30,064	6,5376	729,16	525,30
450	42,339	6,6511	739,70	503,12	35,422	6,5979	739,89	518,64	30,483	6,5528	740,09	531,84
460	42,922	6,6661	750,61	509,71	35,909	6,6129	750,82	525,24	30,902	6,5678	751,03	538,45
470	43,504	6,6809	761,55	516,38	36,396	6,6278	761,77	531,92	31,320	6,5827	762,00	545,14
480	44,087	6,6956	772,50	523,11	36,883	6,6424	772,74	538,66	31,738	6,5974	772,98	551,89
490	44,669	6,7101	783,48	529,92	37,369	6,6569	783,73	545,48	32,156	6,6119	783,99	558,72

Tafel I. Luft von −50 bis 1250 °C (Fortsetzung)

t °C	v dm³/kg	s kJ/kg grd	i kJ/kg	e kJ/kg	v dm³/kg	s kJ/kg grd	i kJ/kg	e kJ/kg	v dm³/kg	s kJ/kg grd	i kJ/kg	e kJ/kg
	\multicolumn{4}{c}{$p = 50$ bar}	\multicolumn{4}{c}{$p = 60$ bar}	\multicolumn{4}{c}{$p = 70$ bar}
500	45,251	6,7244	794,47	536,79	37,855	6,6713	794,74	552,36	32,574	6,6263	795,02	565,61
510	45,833	6,7385	805,49	543,72	38,341	6,6854	805,77	559,30	32,991	6,6405	806,06	572,56
520	46,414	6,7525	816,53	550,73	38,827	6,6995	816,82	566,32	33,409	6,6545	817,13	579,58
530	46,996	6,7664	827,59	557,79	39,313	6,7134	827,90	573,39	33,826	6,6684	828,22	586,67
540	47,577	6,7801	838,67	564,92	39,798	6,7271	838,99	580,53	34,243	6,6821	839,33	593,82
550	48,158	6,7937	849,77	572,12	40,283	6,7407	850,11	587,73	34,660	6,6957	850,46	601,02
560	48,739	6,8071	860,90	579,37	40,769	6,7541	861,25	594,99	35,076	6,7092	861,61	608,29
570	49,320	6,8204	872,04	586,68	41,254	6,7674	872,40	602,31	35,493	6,7225	872,78	615,62
580	49,901	6,8336	883,20	594,05	41,738	6,7806	883,58	609,69	35,909	6,7357	883,97	623,01
590	50,481	6,8466	894,39	601,48	42,223	6,7937	894,78	617,13	36,325	6,7488	895,18	630,46
600	51,062	6,8595	905,60	608,97	42,708	6,8066	906,00	624,62	36,742	6,7617	906,41	637,96
620	52,222	6,8850	928,07	624,11	43,676	6,8321	928,49	639,78	37,573	6,7872	928,92	653,13
640	53,382	6,9100	950,62	639,46	44,645	6,8571	951,07	655,15	38,405	6,8123	951,52	668,51
660	54,541	6,9345	973,25	655,03	45,612	6,8816	973,72	670,73	39,236	6,8368	974,19	684,11
680	55,700	6,9586	995,96	670,79	46,580	6,9057	996,44	686,51	40,066	6,8609	996,94	699,90
700	56,858	6,9822	1018,7	686,76	47,546	6,9294	1019,2	702,49	40,896	6,8846	1019,8	715,89
720	58,016	7,0055	1041,6	702,92	48,513	6,9527	1042,1	718,66	41,726	6,9079	1042,7	732,08
740	59,174	7,0283	1064,5	719,26	49,479	6,9755	1065,1	735,01	42,555	6,9308	1065,6	748,44
760	60,331	7,0508	1087,5	735,78	50,445	6,9980	1088,1	751,54	43,384	6,9534	1088,7	764,99
780	61,488	7,0729	1110,6	752,47	51,410	7,0202	1111,2	768,25	44,213	6,9755	1111,8	781,70
800	62,645	7,0947	1133,7	769,33	52,375	7,0420	1134,3	785,12	45,041	6,9973	1134,9	798,59
820	63,802	7,1161	1156,9	786,36	53,340	7,0634	1157,5	802,16	45,869	7,0188	1158,1	815,63
840	64,958	7,1372	1180,2	803,54	54,305	7,0845	1180,8	819,35	46,697	7,0399	1181,4	832,84
860	66,114	7,1580	1203,5	820,88	55,269	7,1053	1204,2	836,70	47,524	7,0607	1204,8	850,20
880	67,269	7,1785	1226,9	838,36	56,233	7,1258	1227,6	854,20	48,351	7,0812	1228,2	867,71
900	68,425	7,1987	1250,3	856,00	57,197	7,1460	1251,0	871,84	49,179	7,1014	1251,7	885,36
920	69,580	7,2185	1273,8	873,77	58,161	7,1659	1274,5	889,62	50,005	7,1213	1275,2	903,15
940	70,735	7,2381	1297,4	891,68	59,124	7,1855	1298,1	907,54	50,832	7,1409	1298,8	921,08
960	71,890	7,2575	1321,0	909,72	60,088	7,2048	1321,7	925,59	51,658	7,1602	1322,4	939,14
980	73,044	7,2765	1344,7	927,89	61,051	7,2239	1345,4	943,77	52,485	7,1793	1346,1	957,32
1000	74,199	7,2953	1368,4	946,19	62,014	7,2427	1369,1	962,08	53,311	7,1981	1369,8	975,64
1050	77,084	7,3412	1427,9	992,45	64,420	7,2886	1428,6	1008,4	55,375	7,2441	1429,4	1021,9
1100	79,969	7,3856	1487,6	1039,4	66,826	7,3330	1488,4	1055,4	57,439	7,2885	1489,2	1069,0
1150	82,852	7,4286	1547,7	1087,1	69,231	7,3761	1548,5	1103,0	59,502	7,3316	1549,3	1116,6
1200	85,735	7,4704	1607,9	1135,3	71,635	7,4178	1608,8	1151,3	61,564	7,3733	1609,6	1164,9
1250	88,617	7,5109	1668,4	1184,1	74,038	7,4583	1669,3	1200,1	63,625	7,4139	1670,1	1213,7

Tafel I. Luft von −50 bis 1250 °C (Fortsetzung)

t °C	p = 80 bar v dm³/kg	s kJ/kg grd	i kJ/kg	e kJ/kg	p = 90 bar v dm³/kg	s kJ/kg grd	i kJ/kg	e kJ/kg	p = 100 bar v dm³/kg	s kJ/kg grd	i kJ/kg	e kJ/kg
−50	7,2203	5,2033	190,92	371,53	6,3664	5,1559	187,11	381,38	5,6932	5,1124	183,43	390,23
−40	7,7078	5,2612	204,11	368,05	6,8108	5,2155	200,70	377,81	6,1017	5,1737	197,40	386,55
−30	8,1794	5,3147	216,85	365,37	7,2399	5,2704	213,77	375,06	6,4956	5,2299	210,79	383,73
−20	8,6381	5,3646	229,23	363,37	7,6563	5,3215	226,44	373,01	6,8774	5,2821	223,74	381,64
−10	9,0860	5,4114	241,32	361,97	8,0624	5,3693	238,78	371,57	7,2493	5,3309	236,32	380,17
0	9,5249	5,4556	253,18	361,08	8,4596	5,4143	250,86	370,67	7,6127	5,3767	248,61	379,26
10	9,9562	5,4976	264,84	360,66	8,8495	5,4569	262,71	370,24	7,9689	5,4200	260,65	378,82
20	10,381	5,5375	276,34	360,66	9,2330	5,4974	274,38	370,24	8,3190	5,4611	272,49	378,82
30	10,800	5,5756	287,69	361,04	9,6110	5,5360	285,89	370,63	8,6637	5,5002	284,15	379,21
40	11,215	5,6121	298,94	361,77	9,9843	5,5730	297,27	371,36	9,0038	5,5376	295,67	379,95
50	11,625	5,6471	310,08	362,81	10,353	5,6084	308,54	372,42	9,3398	5,5734	307,06	381,03
60	12,031	5,6808	321,13	364,16	10,719	5,6425	319,71	373,79	9,6722	5,6078	318,34	382,40
70	12,434	5,7133	332,12	365,78	11,081	5,6752	330,80	375,42	10,001	5,6409	329,53	384,06
80	12,834	5,7446	343,04	367,67	11,440	5,7069	341,82	377,32	10,328	5,6728	340,65	385,97
90	13,231	5,7750	353,91	369,79	11,797	5,7375	352,78	379,46	10,652	5,7036	351,69	388,13
100	13,626	5,8044	364,73	372,14	12,151	5,7671	363,68	381,83	10,973	5,7335	362,68	390,52
110	14,018	5,8329	375,51	374,71	12,503	5,7958	374,54	384,42	11,293	5,7624	373,61	393,12
120	14,409	5,8606	386,26	377,47	12,853	5,8237	385,36	387,20	11,611	5,7905	384,50	395,92
130	14,798	5,8875	396,98	380,44	13,201	5,8508	396,15	390,18	11,926	5,8177	395,36	398,92
140	15,185	5,9137	407,67	383,58	13,548	5,8772	406,91	393,35	12,241	5,8442	406,18	402,10
150	15,571	5,9393	418,35	386,90	13,894	5,9029	417,65	396,68	12,554	5,8701	416,97	405,46
160	15,955	5,9642	429,01	390,39	14,238	5,9279	428,37	400,19	12,865	5,8952	427,74	408,98
170	16,338	5,9885	439,66	394,03	14,580	5,9523	439,07	403,85	13,176	5,9198	438,50	412,66
180	16,720	6,0122	450,30	397,83	14,922	5,9762	449,76	407,67	13,485	5,9437	449,24	416,49
190	17,101	6,0354	460,94	401,78	15,262	5,9995	460,44	411,63	13,793	5,9672	459,97	420,48
200	17,480	6,0581	471,57	405,86	15,602	6,0223	471,11	415,74	14,101	5,9901	470,68	424,60
210	17,859	6,0804	482,20	410,09	15,941	6,0446	481,79	419,98	14,407	6,0125	481,40	428,85
220	18,237	6,1021	492,83	414,44	16,278	6,0665	492,46	424,35	14,713	6,0344	492,11	433,24
230	18,614	6,1235	503,46	418,92	16,615	6,0879	503,12	428,84	15,017	6,0559	502,81	437,75
240	18,991	6,1444	514,09	423,53	16,952	6,1089	513,80	433,46	15,322	6,0770	513,52	442,39
250	19,366	6,1649	524,73	428,25	17,287	6,1295	524,47	438,20	15,625	6,0976	524,23	447,14
260	19,741	6,1851	535,38	433,09	17,622	6,1497	535,15	443,06	15,928	6,1179	534,95	452,01
270	20,116	6,2049	546,04	438,04	17,956	6,1696	545,84	448,02	16,230	6,1378	545,67	456,99
280	20,490	6,2244	556,70	443,10	18,290	6,1891	556,54	453,10	16,531	6,1574	556,40	462,08
290	20,863	6,2435	567,38	448,26	18,623	6,2083	567,25	458,28	16,832	6,1767	567,13	467,27
300	21,236	6,2623	578,07	453,53	18,956	6,2271	577,96	463,56	17,133	6,1956	577,88	472,57
310	21,608	6,2808	588,77	458,90	19,288	6,2457	588,69	468,94	17,433	6,2142	588,63	477,96
320	21,980	6,2990	599,48	464,36	19,620	6,2640	599,43	474,42	17,733	6,2325	599,40	483,46
330	22,351	6,3170	610,21	469,92	19,951	6,2819	610,19	479,99	18,032	6,2505	610,18	489,04
340	22,722	6,3346	620,96	475,57	20,282	6,2997	620,96	485,66	18,331	6,2682	620,97	494,72
350	23,092	6,3521	631,72	481,32	20,612	6,3171	631,74	491,41	18,629	6,2857	631,78	500,49
360	23,462	6,3692	642,50	487,15	20,943	6,3343	642,54	497,26	18,927	6,3030	642,60	506,35
370	23,832	6,3861	653,29	493,07	21,272	6,3512	653,36	503,19	19,225	6,3199	653,44	512,29
380	24,202	6,4028	664,10	499,08	21,602	6,3680	664,19	509,21	19,522	6,3367	664,29	518,32
390	24,571	6,4193	674,93	505,16	21,931	6,3844	675,04	515,31	19,820	6,3532	675,16	524,43
400	24,940	6,4355	685,78	511,33	22,260	6,4007	685,91	521,49	20,116	6,3695	686,05	530,62
410	25,308	6,4515	696,64	517,58	22,588	6,4168	696,79	527,75	20,413	6,3856	696,95	536,89
420	25,676	6,4673	707,53	523,91	22,916	6,4326	707,69	534,08	20,709	6,4015	707,87	543,24
430	26,044	6,4830	718,43	530,31	23,244	6,4483	718,62	540,50	21,005	6,4171	718,81	549,66
440	26,412	6,4984	729,35	536,79	23,572	6,4637	729,56	546,99	21,301	6,4326	729,77	556,16
450	26,779	6,5136	740,30	543,34	23,900	6,4790	740,52	553,55	21,596	6,4479	740,75	562,74
460	27,147	6,5287	751,26	549,96	24,227	6,4940	751,50	560,18	21,891	6,4630	751,74	569,38
470	27,514	6,5436	762,24	556,66	24 554	6,5089	762,49	566,89	22,186	6,4779	762,76	576,09
480	27,880	6,5583	773,24	563,42	24,881	6,5237	773,51	573,66	22,481	6,4927	773,79	582,88
490	28,247	6,5728	784,26	570,26	25,207	6,5382	784,55	580,50	22,776	6,5072	784,84	589,73

Tafel I. Luft von −50 bis 1250 °C (Fortsetzung)

t °C	p = 80 bar				p = 90 bar				p = 100 bar			
	v dm³/kg	s kJ/kg grd	i kJ/kg	e kJ/kg	v dm³/kg	s kJ/kg grd	i kJ/kg	e kJ/kg	v dm³/kg	s kJ/kg grd	i kJ/kg	e kJ/kg
500	28,613	6,5872	795,31	577,16	25,534	6,5526	795,61	587,41	23,070	6,5216	795,91	596,65
510	28,980	6,6014	806,37	584,12	25,860	6,5669	806,68	594,39	23,365	6,5359	807,00	603,63
520	29,346	6,6155	817,45	591,15	26,186	6,5809	817,78	601,43	23,659	6,5500	818,12	610,68
530	29,711	6,6294	828,55	598,25	26,512	6,5949	828,89	608,53	23,953	6,5639	829,24	617,79
540	30,077	6,6431	839,67	605,40	26,838	6,6086	840,03	615,69	24,246	6,5777	840,39	624,96
550	30,443	6,6568	850,82	612,62	27,163	6,6223	851,19	622,92	24,540	6,5914	851,56	632,20
560	30,808	6,6702	861,98	619,90	27,488	6,6358	862,36	630,20	24,833	6,6049	862,75	639,49
570	31,173	6,6836	873,16	627,23	27,814	6,6491	873,55	637,55	25,127	6,6183	873,96	646,84
580	31,538	6,6968	884,36	634,63	28,139	6,6624	884,77	644,95	25,420	6,6315	885,18	654,26
590	31,903	6,7099	895,59	642,08	28,464	6,6755	896,00	652,42	25,713	6,6446	896,43	661,72
600	32,268	6,7228	906,83	649,59	28,789	6,6884	907,25	659,93	26,006	6,6576	907,69	669,25
620	32,997	6,7483	929,37	664,78	29,438	6,7140	929,82	675,13	26,591	6,6832	930,28	684,46
640	33,726	6,7734	951,98	680,18	30,087	6,7390	952,46	690,55	27,176	6,7083	952,93	699,89
660	34,454	6,7980	974,68	695,79	30,735	6,7636	975,17	706,17	27,760	6,7329	975,67	715,53
680	35,181	6,8221	997,44	711,60	31,383	6,7878	997,96	721,99	28,344	6,7571	998,47	731,37
700	35,909	6,8458	1020,3	727,60	32,030	6,8116	1020,8	738,01	28,928	6,7808	1021,4	747,40
720	36,636	6,8691	1043,2	743,79	32,678	6,8349	1043,7	754,22	29,511	6,8042	1044,3	763,62
740	37,362	6,8921	1066,2	760,17	33,324	6,8578	1066,7	770,61	30,094	6,8271	1067,3	780,02
760	38,089	6,9146	1089,2	776,73	33,971	6,8804	1089,8	787,17	30,677	6,8497	1090,4	796,60
780	38,815	6,9368	1112,3	793,46	34,617	6,9026	1112,9	803,91	31,259	6,8719	1113,5	813,35
800	39,540	6,9586	1135,5	810,35	35,263	6,9244	1136,1	820,82	31,841	6,8937	1136,8	830,27
820	40,266	6,9801	1158,8	827,41	35,908	6,9459	1159,4	837,89	32,423	6,9152	1160,0	847,35
840	40,991	7,0012	1182,1	844,63	36,554	6,9670	1182,7	855,12	33,004	6,9364	1183,4	864,58
860	41,716	7,0220	1205,4	862,00	37,199	6,9878	1206,1	872,49	33,585	6,9573	1206,8	881,97
880	42,441	7,0425	1228,9	879,51	37,844	7,0084	1229,5	890,02	34,166	6,9778	1230,2	899,51
900	43,165	7,0627	1252,4	897,17	38,488	7,0286	1253,0	907,69	34,747	6,9980	1253,7	917,19
920	43,889	7,0826	1275,9	914,97	39,133	7,0485	1276,6	925,50	35,328	7,0179	1277,3	935,01
940	44,613	7,1023	1299,5	932,91	39,777	7,0681	1300,2	943,45	35,908	7,0376	1300,9	952,96
960	45,337	7,1216	1323,1	950,98	40,421	7,0875	1323,8	961,53	36,488	7,0570	1324,6	971,05
980	46,061	7,1407	1346,8	969,18	41,065	7,1066	1347,5	979,73	37,068	7,0761	1348,3	989,26
1000	46,784	7,1595	1370,6	987,50	41,708	7,1254	1371,3	998,06	37,648	7,0949	1372,0	1007,6
1050	48,592	7,2055	1430,1	1033,8	43,317	7,1714	1430,9	1044,4	39,097	7,1409	1431,7	1054,0
1100	50,399	7,2499	1490,0	1080,9	44,924	7,2159	1490,8	1091,5	40,544	7,1854	1491,6	1101,0
1150	52,205	7,2930	1550,1	1128,5	46,531	7,2590	1550,9	1139,2	41,991	7,2285	1551,7	1148,7
1200	54,011	7,3348	1610,4	1176,8	48,137	7,3007	1611,2	1187,5	43,438	7,2703	1612,1	1197,1
1250	55,816	7,3753	1671,0	1225,7	49,742	7,3413	1671,8	1236,3	44,883	7,3109	1672,7	1246,0

Tafel I. Luft von −50 bis 1250 °C (Fortsetzung)

t °C	p = 110 bar				p = 120 bar				p = 130 bar			
	v dm³/kg	s kJ/kg grd	i kJ/kg	e kJ/kg	v dm³/kg	s kJ/kg grd	i kJ/kg	e kJ/kg	v dm³/kg	s kJ/kg grd	i kJ/kg	e kJ/kg
−50	5,1518	5,0724	179,91	398,24	4,7096	5,0353	176,56	405,58	4,3437	5,0009	173,40	412,33
−40	5,5294	5,1352	194,22	394,47	5,0599	5,0995	191,19	401,72	4,6696	5,0663	188,31	408,41
−30	5,8934	5,1927	207,92	391,59	5,3980	5,1582	205,17	398,78	4,9847	5,1261	202,55	405,41
−20	6,2461	5,2460	221,13	389,46	5,7256	5,2125	218,63	396,61	5,2903	5,1813	216,24	403,20
−10	6,5894	5,2956	233,95	387,96	6,0443	5,2630	231,66	395,09	5,5877	5,2326	229,48	401,66
0	6,9245	5,3422	246,44	387,03	6,3554	5,3103	244,35	394,14	5,8779	5,2806	242,35	400,70
10	7,2527	5,3861	258,66	386,59	6,6599	5,3548	256,74	393,69	6,1619	5,3257	254,91	400,24
20	7,5750	5,4278	270,66	386,59	6,9587	5,3970	268,90	393,69	6,4405	5,3684	267,21	400,24
30	7,8922	5,4674	282,47	386,98	7,2526	5,4371	280,85	394,09	6,7144	5,4090	279,29	400,64
40	8,2049	5,5052	294,11	387,74	7,5422	5,4753	292,62	394,85	6,9842	5,4476	291,19	401,41
50	8,5136	5,5414	305,62	388,82	7,8280	5,5119	304,25	395,95	7,2503	5,4845	302,92	402,52
60	8,8189	5,5761	317,02	390,21	8,1104	5,5469	315,75	397,35	7,5132	5,5198	314,52	403,93
70	9,1211	5,6095	328,31	391,88	8,3898	5,5806	327,13	399,03	7,7732	5,5538	326,01	405,63
80	9,4205	5,6417	339,51	393,81	8,6666	5,6130	338,43	400,98	8,0307	5,5865	337,39	407,59
90	9,7175	5,6728	350,64	395,98	8,9410	5,6443	349,64	403,17	8,2858	5,6180	348,68	409,80
100	10,012	5,7028	361,71	398,39	9,2132	5,6746	360,78	405,59	8,5389	5,6485	359,89	412,23
110	10,305	5,7319	372,72	401,00	9,4835	5,7039	371,86	408,22	8,7900	5,6780	371,04	414,89
120	10,596	5,7602	383,68	403,83	9,7520	5,7323	382,89	411,06	9,0395	5,7065	382,13	417,74
130	10,885	5,7876	394,59	406,84	10,019	5,7599	393,87	414,10	9,2873	5,7343	393,17	420,79
140	11,173	5,8143	405,48	410,04	10,284	5,7867	404,81	417,31	9,5338	5,7612	404,17	424,03
150	11,459	5,8402	416,33	413,42	10,548	5,8128	415,71	420,70	9,7789	5,7874	415,13	427,43
160	11,744	5,8655	427,15	416,96	10,811	5,8382	426,59	424,26	10,023	5,8129	426,06	431,01
170	12,028	5,8902	437,96	420,65	11,073	5,8630	437,44	427,98	10,266	5,8378	436,96	434,74
180	12,311	5,9142	448,74	424,50	11,333	5,8871	448,28	431,84	10,508	5,8621	447,84	438,62
190	12,593	5,9377	459,52	428,50	11,593	5,9108	459,09	435,86	10,748	5,8858	458,70	442,65
200	12,873	5,9607	470,28	432,64	11,852	5,9338	469,90	440,01	10,988	5,9090	469,54	446,82
210	13,153	5,9832	481,03	436,91	12,110	5,9564	480,69	444,30	11,227	5,9316	480,37	451,12
220	13,433	6,0052	491,78	441,32	12,367	5,9785	491,48	448,72	11,466	5,9538	491,19	455,56
230	13,711	6,0268	502,52	445,84	12,623	6,0001	502,26	453,26	11,703	5,9755	502,01	460,11
240	13,989	6,0480	513,27	450,50	12,879	6,0213	513,03	457,93	11,940	5,9968	512,82	464,80
250	14,266	6,0687	524,01	455,26	13,134	6,0421	523,81	462,71	12,177	6,0176	523,63	469,59
260	14,542	6,0890	534,76	460,15	13,388	6,0626	534,59	467,61	12,413	6,0381	534,44	474,50
270	14,818	6,1090	545,51	465,14	13,642	6,0826	545,37	472,62	12,648	6,0582	545,25	479,53
280	15,093	6,1286	556,27	470,24	13,895	6,1023	556,16	477,73	12,882	6,0779	556,06	484,66
290	15,368	6,1479	567,03	475,45	14,148	6,1216	566,95	482,95	13,117	6,0973	566,88	489,89
300	15,642	6,1669	577,80	480,76	14,401	6,1406	577,75	488,28	13,350	6,1164	577,71	495,22
310	15,916	6,1855	588,59	486,17	14,652	6,1593	588,56	493,70	13,584	6,1351	588,54	500,66
320	16,189	6,2039	599,38	491,67	14,904	6,1777	599,37	499,21	13,817	6,1535	599,38	506,19
330	16,462	6,2220	610,18	497,27	15,155	6,1958	610,20	504,83	14,049	6,1717	610,23	511,81
340	16,735	6,2397	621,00	502,96	15,406	6,2136	621,04	510,53	14,281	6,1895	621,10	517,53
350	17,007	6,2573	631,83	508,74	15,656	6,2312	631,89	516,32	14,513	6,2071	631,97	523,33
360	17,279	6,2745	642,67	514,61	15,906	6,2485	642,76	522,20	14,744	6,2245	642,86	529,22
370	17,550	6,2915	653,53	520,57	16,155	6,2655	653,64	528,17	14,975	6,2415	653,76	535,20
380	17,822	6,3083	664,41	526,61	16,405	6,2823	664,53	534,22	15,206	6,2584	664,67	541,26
390	18,093	6,3249	675,30	532,73	16,654	6,2989	675,44	540,35	15,437	6,2750	675,60	547,41
400	18,363	6,3412	686,20	538,93	16,902	6,3153	686,37	546,57	15,667	6,2914	686,54	553,63
410	18,633	6,3573	697,12	545,21	17,151	6,3314	697,31	552,86	15,897	6,3075	697,50	559,93
420	18,903	6,3732	708,06	551,57	17,399	6,3473	708,26	559,23	16,126	6,3235	708,48	566,31
430	19,173	6,3889	719,02	558,01	17,647	6,3630	719,24	565,67	16,356	6,3392	719,47	572,77
440	19,443	6,4044	730,00	564,52	17,895	6,3786	730,23	572,19	16,585	6,3548	730,48	579,30
450	19,712	6,4197	740,99	571,10	18,142	6,3939	741,24	578,78	16,814	6,3701	741,50	585,90
460	19,981	6,4348	752,00	577,75	18,389	6,4090	752,27	585,45	17,043	6,3853	752,54	592,57
470	20,250	6,4498	763,03	584,48	18,636	6,4240	763,31	592,18	17,271	6,4003	763,60	599,31
480	20,519	6,4645	774,08	591,27	18,883	6,4388	774,38	598,98	17,499	6,4151	774,68	606,12
490	20,787	6,4791	785,15	598,13	19,130	6,4534	785,46	605,85	17,728	6,4297	785,78	613,00

Tafel I. Luft von −50 bis 1250 °C (Fortsetzung)

t °C	p = 110 bar v dm³/kg	s kJ/kg grd	i kJ/kg	e kJ/kg	p = 120 bar v dm³/kg	s kJ/kg grd	i kJ/kg	e kJ/kg	p = 130 bar v dm³/kg	s kJ/kg grd	i kJ/kg	e kJ/kg
500	21,055	6,4936	796,23	605,06	19,376	6,4679	796,56	612,79	17,956	6,4442	796,89	619,95
510	21,323	6,5078	807,34	612,05	19,622	6,4822	807,68	619,79	18,183	6,4585	808,02	626,95
520	21,591	6,5219	818,46	619,11	19,869	6,4963	818,81	626,85	18,411	6,4726	819,17	634,03
530	21,859	6,5359	829,60	626,23	20,114	6,5103	829,97	633,98	18,638	6,4866	830,34	641,16
540	22,127	6,5497	840,76	633,41	20,360	6,5241	841,14	641,17	18,866	6,5005	841,53	648,36
550	22,394	6,5634	851,95	640,65	20,606	6,5378	852,34	648,42	19,093	6,5142	852,74	655,62
560	22,661	6,5769	863,15	647,95	20,851	6,5513	863,55	655,73	19,320	6,5277	863,96	662,94
570	22,928	6,5903	874,36	655,31	21,097	6,5647	874,78	663,10	19,547	6,5411	875,20	670,32
580	23,195	6,6036	885,60	662,73	21,342	6,5780	886,03	670,53	19,774	6,5544	886,46	677,75
590	23,462	6,6167	896,86	670,21	21,587	6,5911	897,30	678,01	20,000	6,5676	897,74	685,24
600	23,729	6,6297	908,13	677,74	21,832	6,6041	908,58	685,55	20,227	6,5806	909,04	692,79
620	24,262	6,6553	930,74	692,97	22,321	6,6297	931,21	700,79	20,679	6,6062	931,69	708,05
640	24,795	6,6804	953,42	708,41	22,810	6,6549	953,91	716,25	21,131	6,6314	954,41	723,52
660	25,327	6,7050	976,17	724,06	23,299	6,6796	976,68	731,91	21,583	6,6561	977,20	739,19
680	25,858	6,7292	999,00	739,91	23,787	6,7038	999,53	747,78	22,034	6,6803	1000,1	755,07
700	26,390	6,7530	1021,9	755,96	24,275	6,7276	1022,4	763,83	22,485	6,7041	1023,0	771,14
720	26,921	6,7764	1044,9	772,19	24,762	6,7510	1045,4	780,08	22,936	6,7275	1046,0	787,39
740	27,451	6,7994	1067,9	788,60	25,249	6,7739	1068,5	796,50	23,386	6,7505	1069,1	803,83
760	27,982	6,8219	1091,0	805,19	25,736	6,7965	1091,6	813,11	23,836	6,7732	1092,2	820,44
780	28,512	6,8441	1114,2	821,95	26,222	6,8188	1114,8	829,88	24,285	6,7954	1115,4	837,23
800	29,041	6,8660	1137,4	838,88	26,709	6,8406	1138,0	846,82	24,735	6,8173	1138,6	854,18
820	29,571	6,8875	1160,7	855,97	27,194	6,8622	1161,3	863,92	25,184	6,8388	1162,0	871,29
840	30,100	6,9087	1184,0	873,22	27,680	6,8834	1184,7	881,18	25,632	6,8600	1185,3	888,56
860	30,629	6,9295	1207,4	890,62	28,165	6,9042	1208,1	898,58	26,081	6,8809	1208,8	905,98
880	31,158	6,9501	1230,9	908,17	28,651	6,9248	1231,6	916,14	26,529	6,9015	1232,3	923,54
900	31,686	6,9703	1254,4	925,85	29,136	6,9450	1255,1	933,84	26,977	6,9217	1255,8	941,25
920	32,214	6,9903	1278,0	943,68	29,620	6,9650	1278,7	951,68	27,425	6,9417	1279,4	959,10
940	32,743	7,0099	1301,6	961,65	30,105	6,9846	1302,3	969,65	27,873	6,9614	1303,0	977,08
960	33,270	7,0293	1325,3	979,74	30,589	7,0040	1326,0	987,75	28,321	6,9808	1326,7	995,19
980	33,798	7,0484	1349,0	997,96	31,073	7,0231	1349,8	1006,0	28,768	6,9999	1350,5	1013,4
1000	34,326	7,0672	1372,8	1016,3	31,557	7,0420	1373,5	1024,3	29,215	7,0187	1374,3	1031,8
1050	35,644	7,1133	1432,4	1062,7	32,767	7,0880	1433,2	1070,7	30,332	7,0648	1434,0	1078,2
1100	36,961	7,1578	1492,3	1109,8	33,975	7,1326	1493,1	1117,8	31,449	7,1093	1493,9	1125,3
1150	38,278	7,2009	1552,5	1157,5	35,183	7,1757	1553,3	1165,6	32,564	7,1525	1554,2	1173,1
1200	39,593	7,2427	1612,9	1205,9	36,390	7,2175	1613,7	1214,0	33,679	7,1943	1614,6	1221,5
1250	40,908	7,2833	1673,5	1254,8	37,596	7,2581	1674,4	1262,9	34,793	7,2350	1675,2	1270,4

Tafel I. Luft von −50 bis 1250 °C (Fortsetzung)

t °C	p = 140 bar v dm³/kg	s kJ/kg grd	i kJ/kg	e kJ/kg	p = 150 bar v dm³/kg	s kJ/kg grd	i kJ/kg	e kJ/kg	p = 160 bar v dm³/kg	s kJ/kg grd	i kJ/kg	e kJ/kg
−50	4,0376	4,9689	170,44	418,60	3,7790	4,9391	167,69	424,44	3,5587	4,9113	165,15	429,92
−40	4,3414	5,0353	185,60	414,61	4,0628	5,0064	183,05	420,40	3,8241	4,9793	180,68	425,83
−30	4,6359	5,0961	200,06	411,57	4,3386	5,0680	197,71	417,31	4,0830	5,0416	195,51	422,71
−20	4,9220	5,1521	213,96	409,32	4,6070	5,1248	211,80	415,04	4,3354	5,0991	209,76	420,41
−10	5,2004	5,2041	227,39	407,76	4,8687	5,1775	225,40	413,45	4,5818	5,1524	223,52	418,80
0	5,4723	5,2528	240,43	406,78	5,1242	5,2267	238,60	412,47	4,8227	5,2022	236,87	417,81
10	5,7384	5,2985	253,15	406,32	5,3744	5,2730	251,47	412,00	5,0587	5,2489	249,87	417,34
20	5,9994	5,3417	265,59	406,32	5,6198	5,3166	264,04	412,00	5,2902	5,2930	262,57	417,33
30	6,2559	5,3827	277,80	406,73	5,8610	5,3580	276,37	412,41	5,5178	5,3348	275,02	417,75
40	6,5085	5,4217	289,81	407,51	6,0985	5,3973	288,50	413,20	5,7418	5,3745	287,25	418,54
50	6,7575	5,4589	301,66	408,62	6,3326	5,4349	300,45	414,32	5,9627	5,4123	299,29	419,68
60	7,0035	5,4945	313,36	410,05	6,5637	5,4708	312,24	415,76	6,1807	5,4485	311,17	421,12
70	7,2467	5,5288	324,93	411,76	6,7922	5,5053	323,90	417,48	6,3962	5,4833	322,91	422,86
80	7,4875	5,5617	336,39	413,73	7,0183	5,5385	335,44	419,47	6,6094	5,5166	334,54	424,86
90	7,7260	5,5934	347,76	415,95	7,2423	5,5704	346,88	421,71	6,8206	5,5488	346,05	427,11
100	7,9624	5,6241	359,05	418,41	7,4644	5,6013	358,24	424,17	7,0299	5,5798	357,47	429,59
110	8,1971	5,6538	370,26	421,07	7,6846	5,6311	369,52	426,86	7,2375	5,6098	368,81	432,29
120	8,4301	5,6825	381,42	423,95	7,9033	5,6600	380,73	429,75	7,4435	5,6389	380,09	435,19
130	8,6616	5,7104	392,51	427,01	8,1205	5,6880	391,89	432,83	7,6482	5,6670	391,30	438,29
140	8,8917	5,7375	403,57	430,26	8,3364	5,7152	402,99	436,09	7,8515	5,6944	402,45	441,57
150	9,1206	5,7638	414,58	433,69	8,5511	5,7417	414,06	439,53	8,0537	5,7209	413,56	445,02
160	9,3483	5,7894	425,55	437,27	8,7646	5,7674	425,08	443,14	8,2547	5,7468	424,63	448,64
170	9,5749	5,8144	436,50	441,02	8,9770	5,7925	436,07	446,90	8,4548	5,7720	435,67	452,42
180	9,8005	5,8388	447,42	444,92	9,1886	5,8170	447,03	450,81	8,6539	5,7965	446,67	456,35
190	10,025	5,8626	458,32	448,96	9,3992	5,8409	457,98	454,87	8,8522	5,8205	457,65	460,42
200	10,249	5,8858	469,21	453,15	9,6090	5,8642	468,90	459,07	9,0496	5,8439	468,61	464,64
210	10,472	5,9086	480,08	457,47	9,8180	5,8870	479,80	463,40	9,2463	5,8668	479,55	468,98
220	10,694	5,9308	490,93	461,92	10,026	5,9093	490,69	467,87	9,4423	5,8892	490,48	473,46
230	10,916	5,9526	501,78	466,49	10,234	5,9312	501,58	472,45	9,6377	5,9111	501,39	478,06
240	11,137	5,9739	512,63	471,18	10,441	5,9526	512,45	477,16	9,8324	5,9325	512,30	482,78
250	11,357	5,9949	523,47	476,00	10,647	5,9736	523,32	481,99	10,027	5,9536	523,20	487,62
260	11,577	6,0154	534,31	480,92	10,853	5,9941	534,19	486,92	10,220	5,9742	534,09	492,57
270	11,796	6,0355	545,15	485,96	11,058	6,0143	545,06	491,97	10,413	5,9945	544,99	497,63
280	12,015	6,0553	555,99	491,10	11,263	6,0342	555,93	497,13	10,606	6,0143	555,88	502,80
290	12,233	6,0747	566,83	496,34	11,467	6,0536	566,80	502,39	10,798	6,0339	566,78	508,07
300	12,451	6,0938	577,68	501,69	11,671	6,0728	577,67	507,75	10,990	6,0530	577,68	513,44
310	12,668	6,1126	588,54	507,14	11,875	6,0916	588,55	513,20	11,181	6,0719	588,58	518,91
320	12,885	6,1311	599,41	512,68	12,078	6,1101	599,44	518,76	11,372	6,0904	599,49	524,48
330	13,101	6,1493	610,28	518,31	12,281	6,1283	610,34	524,40	11,563	6,1087	610,41	530,13
340	13,318	6,1672	621,16	524,04	12,483	6,1463	621,25	530,14	11,753	6,1267	621,34	535,88
350	13,533	6,1848	632,06	529,86	12,685	6,1639	632,16	535,97	11,943	6,1444	632,28	541,72
360	13,749	6,2022	642,97	535,76	12,887	6,1813	643,09	541,88	12,132	6,1618	643,22	547,65
370	13,964	6,2193	653,89	541,75	13,088	6,1985	654,03	547,88	12,321	6,1790	654,18	553,66
380	14,179	6,2361	664,82	547,82	13,289	6,2154	664,98	553,97	12,510	6,1959	665,15	559,75
390	14,394	6,2528	675,77	553,98	13,490	6,2320	675,94	560,13	12,699	6,2126	676,13	565,92
400	14,608	6,2692	686,73	560,21	13,690	6,2485	686,92	566,38	12,888	6,2290	687,13	572,18
410	14,822	6,2854	697,70	566,52	13,891	6,2647	697,92	572,70	13,076	6,2453	698,14	578,51
420	15,036	6,3013	708,70	572,91	14,091	6,2807	708,93	579,10	13,264	6,2613	709,17	584,92
430	15,249	6,3171	719,70	579,38	14,290	6,2965	719,95	585,57	13,451	6,2771	720,21	591,40
440	15,462	6,3327	730,73	585,91	14,490	6,3121	730,99	592,12	13,639	6,2927	731,26	597,96
450	15,676	6,3480	741,77	592,53	14,689	6,3274	742,05	598,74	13,826	6,3081	742,33	604,59
460	15,888	6,3632	752,83	599,21	14,888	6,3427	753,12	605,43	14,013	6,3234	753,42	611,29
470	16,101	6,3782	763,90	605,96	15,087	6,3577	764,21	612,19	14,200	6,3384	764,52	618,06
480	16,314	6,3931	774,99	612,78	15,286	6,3725	775,32	619,02	14,387	6,3533	775,64	624,89
490	16,526	6,4077	786,10	619,67	15,485	6,3872	786,44	625,91	14,573	6,3680	786,78	631,80

Tafel I. Luft von −50 bis 1250 °C (Fortsetzung)

t °C	p = 140 bar				p = 150 bar				p = 160 bar			
	v dm³/kg	s kJ/kg grd	i kJ/kg	e kJ/kg	v dm³/kg	s kJ/kg grd	i kJ/kg	e kJ/kg	v dm³/kg	s kJ/kg grd	i kJ/kg	e kJ/kg
500	16,738	6,4222	797,23	626,62	15,683	6,4017	797,58	632,87	14,760	6,3825	797,94	638,77
510	16,950	6,4365	808,38	633,64	15,881	6,4160	808,74	639,90	14,946	6,3968	809,11	645,80
520	17,162	6,4507	819,54	640,72	16,079	6,4302	819,92	646,99	15,132	6,4110	820,30	652,90
530	17,373	6,4647	830,72	647,86	16,277	6,4443	831,11	654,14	15,318	6,4251	831,50	660,06
540	17,585	6,4786	841,92	655,07	16,475	6,4581	842,32	661,36	15,504	6,4390	842,73	667,28
550	17,796	6,4923	853,14	662,33	16,672	6,4719	853,55	668,63	15,689	6,4527	853,97	674,56
560	18,007	6,5058	864,38	669,66	16,870	6,4854	864,80	675,96	15,875	6,4663	865,23	681,90
570	18,218	6,5193	875,63	677,05	17,067	6,4989	876,06	683,36	16,060	6,4798	876,50	689,30
580	18,429	6,5326	886,90	684,49	17,264	6,5122	887,35	690,80	16,245	6,4931	887,80	696,76
590	18,640	6,5457	898,19	691,99	17,461	6,5254	898,65	698,31	16,430	6,5063	899,11	704,27
600	18,851	6,5588	909,50	699,54	17,658	6,5384	909,97	705,87	16,615	6,5193	910,44	711,84
620	19,272	6,5844	932,17	714,81	18,052	6,5641	932,66	721,16	16,985	6,5450	933,15	727,14
640	19,692	6,6096	954,91	730,30	18,445	6,5893	955,42	736,65	17,354	6,5703	955,93	742,65
660	20,112	6,6343	977,72	745,98	18,838	6,6140	978,25	752,36	17,722	6,5950	978,77	758,36
680	20,532	6,6586	1000,6	761,87	19,230	6,6383	1001,1	768,26	18,091	6,6193	1001,7	774,28
700	20,951	6,6824	1023,5	777,95	19,622	6,6622	1024,1	784,35	18,458	6,6432	1024,7	790,38
720	21,370	6,7058	1046,6	794,22	20,013	6,6856	1047,1	800,63	18,826	6,6666	1047,7	806,67
740	21,789	6,7289	1069,6	810,67	20,404	6,7086	1070,2	817,09	19,193	6,6897	1070,8	823,15
760	22,207	6,7515	1092,8	827,30	20,795	6,7313	1093,4	833,73	19,560	6,7124	1094,0	839,79
780	22,625	6,7737	1116,0	844,09	21,186	6,7536	1116,6	850,53	19,927	6,7346	1117,3	856,61
800	23,043	6,7956	1139,3	861,05	21,576	6,7755	1139,9	867,50	20,293	6,7566	1140,6	873,59
820	23,460	6,8172	1162,6	878,17	21,966	6,7970	1163,3	884,64	20,659	6,7781	1163,9	890,73
840	23,877	6,8384	1186,0	895,45	22,356	6,8183	1186,7	901,92	21,025	6,7994	1187,3	908,03
860	24,294	6,8593	1209,4	912,88	22,746	6,8392	1210,1	919,36	21,391	6,8203	1210,8	925,48
880	24,711	6,8799	1232,9	930,45	23,135	6,8597	1233,6	936,95	21,756	6,8409	1234,3	943,07
900	25,128	6,9001	1256,5	948,17	23,524	6,8800	1257,2	954,67	22,121	6,8612	1257,9	960,81
920	25,544	6,9201	1280,1	966,03	23,913	6,9000	1280,8	972,54	22,486	6,8812	1281,5	978,68
940	25,960	6,9398	1303,8	984,02	24,302	6,9197	1304,5	990,53	22,851	6,9009	1305,2	996,69
960	26,376	6,9592	1327,5	1002,1	24,691	6,9391	1328,2	1008,7	23,216	6,9203	1329,0	1014,8
980	26,792	6,9783	1351,2	1020,4	25,079	6,9582	1352,0	1026,9	23,580	6,9394	1352,7	1033,1
1000	27,207	6,9972	1375,1	1038,8	25,467	6,9771	1375,8	1045,3	23,945	6,9583	1376,6	1051,5
1050	28,246	7,0433	1434,8	1085,2	26,437	7,0232	1435,6	1091,8	24,855	7,0044	1436,3	1098,0
1100	29,283	7,0878	1494,7	1132,3	27,406	7,0678	1495,6	1138,9	25,764	7,0490	1496,4	1145,1
1150	30,320	7,1310	1555,0	1180,1	28,374	7,1110	1555,8	1186,7	26,672	7,0922	1556,6	1192,9
1200	31,355	7,1729	1615,4	1228,5	29,342	7,1529	1616,3	1235,1	27,580	7,1341	1617,1	1241,4
1250	32,391	7,2135	1676,1	1277,5	30,309	7,1935	1677,0	1284,1	28,487	7,1748	1677,8	1290,4

Tafel I. Luft von −50 bis 1250 °C (Fortsetzung)

t °C	p = 170 bar v dm³/kg	s kJ/kg grd	i kJ/kg	e kJ/kg	p = 180 bar v dm³/kg	s kJ/kg grd	i kJ/kg	e kJ/kg	p = 190 bar v dm³/kg	s kJ/kg grd	i kJ/kg	e kJ/kg
−50	3,3695	4,8853	162,82	435,07	3,2058	4,8610	160,68	439,93	3,0632	4,8382	158,73	444,55
−40	3,6181	4,9539	178,47	430,94	3,4391	4,9301	176,44	435,78	3,2824	4,9076	174,57	440,38
−30	3,8614	5,0168	193,45	427,79	3,6681	4,9935	191,53	432,61	3,4984	4,9714	189,75	437,18
−20	4,0993	5,0749	207,85	425,47	3,8927	5,0520	206,05	430,26	3,7107	5,0304	204,38	434,82
−10	4,3319	5,1287	221,75	423,85	4,1126	5,1063	220,08	428,63	3,9191	5,0851	218,51	433,17
0	4,5596	5,1790	235,23	422,84	4,3282	5,1571	233,68	427,61	4,1236	5,1363	232,22	432,15
10	4,7827	5,2262	248,35	422,37	4,5397	5,2047	246,92	427,13	4,3244	5,1843	245,56	431,67
20	5,0017	5,2707	261,17	422,37	4,7474	5,2495	259,84	427,13	4,5218	5,2295	258,59	431,66
30	5,2171	5,3128	273,72	422,78	4,9517	5,2920	272,50	427,55	4,7160	5,2722	271,34	432,09
40	5,4291	5,3528	286,05	423,58	5,1529	5,3323	284,92	428,36	4,9074	5,3129	283,85	432,90
50	5,6381	5,3910	298,19	424,73	5,3512	5,3708	297,15	429,51	5,0960	5,3515	296,16	434,06
60	5,8444	5,4275	310,16	426,18	5,5470	5,4075	309,20	430,98	5,2823	5,3885	308,29	435,54
70	6,0483	5,4624	321,98	427,93	5,7405	5,4427	321,09	432,74	5,4664	5,4239	320,26	437,30
80	6,2500	5,4960	333,68	429,95	5,9319	5,4765	332,86	434,76	5,6485	5,4579	332,09	439,34
90	6,4498	5,5284	345,26	432,21	6,1214	5,5090	344,51	437,04	5,8287	5,4906	343,80	441,63
100	6,6477	5,5596	356,75	434,70	6,3092	5,5404	356,06	439,55	6,0074	5,5221	355,41	444,15
110	6,8441	5,5897	368,15	437,42	6,4955	5,5707	367,52	442,27	6,1845	5,5526	366,92	446,89
120	7,0389	5,6189	379,48	440,33	6,6803	5,6000	378,90	445,21	6,3603	5,5820	378,36	449,84
130	7,2324	5,6472	390,74	443,45	6,8637	5,6284	390,21	448,33	6,5348	5,6106	389,72	452,98
140	7,4246	5,6746	401,94	446,74	7,0460	5,6560	401,47	451,64	6,7081	5,6383	401,02	456,30
150	7,6157	5,7013	413,10	450,21	7,2272	5,6828	412,67	455,12	6,8804	5,6652	412,27	459,79
160	7,8057	5,7273	424,21	453,84	7,4074	5,7088	423,83	458,77	7,0517	5,6913	423,46	463,46
170	7,9948	5,7526	435,29	457,63	7,5866	5,7342	434,94	462,57	7,2221	5,7168	434,62	467,27
180	8,1829	5,7772	446,34	461,58	7,7650	5,7589	446,03	466,53	7,3916	5,7416	445,74	471,24
190	8,3702	5,8013	457,35	465,66	7,9425	5,7831	457,08	470,63	7,5604	5,7658	456,83	475,36
200	8,5568	5,8247	468,35	469,89	8,1193	5,8066	468,11	474,87	7,7284	5,7894	467,89	479,61
210	8,7426	5,8477	479,32	474,25	8,2953	5,8297	479,12	479,25	7,8957	5,8125	478,93	484,00
220	8,9277	5,8702	490,28	478,74	8,4707	5,8522	490,11	483,75	8,0624	5,8351	489,95	488,51
230	9,1122	5,8921	501,23	483,36	8,6455	5,8742	501,08	488,38	8,2285	5,8572	500,96	493,15
240	9,2960	5,9136	512,16	488,09	8,8198	5,8958	512,05	493,12	8,3940	5,8788	511,95	497,91
250	9,4794	5,9347	523,09	492,94	8,9934	5,9169	523,00	497,99	8,5590	5,9000	522,93	502,79
260	9,6622	5,9554	534,01	497,90	9,1666	5,9377	533,95	502,96	8,7236	5,9208	533,91	507,77
270	9,8445	5,9757	544,94	502,98	9,3393	5,9580	544,90	508,05	8,8876	5,9412	544,88	512,87
280	10,026	5,9956	555,86	508,16	9,5115	5,9780	555,84	513,24	9,0512	5,9612	555,85	518,07
290	10,208	6,0152	566,78	513,44	9,6833	5,9976	566,79	518,53	9,2144	5,9809	566,82	523,38
300	10,389	6,0344	577,70	518,82	9,8547	6,0168	577,73	523,93	9,3772	6,0002	577,78	528,78
310	10,569	6,0533	588,63	524,30	10,026	6,0358	588,68	529,42	9,5396	6,0191	588,76	534,29
320	10,749	6,0719	599,56	529,88	10,196	6,0544	599,64	535,01	9,7017	6,0378	599,73	539,88
330	10,929	6,0902	610,50	535,55	10,367	6,0727	610,60	540,69	9,8634	6,0562	610,71	545,57
340	11,109	6,1082	621,45	541,31	10,537	6,0908	621,56	546,46	10,025	6,0742	621,70	551,35
350	11,288	6,1259	632,40	547,16	10,706	6,1085	632,54	552,31	10,186	6,0920	632,69	557,22
360	11,467	6,1434	643,37	553,09	10,876	6,1260	643,52	558,26	10,347	6,1095	643,69	563,18
370	11,645	6,1606	654,34	559,11	11,045	6,1432	654,52	564,29	10,507	6,1268	654,71	569,22
380	11,824	6,1776	665,33	565,22	11,213	6,1602	665,52	570,40	10,667	6,1438	665,73	575,34
390	12,002	6,1943	676,33	571,40	11,382	6,1770	676,54	576,60	10,827	6,1606	676,76	581,54
400	12,179	6,2108	687,35	577,66	11,550	6,1935	687,57	582,87	10,987	6,1771	687,81	587,83
410	12,357	6,2270	698,37	584,00	11,718	6,2098	698,62	589,22	11,147	6,1934	698,87	594,19
420	12,534	6,2431	709,41	590,42	11,886	6,2258	709,67	595,65	11,306	6,2095	709,94	600,62
430	12,711	6,2589	720,47	596,91	12,054	6,2417	720,74	602,15	11,465	6,2254	721,02	607,13
440	12,888	6,2745	731,54	603,48	12,221	6,2573	731,83	608,72	11,624	6,2410	732,12	613,71
450	13,065	6,2900	742,63	610,12	12,388	6,2728	742,93	615,37	11,783	6,2565	743,24	620,37
460	13,241	6,3052	753,73	616,83	12,555	6,2881	754,04	622,08	11,941	6,2718	754,37	627,09
470	13,418	6,3203	764,85	623,60	12,722	6,3031	765,18	628,87	12,100	6,2869	765,51	633,89
480	13,594	6,3352	775,98	630,45	12,889	6,3180	776,32	635,72	12,258	6,3018	776,67	640,75
490	13,770	6,3499	787,13	637,36	13,055	6,3328	787,49	642,64	12,416	6,3166	787,85	647,68

Tafel I. Luft von −50 bis 1250 °C (Fortsetzung)

t °C	$p = 170$ bar				$p = 180$ bar				$p = 190$ bar			
	v dm³/kg	s kJ/kg grd	i kJ/kg	e kJ/kg	v dm³/kg	s kJ/kg grd	i kJ/kg	e kJ/kg	v dm³/kg	s kJ/kg grd	i kJ/kg	e kJ/kg
500	13,945	6,3644	798,30	644,34	13,221	6,3473	798,67	649,63	12,574	6,3311	799,04	654,67
510	14,121	6,3788	809,48	651,38	13,387	6,3617	809,86	656,68	12,731	6,3455	810,25	661,73
520	14,296	6,3930	820,68	658,49	13,553	6,3759	821,08	663,79	12,889	6,3598	821,47	668,85
530	14,472	6,4070	831,90	665,65	13,719	6,3900	832,31	670,97	13,046	6,3739	832,72	676,03
540	14,647	6,4210	843,14	672,88	13,885	6,4039	843,55	678,21	13,203	6,3878	843,97	683,27
550	14,822	6,4347	854,39	680,17	14,050	6,4177	854,82	685,50	13,360	6,4016	855,25	690,58
560	14,996	6,4483	865,66	687,52	14,216	6,4313	866,10	692,86	13,517	6,4152	866,54	697,94
570	15,171	6,4618	876,95	694,93	14,381	6,4448	877,40	700,27	13,674	6,4287	877,85	705,36
580	15,346	6,4751	888,25	702,39	14,546	6,4581	888,71	707,74	13,831	6,4421	889,17	712,84
590	15,520	6,4883	899,57	709,91	14,711	6,4714	900,04	715,27	13,987	6,4553	900,52	720,37
600	15,694	6,5014	910,91	717,49	14,876	6,4844	911,39	722,85	14,144	6,4684	911,88	727,96
620	16,043	6,5271	933,64	732,80	15,206	6,5102	934,14	738,17	14,457	6,4942	934,65	743,30
640	16,391	6,5524	956,44	748,32	15,535	6,5355	956,96	753,71	14,769	6,5194	957,48	758,85
660	16,738	6,5771	979,31	764,05	15,863	6,5603	979,84	769,45	15,081	6,5443	980,38	774,60
680	17,085	6,6015	1002,2	779,97	16,192	6,5846	1002,8	785,39	15,392	6,5686	1003,4	790,55
700	17,432	6,6253	1025,2	796,09	16,520	6,6085	1025,8	801,52	15,703	6,5925	1026,4	806,69
720	17,778	6,6488	1048,3	812,39	16,847	6,6320	1048,9	817,83	16,014	6,6160	1049,5	823,01
740	18,125	6,6719	1071,4	828,88	17,174	6,6551	1072,0	834,33	16,324	6,6391	1072,6	839,52
760	18,470	6,6946	1094,6	845,54	17,501	6,6778	1095,2	850,99	16,634	6,6618	1095,9	856,20
780	18,816	6,7169	1117,9	862,36	17,828	6,7001	1118,5	867,83	16,944	6,6842	1119,1	873,05
800	19,161	6,7388	1141,2	879,35	18,155	6,7220	1141,8	884,83	17,254	6,7061	1142,5	890,06
820	19,506	6,7604	1164,6	896,51	18,481	6,7436	1165,2	902,00	17,563	6,7277	1165,9	907,23
840	19,851	6,7816	1188,0	913,81	18,807	6,7649	1188,7	919,31	17,872	6,7490	1189,3	924,56
860	20,195	6,8026	1211,5	931,27	19,132	6,7858	1212,2	936,78	18,181	6,7700	1212,9	942,03
880	20,539	6,8232	1235,0	948,87	19,458	6,8064	1235,7	954,39	18,490	6,7906	1236,4	959,65
900	20,884	6,8435	1258,6	966,62	19,783	6,8267	1259,3	972,14	18,798	6,8109	1260,0	977,41
920	21,227	6,8635	1282,3	984,50	20,108	6,8468	1283,0	990,03	19,107	6,8309	1283,7	995,31
940	21,571	6,8832	1306,0	1002,5	20,433	6,8665	1306,7	1008,1	19,415	6,8507	1307,4	1013,3
960	21,915	6,9026	1329,7	1020,7	20,758	6,8859	1330,4	1026,2	19,723	6,8701	1331,2	1031,5
980	22,258	6,9218	1353,5	1038,9	21,082	6,9051	1354,2	1044,5	20,030	6,8893	1355,0	1049,8
1000	22,601	6,9407	1377,3	1057,3	21,407	6,9240	1378,1	1062,9	20,338	6,9082	1378,9	1068,2
1050	23,458	6,9868	1437,1	1103,8	22,217	6,9701	1437,9	1109,4	21,106	6,9544	1438,7	1114,7
1100	24,315	7,0314	1497,2	1151,0	23,026	7,0148	1498,0	1156,6	21,874	6,9990	1498,8	1162,0
1150	25,170	7,0746	1557,5	1198,9	23,835	7,0580	1558,3	1204,5	22,640	7,0423	1559,1	1209,8
1200	26,025	7,1165	1618,0	1247,3	24,643	7,0999	1618,8	1252,9	23,406	7,0842	1619,7	1258,3
1250	26,879	7,1572	1678,7	1296,3	25,450	7,1406	1679,6	1301,9	24,171	7,1249	1680,4	1307,3

Tafel I. Luft von −50 bis 1250 °C (Fortsetzung)

t °C	p = 200 bar				p = 220 bar				p = 240 bar			
	v dm³/kg	s kJ/kg grd	i kJ/kg	e kJ/kg	v dm³/kg	s kJ/kg grd	i kJ/kg	e kJ/kg	v dm³/kg	s kJ/kg grd	i kJ/kg	e kJ/kg
−50	2,9382	4,8168	156,96	448,93	2,7300	4,7778	153,91	457,13	2,5644	4,7430	151,43	464,68
−40	3,1445	4,8865	172,85	444,75	2,9138	4,8477	169,85	452,93	2,7293	4,8129	167,38	460,48
−30	3,3485	4,9506	188,11	441,54	3,0965	4,9122	185,21	449,70	2,8940	4,8776	182,79	457,24
−20	3,5495	5,0099	202,82	439,16	3,2775	4,9720	200,05	447,31	3,0578	4,9378	197,70	454,83
−10	3,7472	5,0650	217,05	437,51	3,4562	5,0277	214,43	445,63	3,2203	4,9938	212,18	453,15
0	3,9415	5,1165	230,85	436,48	3,6325	5,0798	228,39	444,59	3,3810	5,0464	226,26	452,10
10	4,1326	5,1648	244,29	435,99	3,8062	5,1287	241,98	444,10	3,5398	5,0957	239,98	451,60
20	4,3205	5,2104	257,41	435,99	3,9775	5,1748	255,26	444,10	3,6967	5,1422	253,38	451,60
30	4,5056	5,2534	270,25	436,42	4,1462	5,2183	268,25	444,53	3,8516	5,1862	266,50	452,04
40	4,6879	5,2943	282,84	437,23	4,3127	5,2597	280,99	445,35	4,0045	5,2280	279,37	452,87
50	4,8678	5,3332	295,23	438,40	4,4771	5,2991	293,52	446,53	4,1556	5,2678	292,02	454,06
60	5,0453	5,3704	307,43	439,88	4,6394	5,3367	305,85	448,04	4,3050	5,3057	304,47	455,58
70	5,2209	5,4060	319,46	441,66	4,7999	5,3726	318,02	449,83	4,4527	5,3420	316,75	457,39
80	5,3945	5,4402	331,36	443,71	4,9587	5,4072	330,03	451,90	4,5990	5,3768	328,87	459,48
90	5,5664	5,4731	343,13	446,01	5,1160	5,4404	341,92	454,23	4,7438	5,4103	340,86	461,82
100	5,7367	5,5048	354,80	448,55	5,2718	5,4723	353,69	456,78	4,8873	5,4426	352,73	464,40
110	5,9056	5,5354	366,37	451,30	5,4263	5,5032	365,36	459,56	5,0296	5,4737	364,49	467,20
120	6,0732	5,5649	377,85	454,26	5,5796	5,5330	376,94	462,54	5,1709	5,5037	376,15	470,20
130	6,2395	5,5936	389,26	457,41	5,7317	5,5619	388,44	465,72	5,3110	5,5328	387,73	473,40
140	6,4048	5,6214	400,60	460,74	5,8828	5,5899	399,86	469,08	5,4503	5,5610	399,24	476,78
150	6,5690	5,6484	411,89	464,25	6,0330	5,6171	411,23	472,61	5,5886	5,5884	410,68	480,34
160	6,7323	5,6746	423,13	467,93	6,1823	5,6435	422,54	476,31	5,7261	5,6149	422,07	484,06
170	6,8946	5,7002	434,32	471,76	6,3308	5,6692	433,81	480,17	5,8629	5,6408	433,40	487,94
180	7,0562	5,7251	445,48	475,74	6,4785	5,6943	445,03	484,17	5,9989	5,6660	444,69	491,97
190	7,2170	5,7494	456,60	479,87	6,6255	5,7187	456,22	488,32	6,1343	5,6906	455,93	496,15
200	7,3771	5,7731	467,70	484,13	6,7718	5,7425	467,38	492,61	6,2691	5,7145	467,15	500,46
210	7,5365	5,7962	478,77	488,53	6,9175	5,7658	478,51	497,04	6,4033	5,7379	478,33	504,90
220	7,6954	5,8189	489,82	493,06	7,0627	5,7886	489,62	501,59	6,5369	5,7608	489,49	509,47
230	7,8536	5,8410	500,85	497,71	7,2072	5,8108	500,70	506,26	6,6701	5,7831	500,63	514,17
240	8,0113	5,8627	511,87	502,48	7,3513	5,8326	511,78	511,05	6,8027	5,8050	511,75	518,98
250	8,1685	5,8839	522,88	507,37	7,4949	5,8540	522,84	515,96	6,9349	5,8265	522,86	523,91
260	8,3252	5,9048	533,88	512,37	7,6381	5,8749	533,88	520,98	7,0667	5,8475	533,95	528,95
270	8,4814	5,9252	544,88	517,48	7,7808	5,8954	544,93	526,11	7,1981	5,8681	545,04	534,10
280	8,6373	5,9453	555,87	522,69	7,9232	5,9155	555,96	531,35	7,3291	5,8883	556,11	539,36
290	8,7927	5,9650	566,86	528,00	8,0651	5,9353	566,99	536,68	7,4598	5,9081	567,19	544,71
300	8,9477	5,9843	577,85	533,42	8,2067	5,9547	578,02	542,12	7,5901	5,9276	578,26	550,17
310	9,1024	6,0033	588,84	538,93	8,3479	5,9738	589,06	547,65	7,7201	5,9467	589,33	555,72
320	9,2567	6,0220	599,84	544,54	8,4888	5,9926	600,09	553,28	7,8498	5,9656	600,39	561,37
330	9,4107	6,0404	610,84	550,24	8,6295	6,0110	611,12	559,00	7,9792	5,9841	611,47	567,10
340	9,5644	6,0585	621,84	556,03	8,7698	6,0292	622,17	564,81	8,1083	6,0023	622,54	572,93
350	9,7178	6,0763	632,85	561,91	8,9098	6,0470	633,21	570,71	8,2371	6,0202	633,62	578,85
360	9,8709	6,0938	643,87	567,88	9,0496	6,0646	644,27	576,69	8,3657	6,0378	644,71	584,85
370	10,024	6,1111	654,90	573,92	9,1891	6,0820	655,33	582,76	8,4941	6,0552	655,80	590,93
380	10,176	6,1282	665,94	580,06	9,3283	6,0990	666,40	588,91	8,6222	6,0724	666,90	597,10
390	10,329	6,1450	676,99	586,27	9,4674	6,1159	677,48	595,13	8,7501	6,0892	678,01	603,34
400	10,481	6,1615	688,05	592,56	9,6062	6,1325	688,57	601,44	8,8778	6,1059	689,13	609,67
410	10,633	6,1778	699,13	598,93	9,7448	6,1489	699,68	607,83	9,0053	6,1223	700,26	616,07
420	10,784	6,1940	710,21	605,37	9,8832	6,1650	710,79	614,29	9,1326	6,1385	711,41	622,54
430	10,936	6,2099	721,31	611,89	10,021	6,1810	721,92	620,82	9,2597	6,1545	722,56	629,09
440	11,087	6,2255	732,43	618,48	10,159	6,1967	733,06	627,43	9,3866	6,1702	733,73	635,72
450	11,238	6,2410	743,56	625,14	10,297	6,2122	744,22	634,11	9,5134	6,1858	744,91	642,41
460	11,389	6,2563	754,70	631,88	10,435	6,2276	755,38	640,86	9,6400	6,2012	756,10	649,17
470	11,540	6,2715	765,86	638,68	10,572	6,2427	766,57	647,68	9,7664	6,2164	767,31	656,00
480	11,690	6,2864	777,03	645,55	10,710	6,2577	777,76	654,56	9,8927	6,2314	778,53	662,90
490	11,840	6,3012	788,22	652,48	10,847	6,2725	788,98	661,51	10,019	6,2462	789,76	669,87

Tafel I. Luft von −50 bis 1250 °C (Fortsetzung)

t °C	p = 200 bar v dm³/kg	s kJ/kg grd	i kJ/kg	e kJ/kg	p = 220 bar v dm³/kg	s kJ/kg grd	i kJ/kg	e kJ/kg	p = 240 bar v dm³/kg	s kJ/kg grd	i kJ/kg	e kJ/kg
500	11,991	6,3157	799,42	659,48	10,984	6,2871	800,20	668,53	10,145	6,2608	801,01	676,90
510	12,141	6,3302	810,64	666,55	11,121	6,3015	811,45	675,61	10,271	6,2753	812,28	683,99
520	12,291	6,3444	821,88	673,68	11,257	6,3158	822,71	682,75	10,396	6,2896	823,56	691,15
530	12,440	6,3585	833,13	680,87	11,394	6,3299	833,98	689,95	10,522	6,3038	834,85	698,36
540	12,590	6,3725	844,40	688,12	11,530	6,3439	845,27	697,22	10,647	6,3178	846,16	705,64
550	12,739	6,3863	855,69	695,43	11,667	6,3577	856,58	704,54	10,773	6,3316	857,49	712,98
560	12,889	6,3999	866,99	702,80	11,803	6,3714	867,90	711,92	10,898	6,3453	868,83	720,37
570	13,038	6,4134	878,31	710,23	11,939	6,3849	879,24	719,36	11,023	6,3589	880,19	727,83
580	13,187	6,4268	889,64	717,71	12,075	6,3983	890,60	726,86	11,148	6,3723	891,57	735,34
590	13,336	6,4400	901,00	725,25	12,211	6,4116	901,97	734,41	11,273	6,3856	902,96	742,90
600	13,485	6,4531	912,36	732,84	12,346	6,4247	913,35	742,02	11,398	6,3987	914,36	750,52
620	13,782	6,4789	935,15	748,20	12,618	6,4506	936,18	757,40	11,647	6,4246	937,22	765,92
640	14,079	6,5042	958,01	763,76	12,888	6,4759	959,07	772,98	11,896	6,4500	960,14	781,53
660	14,376	6,5291	980,93	779,52	13,159	6,5008	982,02	788,77	12,144	6,4749	983,13	797,34
680	14,672	6,5534	1003,9	795,48	13,429	6,5252	1005,0	804,75	12,392	6,4993	1006,2	813,35
700	14,968	6,5774	1027,0	811,63	13,699	6,5492	1028,1	820,93	12,640	6,5233	1029,3	829,54
720	15,264	6,6009	1050,1	827,97	13,968	6,5727	1051,3	837,28	12,888	6,5469	1052,5	845,92
740	15,559	6,6240	1073,2	844,49	14,237	6,5958	1074,5	853,82	13,135	6,5701	1075,7	862,48
760	15,854	6,6467	1096,5	861,18	14,506	6,6186	1097,7	870,53	13,382	6,5928	1099,0	879,21
780	16,149	6,6691	1119,8	878,03	14,774	6,6410	1121,1	887,41	13,629	6,6152	1122,3	896,10
800	16,443	6,6910	1143,1	895,06	15,043	6,6630	1144,4	904,45	13,875	6,6373	1145,7	913,16
820	16,737	6,7127	1166,5	912,24	15,311	6,6846	1167,9	921,65	14,122	6,6589	1169,2	930,38
840	17,031	6,7340	1190,0	929,57	15,579	6,7059	1191,4	939,00	14,368	6,6803	1192,7	947,75
860	17,325	6,7549	1213,5	947,06	15,846	6,7269	1214,9	956,51	14,613	6,7013	1216,3	965,27
880	17,619	6,7755	1237,1	964,69	16,114	6,7475	1238,5	974,15	14,859	6,7219	1239,9	982,94
900	17,912	6,7959	1260,7	982,46	16,381	6,7679	1262,2	991,94	15,104	6,7423	1263,6	1000,7
920	18,205	6,8159	1284,4	1000,4	16,648	6,7879	1285,9	1009,9	15,350	6,7624	1287,3	1018,7
940	18,498	6,8356	1308,2	1018,4	16,915	6,8077	1309,6	1027,9	15,595	6,7822	1311,1	1036,8
960	18,791	6,8551	1331,9	1036,6	17,181	6,8272	1333,4	1046,1	15,840	6,8016	1334,9	1055,0
980	19,084	6,8743	1355,8	1054,9	17,448	6,8464	1357,3	1064,4	16,084	6,8209	1358,8	1073,3
1000	19,376	6,8932	1379,6	1073,3	17,714	6,8653	1381,1	1082,9	16,329	6,8398	1382,7	1091,7
1050	20,106	6,9394	1439,5	1119,8	18,379	6,9115	1441,1	1129,4	16,940	6,8861	1442,6	1138,4
1100	20,836	6,9841	1499,6	1167,1	19,044	6,9562	1501,2	1176,7	17,550	6,9308	1502,8	1185,7
1150	21,565	7,0273	1560,0	1215,0	19,707	6,9995	1561,6	1224,6	18,159	6,9741	1563,3	1233,6
1200	22,293	7,0693	1620,5	1263,5	20,370	7,0415	1622,2	1273,2	18,767	7,0161	1623,9	1282,2
1250	23,021	7,1099	1681,3	1312,5	21,032	7,0822	1683,0	1322,2	19,375	7,0568	1684,8	1331,3

Tafel I. Luft von −50 bis 1250 °C (Fortsetzung)

t °C	p = 260 bar				p = 280 bar				p = 300 bar			
	v dm³/kg	s kJ/kg grd	i kJ/kg	e kJ/kg	v dm³/kg	s kJ/kg grd	i kJ/kg	e kJ/kg	v dm³/kg	s kJ/kg grd	i kJ/kg	e kJ/kg
−50	2,4300	4,7117	149,44	471,70	2,3189	4,6835	147,88	478,29	2,2257	4,6577	146,68	484,50
−40	2,5789	4,7815	165,37	467,51	2,4543	4,7530	163,75	474,11	2,3495	4,7270	162,49	480,34
−30	2,7283	4,8463	180,78	464,27	2,5905	4,8177	179,16	470,87	2,4745	4,7916	177,86	477,11
−20	2,8774	4,9066	195,74	461,86	2,7270	4,8781	194,13	468,45	2,6000	4,8519	192,82	474,69
−10	3,0258	4,9629	210,28	460,16	2,8632	4,9346	208,71	466,76	2,7256	4,9084	207,42	472,99
0	3,1731	5,0157	224,44	459,10	2,9988	4,9876	222,92	465,69	2,8509	4,9616	221,67	471,93
10	3,3190	5,0654	238,26	458,60	3,1334	5,0375	236,81	465,19	2,9756	5,0117	235,60	471,42
20	3,4634	5,1123	251,76	458,60	3,2669	5,0847	250,39	465,19	3,0995	5,0591	249,24	471,42
30	3,6062	5,1567	264,99	459,04	3,3992	5,1293	263,70	465,63	3,2225	5,1039	262,62	471,87
40	3,7474	5,1988	277,97	459,88	3,5302	5,1717	276,77	466,48	3,3445	5,1466	275,76	472,72
50	3,8871	5,2389	290,72	461,08	3,6598	5,2121	289,61	467,69	3,4654	5,1872	288,68	473,94
60	4,0253	5,2771	303,28	462,61	3,7883	5,2506	302,25	469,23	3,5852	5,2259	301,40	475,49
70	4,1620	5,3137	315,65	464,44	3,9155	5,2875	314,72	471,07	3,7040	5,2630	313,94	477,34
80	4,2974	5,3488	327,87	466,55	4,0415	5,3228	327,02	473,19	3,8217	5,2986	326,32	479,47
90	4,4316	5,3826	339,95	468,91	4,1663	5,3568	339,18	475,57	3,9384	5,3328	338,55	481,86
100	4,5646	5,4151	351,91	471,50	4,2902	5,3895	351,22	478,18	4,0542	5,3656	350,66	484,49
110	4,6965	5,4464	363,75	474,32	4,4130	5,4210	363,14	481,02	4,1691	5,3974	362,65	487,34
120	4,8273	5,4766	375,49	477,35	4,5349	5,4515	374,96	484,06	4,2832	5,4280	374,53	490,41
130	4,9573	5,5059	387,15	480,57	4,6560	5,4809	386,68	487,30	4,3965	5,4576	386,32	493,66
140	5,0863	5,5343	398,73	483,97	4,7762	5,5095	398,33	490,72	4,5090	5,4863	398,03	497,10
150	5,2145	5,5618	410,24	487,55	4,8957	5,5371	409,90	494,32	4,6208	5,5141	409,66	500,72
160	5,3420	5,5886	421,69	491,29	5,0144	5,5640	421,41	498,08	4,7320	5,5411	421,23	504,50
170	5,4688	5,6146	433,08	495,19	5,1325	5,5902	432,86	502,00	4,8425	5,5674	432,73	508,44
180	5,5949	5,6399	444,43	499,24	5,2500	5,6156	444,27	506,07	4,9525	5,5929	444,19	512,53
190	5,7203	5,6646	455,74	503,44	5,3669	5,6404	455,62	510,29	5,0619	5,6178	455,59	516,76
200	5,8452	5,6886	467,00	507,77	5,4833	5,6646	466,94	514,64	5,1708	5,6421	466,96	521,13
210	5,9696	5,7121	478,24	512,24	5,5992	5,6882	478,23	519,12	5,2793	5,6658	478,29	525,63
220	6,0934	5,7351	489,45	516,83	5,7146	5,7112	489,48	523,74	5,3873	5,6890	489,59	530,26
230	6,2168	5,7576	500,64	521,54	5,8295	5,7338	500,72	528,47	5,4949	5,7116	500,86	535,01
240	6,3397	5,7795	511,80	526,38	5,9440	5,7558	511,92	533,32	5,6021	5,7337	512,11	539,88
250	6,4622	5,8010	522,95	531,33	6,0581	5,7774	523,11	538,29	5,7089	5,7554	523,34	544,87
260	6,5843	5,8221	534,09	536,39	6,1719	5,7986	534,29	543,37	5,8154	5,7766	534,56	549,96
270	6,7061	5,8428	545,21	541,55	6,2853	5,8193	545,45	548,55	5,9215	5,7974	545,75	555,17
280	6,8275	5,8631	556,33	546,83	6,3984	5,8397	556,61	553,84	6,0273	5,8179	556,94	560,47
290	6,9485	5,8830	567,44	552,20	6,5111	5,8597	567,75	559,23	6,1329	5,8379	568,12	565,88
300	7,0692	5,9025	578,55	557,67	6,6236	5,8793	578,89	564,72	6,2381	5,8575	579,29	571,39
310	7,1896	5,9217	589,65	563,24	6,7357	5,8985	590,03	570,31	6,3431	5,8769	590,46	576,99
320	7,3098	5,9406	600,75	568,91	6,8476	5,9175	601,16	575,99	6,4478	5,8958	601,63	582,68
330	7,4296	5,9592	611,86	574,66	6,9593	5,9361	612,30	581,76	6,5523	5,9145	612,79	588,47
340	7,5492	5,9775	622,96	580,51	7,0706	5,9544	623,44	587,62	6,6565	5,9329	623,96	594,34
350	7,6685	5,9954	634,08	586,44	7,1818	5,9724	634,58	593,57	6,7605	5,9509	635,13	600,31
360	7,7877	6,0131	645,19	592,45	7,2927	5,9902	645,72	599,60	6,8643	5,9687	646,30	606,35
370	7,9065	6,0306	656,31	598,55	7,4034	6,0076	656,87	605,72	6,9679	5,9862	657,47	612,48
380	8,0252	6,0477	667,44	604,74	7,5140	6,0249	668,03	611,91	7,0714	6,0035	668,65	618,69
390	8,1436	6,0647	678,58	611,00	7,6243	6,0418	679,19	618,19	7,1746	6,0205	679,84	624,98
400	8,2619	6,0813	689,73	617,34	7,7344	6,0585	690,37	624,54	7,2776	6,0373	691,04	631,35
410	8,3800	6,0978	700,89	623,75	7,8443	6,0750	701,55	630,97	7,3805	6,0538	702,25	637,79
420	8,4978	6,1140	712,05	630,24	7,9541	6,0913	712,74	637,48	7,4832	6,0701	713,46	644,31
430	8,6155	6,1300	723,23	636,81	8,0637	6,1073	723,94	644,06	7,5858	6,0862	724,68	650,90
440	8,7331	6,1458	734,42	643,45	8,1731	6,1232	735,16	650,71	7,6882	6,1020	735,92	657,57
450	8,8504	6,1614	745,63	650,15	8,2824	6,1388	746,38	657,43	7,7904	6,1177	747,17	664,30
460	8,9676	6,1768	756,85	656,93	8,3916	6,1542	757,62	664,22	7,8926	6,1331	758,43	671,10
470	9,0847	6,1921	768,07	663,78	8,5006	6,1695	768,87	671,08	7,9945	6,1484	769,70	677,98
480	9,2016	6,2071	779,32	670,69	8,6094	6,1845	780,13	678,00	8,0964	6,1635	780,98	684,91
490	9,3184	6,2219	790,57	677,67	8,7181	6,1994	791,41	684,99	8,1981	6,1784	792,28	691,92

Tafel I. Luft von −50 bis 1250 °C (Fortsetzung)

t °C	$p = 260$ bar				$p = 280$ bar				$p = 300$ bar			
	v dm³/kg	s kJ/kg grd	i kJ/kg	e kJ/kg	v dm³/kg	s kJ/kg grd	i kJ/kg	e kJ/kg	v dm³/kg	s kJ/kg grd	i kJ/kg	e kJ/kg
500	9,4350	6,2366	801,84	684,71	8,8267	6,2141	802,70	692,05	8,2997	6,1931	803,59	698,98
510	9,5515	6,2511	813,13	691,82	8,9352	6,2286	814,01	699,17	8,4012	6,2077	814,91	706,11
520	9,6678	6,2655	824,43	698,99	9,0435	6,2430	825,33	706,35	8,5026	6,2221	826,25	713,31
530	9,7841	6,2796	835,75	706,22	9,1517	6,2572	836,66	713,59	8,6038	6,2363	837,60	720,56
540	9,9002	6,2937	847,08	713,51	9,2599	6,2713	848,01	720,89	8,7050	6,2504	848,97	727,87
550	10,016	6,3075	858,42	720,86	9,3679	6,2852	859,38	728,26	8,8060	6,2643	860,35	735,25
560	10,132	6,3212	869,78	728,26	9,4758	6,2989	870,76	735,67	8,9069	6,2780	871,75	742,68
570	10,248	6,3348	881,16	735,73	9,5835	6,3125	882,15	743,15	9,0078	6,2917	883,16	750,16
580	10,364	6,3483	892,55	743,25	9,6912	6,3259	893,56	750,68	9,1085	6,3051	894,58	757,71
590	10,479	6,3615	903,96	750,83	9,7988	6,3393	904,98	758,27	9,2092	6,3185	906,03	765,31
600	10,595	6,3747	915,38	758,46	9,9063	6,3524	916,42	765,91	9,3097	6,3317	917,48	772,96
620	10,825	6,4006	938,28	773,88	10,121	6,3784	939,35	781,36	9,5106	6,3577	940,44	788,42
640	11,056	6,4261	961,23	789,51	10,335	6,4039	962,34	797,01	9,7111	6,3831	963,46	804,10
660	11,286	6,4510	984,25	805,34	10,549	6,4288	985,39	812,86	9,9114	6,4081	986,53	819,97
680	11,515	6,4755	1007,3	821,37	10,763	6,4533	1008,5	828,91	10,111	6,4327	1009,7	836,04
700	11,745	6,4995	1030,5	837,58	10,977	6,4774	1031,7	845,15	10,311	6,4568	1032,9	852,29
720	11,974	6,5231	1053,7	853,98	11,190	6,5010	1054,9	861,56	10,510	6,4804	1056,1	868,73
740	12,202	6,5463	1076,9	870,56	11,403	6,5243	1078,2	878,16	10,709	6,5037	1079,4	885,34
760	12,431	6,5691	1100,3	887,31	11,615	6,5471	1101,5	894,93	10,908	6,5265	1102,8	902,13
780	12,659	6,5915	1123,6	904,23	11,828	6,5695	1124,9	911,86	11,107	6,5490	1126,2	919,08
800	12,887	6,6136	1147,1	921,30	12,040	6,5916	1148,4	928,96	11,305	6,5711	1149,7	936,19
820	13,115	6,6353	1170,5	938,54	12,252	6,6133	1171,9	946,21	11,504	6,5928	1173,2	953,46
840	13,342	6,6566	1194,1	955,93	12,464	6,6347	1195,5	963,62	11,702	6,6142	1196,8	970,89
860	13,570	6,6776	1217,7	973,47	12,675	6,6557	1219,1	981,17	11,899	6,6353	1220,5	988,46
880	13,797	6,6983	1241,3	991,15	12,886	6,6764	1242,7	998,87	12,097	6,6560	1244,2	1006,2
900	14,024	6,7187	1265,0	1009,0	13,098	6,6968	1266,5	1016,7	12,294	6,6764	1267,9	1024,0
920	14,251	6,7388	1288,8	1026,9	13,309	6,7169	1290,2	1034,7	12,492	6,6966	1291,7	1042,0
940	14,477	6,7586	1312,6	1045,0	13,519	6,7368	1314,0	1052,8	12,689	6,7164	1315,5	1060,1
960	14,704	6,7781	1336,4	1063,2	13,730	6,7563	1337,9	1071,0	12,886	6,7359	1339,4	1078,4
980	14,930	6,7973	1360,3	1081,6	13,941	6,7755	1361,8	1089,4	13,082	6,7552	1363,3	1096,7
1000	15,156	6,8163	1384,2	1100,0	14,151	6,7945	1385,7	1107,8	13,279	6,7742	1387,3	1115,2
1050	15,721	6,8626	1444,2	1146,7	14,676	6,8408	1445,8	1154,5	13,770	6,8205	1447,4	1162,0
1100	16,285	6,9074	1504,5	1194,0	15,201	6,8856	1506,1	1201,9	14,260	6,8654	1507,7	1209,4
1150	16,848	6,9507	1564,9	1242,0	15,724	6,9290	1566,6	1249,9	14,750	6,9088	1568,2	1257,4
1200	17,411	6,9927	1625,6	1290,6	16,247	6,9710	1627,3	1298,6	15,239	6,9508	1629,0	1306,1
1250	17,972	7,0335	1686,5	1339,7	16,770	7,0118	1688,2	1347,7	15,727	6,9916	1690,0	1355,3

Tafel I. Luft von −50 bis 1250 °C (Fortsetzung)

t °C	p = 320 bar v dm³/kg	s kJ/kg grd	i kJ/kg	e kJ/kg	p = 340 bar v dm³/kg	s kJ/kg grd	i kJ/kg	e kJ/kg	p = 360 bar v dm³/kg	s kJ/kg grd	i kJ/kg	e kJ/kg
−50	2,1463	4,6341	145,79	490,41	2,0778	4,6124	145,16	496,04	2,0181	4,5923	144,76	501,44
−40	2,2602	4,7031	161,52	486,26	2,1832	4,6811	160,82	491,92	2,1161	4,6606	160,34	497,34
−30	2,3755	4,7675	176,85	483,04	2,2900	4,7452	176,10	488,71	2,2155	4,7245	175,56	494,14
−20	2,4915	4,8277	191,80	480,63	2,3977	4,8053	191,01	486,30	2,3158	4,7845	190,44	491,74
−10	2,6078	4,8843	206,39	478,93	2,5058	4,8618	205,59	484,60	2,4168	4,8409	205,01	490,04
0	2,7240	4,9375	220,65	477,86	2,6141	4,9151	219,86	483,53	2,5181	4,8941	219,27	488,98
10	2,8400	4,9877	234,62	477,36	2,7224	4,9653	233,85	483,03	2,6194	4,9444	233,26	488,47
20	2,9554	5,0352	248,30	477,35	2,8303	5,0129	247,56	483,03	2,7206	4,9921	246,99	488,47
30	3,0702	5,0803	261,73	477,80	2,9377	5,0581	261,03	483,48	2,8215	5,0374	260,49	488,92
40	3,1842	5,1231	274,93	478,66	3,0445	5,1011	274,27	484,33	2,9219	5,0804	273,76	489,78
50	3,2973	5,1639	287,91	479,88	3,1507	5,1421	287,30	485,56	3,0218	5,1215	286,83	491,01
60	3,4095	5,2029	300,69	481,44	3,2561	5,1812	300,14	487,12	3,1211	5,1608	299,72	492,58
70	3,5208	5,2401	313,30	483,30	3,3607	5,2186	312,80	489,00	3,2198	5,1984	312,43	494,46
80	3,6312	5,2759	325,75	485,44	3,4646	5,2546	325,31	491,15	3,3178	5,2344	324,98	496,62
90	3,7407	5,3102	338,05	487,85	3,5677	5,2891	337,66	493,56	3,4152	5,2691	337,39	499,05
100	3,8494	5,3433	350,22	490,49	3,6701	5,3223	349,89	496,22	3,5119	5,3025	349,67	501,71
110	3,9573	5,3752	362,27	493,36	3,7717	5,3543	362,00	499,10	3,6079	5,3346	361,83	504,61
120	4,0644	5,4059	374,21	496,44	3,8727	5,3852	374,00	502,19	3,7034	5,3657	373,88	507,71
130	4,1708	5,4357	386,06	499,71	3,9730	5,4151	385,90	505,48	3,7982	5,3957	385,83	511,01
140	4,2765	5,4645	397,83	503,17	4,0726	5,4441	397,72	508,95	3,8924	5,4247	397,70	514,50
150	4,3816	5,4925	409,51	506,80	4,1717	5,4721	409,45	512,60	3,9861	5,4529	409,48	518,16
160	4,4861	5,5196	421,13	510,60	4,2702	5,4994	421,12	516,42	4,0793	5,4803	421,19	521,99
170	4,5900	5,5460	432,69	514,55	4,3682	5,5259	432,72	520,39	4,1720	5,5069	432,84	525,98
180	4,6933	5,5717	444,19	518,66	4,4657	5,5516	444,27	524,51	4,2642	5,5327	444,43	530,12
190	4,7962	5,5967	455,64	522,91	4,5627	5,5767	455,77	528,78	4,3560	5,5579	455,97	534,40
200	4,8985	5,6210	467,06	527,30	4,6592	5,6012	467,22	533,18	4,4473	5,5825	467,46	538,82
210	5,0005	5,6448	478,43	531,82	4,7553	5,6251	478,64	537,71	4,5383	5,6064	478,91	543,37
220	5,1020	5,6681	489,77	536,46	4,8511	5,6484	490,01	542,38	4,6289	5,6298	490,32	548,04
230	5,2031	5,6908	501,08	541,23	4,9464	5,6712	501,36	547,16	4,7191	5,6527	501,71	552,84
240	5,3038	5,7130	512,37	546,12	5,0415	5,6935	512,69	552,06	4,8090	5,6750	513,06	557,76
250	5,4042	5,7347	523,63	551,12	5,1362	5,7153	523,99	557,08	4,8986	5,6969	524,40	562,79
260	5,5043	5,7560	534,88	556,23	5,2305	5,7366	535,27	562,20	4,9879	5,7183	535,71	567,93
270	5,6040	5,7769	546,11	561,45	5,3246	5,7576	546,53	567,44	5,0769	5,7393	547,00	573,17
280	5,7035	5,7974	557,33	566,77	5,4184	5,7781	557,78	572,77	5,1657	5,7599	558,28	578,52
290	5,8026	5,8175	568,54	572,19	5,5119	5,7982	569,02	578,21	5,2542	5,7801	569,55	583,97
300	5,9015	5,8372	579,75	577,71	5,6052	5,8180	580,25	583,75	5,3424	5,7999	580,81	589,52
310	6,0002	5,8565	590,95	583,33	5,6982	5,8374	591,48	589,38	5,4304	5,8193	592,06	595,17
320	6,0986	5,8756	602,14	589,04	5,7911	5,8565	602,70	595,10	5,5183	5,8385	603,31	600,90
330	6,1968	5,8943	613,33	594,84	5,8836	5,8752	613,92	600,91	5,6059	5,8573	614,55	606,73
340	6,2947	5,9127	624,52	600,73	5,9760	5,8937	625,14	606,82	5,6933	5,8757	625,79	612,64
350	6,3925	5,9308	635,72	606,70	6,0682	5,9118	636,35	612,80	5,7805	5,8939	637,04	618,65
360	6,4900	5,9486	646,91	612,76	6,1602	5,9297	647,58	618,88	5,8675	5,9118	648,28	624,73
370	6,5874	5,9662	658,12	618,91	6,2520	5,9473	658,80	625,03	5,9544	5,9294	659,52	630,90
380	6,6845	5,9835	669,32	625,13	6,3437	5,9646	670,03	631,27	6,0411	5,9468	670,77	637,15
390	6,7815	6,0005	680,53	631,43	6,4352	5,9817	681,26	637,58	6,1277	5,9639	682,03	643,47
400	6,8784	6,0173	691,75	637,81	6,5265	5,9985	692,50	643,98	6,2141	5,9808	693,29	649,88
410	6,9750	6,0339	702,98	644,27	6,6177	6,0151	703,75	650,45	6,3004	5,9974	704,56	656,36
420	7,0716	6,0502	714,22	650,80	6,7087	6,0315	715,01	656,99	6,3865	6,0138	715,83	662,91
430	7,1679	6,0663	725,46	657,40	6,7996	6,0476	726,27	663,60	6,4725	6,0299	727,12	669,54
440	7,2642	6,0822	736,72	664,08	6,8903	6,0635	737,55	670,29	6,5583	6,0459	738,41	676,24
450	7,3602	6,0979	747,99	670,83	6,9809	6,0792	748,83	677,05	6,6441	6,0616	749,72	683,01
460	7,4562	6,1134	759,26	677,64	7,0714	6,0947	760,13	683,88	6,7297	6,0772	761,03	689,84
470	7,5520	6,1287	770,55	684,52	7,1618	6,1101	771,44	690,77	6,8152	6,0925	772,36	696,75
480	7,6477	6,1438	781,86	691,47	7,2520	6,1252	782,76	697,73	6,9006	6,1077	783,69	703,72
490	7,7433	6,1587	793,17	698,49	7,3422	6,1401	794,09	704,75	6,9859	6,1226	795,04	710,75

Tafel I. Luft von −50 bis 1250 °C (Fortsetzung)

t °C	p = 320 bar				p = 340 bar				p = 360 bar			
	v dm³/kg	s kJ/kg grd	i kJ/kg	e kJ/kg	v dm³/kg	s kJ/kg grd	i kJ/kg	e kJ/kg	v dm³/kg	s kJ/kg grd	i kJ/kg	e kJ/kg
500	7,8388	6,1734	804,50	705,57	7,4322	6,1549	805,44	711,84	7,0710	6,1374	806,40	717,85
510	7,9341	6,1880	815,84	712,71	7,5221	6,1695	816,80	719,00	7,1561	6,1520	817,78	725,01
520	8,0293	6,2024	827,20	719,91	7,6120	6,1839	828,17	726,21	7,2411	6,1665	829,17	732,24
530	8,1245	6,2167	838,57	727,18	7,7017	6,1982	839,56	733,48	7,3260	6,1808	840,57	739,52
540	8,2195	6,2308	849,95	734,50	7,7913	6,2123	850,95	740,82	7,4108	6,1949	851,98	746,87
550	8,3144	6,2447	861,35	741,88	7,8808	6,2263	862,37	748,21	7,4955	6,2089	863,41	754,27
560	8,4093	6,2585	872,76	749,32	7,9703	6,2401	873,80	755,66	7,5801	6,2227	874,85	761,73
570	8,5040	6,2721	884,19	756,82	8,0596	6,2537	885,24	763,17	7,6647	6,2364	886,31	769,25
580	8,5987	6,2856	895,63	764,38	8,1489	6,2672	896,69	770,73	7,7491	6,2499	897,78	776,82
590	8,6932	6,2990	907,09	771,99	8,2380	6,2806	908,16	778,35	7,8335	6,2633	909,26	784,45
600	8,7877	6,3122	918,56	779,65	8,3271	6,2938	919,65	786,03	7,9178	6,2765	920,76	792,13
620	8,9764	6,3382	941,54	795,13	8,5051	6,3199	942,66	801,53	8,0862	6,3026	943,80	807,65
640	9,1648	6,3637	964,59	810,82	8,6828	6,3455	965,74	817,24	8,2542	6,3282	966,90	823,38
660	9,3529	6,3888	987,69	826,72	8,8601	6,3705	988,87	833,15	8,4221	6,3533	990,06	839,30
680	9,5407	6,4133	1010,9	842,80	9,0372	6,3951	1012,1	849,25	8,5896	6,3779	1013,3	855,42
700	9,7283	6,4374	1034,1	859,07	9,2141	6,4192	1035,3	865,54	8,7569	6,4021	1036,5	871,73
720	9,9156	6,4611	1057,4	875,53	9,3907	6,4430	1058,6	882,01	8,9240	6,4258	1059,9	888,22
740	10,103	6,4844	1080,7	892,16	9,5670	6,4663	1082,0	898,66	9,0909	6,4491	1083,3	904,88
760	10,289	6,5073	1104,1	908,96	9,7432	6,4891	1105,4	915,48	9,2575	6,4720	1106,7	921,72
780	10,476	6,5298	1127,5	925,93	9,9191	6,5117	1128,9	932,47	9,4240	6,4946	1130,2	938,72
800	10,662	6,5519	1151,0	943,06	10,095	6,5338	1152,4	949,61	9,5902	6,5167	1153,7	955,88
820	10,848	6,5736	1174,6	960,35	10,270	6,5556	1176,0	966,91	9,7563	6,5385	1177,3	973,20
840	11,034	6,5950	1198,2	977,79	10,446	6,5770	1199,6	984,37	9,9221	6,5600	1201,0	990,67
860	11,220	6,6161	1221,9	995,37	10,621	6,5981	1223,3	1002,0	10,088	6,5811	1224,7	1008,3
880	11,406	6,6369	1245,6	1013,1	10,796	6,6189	1247,0	1019,7	10,253	6,6019	1248,4	1026,0
900	11,591	6,6573	1269,3	1031,0	10,971	6,6393	1270,8	1037,6	10,419	6,6223	1272,2	1043,9
920	11,777	6,6775	1293,1	1049,0	11,145	6,6595	1294,6	1055,6	10,584	6,6425	1296,1	1062,0
940	11,962	6,6973	1317,0	1067,1	11,320	6,6793	1318,5	1073,8	10,749	6,6624	1319,9	1080,1
960	12,147	6,7168	1340,9	1085,4	11,494	6,6989	1342,4	1092,0	10,914	6,6820	1343,9	1098,4
980	12,331	6,7361	1364,8	1103,8	11,668	6,7182	1366,3	1110,4	11,079	6,7013	1367,8	1116,8
1000	12,516	6,7551	1388,8	1122,3	11,842	6,7372	1390,3	1128,9	11,243	6,7203	1391,9	1135,4
1050	12,977	6,8015	1448,9	1169,0	12,277	6,7836	1450,5	1175,7	11,654	6,7667	1452,1	1182,2
1100	13,437	6,8464	1509,3	1216,5	12,711	6,8285	1510,9	1223,2	12,065	6,8117	1512,5	1229,7
1150	13,897	6,8898	1569,9	1264,5	13,144	6,8720	1571,5	1271,3	12,475	6,8551	1573,2	1277,8
1200	14,356	6,9319	1630,7	1313,2	13,577	6,9141	1632,4	1320,0	12,884	6,8973	1634,1	1326,6
1250	14,814	6,9727	1691,7	1362,4	14,009	6,9550	1693,4	1369,3	13,292	6,9382	1695,1	1375,8

Tafel I. Luft von −50 bis 1250 °C (Fortsetzung)

t °C	p = 380 bar v dm³/kg	s kJ/kg grd	i kJ/kg	e kJ/kg	p = 400 bar v dm³/kg	s kJ/kg grd	i kJ/kg	e kJ/kg	p = 420 bar v dm³/kg	s kJ/kg grd	i kJ/kg	e kJ/kg
−50	1,9656	4,5735	144,57	506,64	1,9189	4,5560	144,54	511,67	1,8772	4,5396	144,67	516,53
−40	2,0570	4,6415	160,06	502,56	2,0046	4,6236	159,96	507,61	1,9578	4,6068	160,01	512,49
−30	2,1499	4,7052	175,23	499,38	2,0918	4,6871	175,07	504,43	2,0398	4,6700	175,06	509,33
−20	2,2438	4,7650	190,07	496,98	2,1800	4,7467	189,86	502,04	2,1229	4,7295	189,81	506,95
−10	2,3384	4,8213	204,60	495,29	2,2689	4,8029	204,37	500,35	2,2068	4,7856	204,29	505,26
0	2,4334	4,8745	218,86	494,22	2,3583	4,8560	218,61	499,29	2,2911	4,8386	218,50	504,20
10	2,5286	4,9248	232,85	493,72	2,4480	4,9063	232,59	498,78	2,3758	4,8888	232,47	503,69
20	2,6238	4,9725	246,59	493,71	2,5377	4,9540	246,33	498,78	2,4607	4,9365	246,21	503,69
30	2,7188	5,0178	260,10	494,17	2,6274	4,9994	259,86	499,23	2,5456	4,9819	259,74	504,14
40	2,8135	5,0610	273,40	495,03	2,7169	5,0426	273,18	500,10	2,6304	5,0252	273,07	505,01
50	2,9077	5,1022	286,51	496,26	2,8061	5,0839	286,30	501,33	2,7150	5,0665	286,22	506,25
60	3,0016	5,1415	299,43	497,84	2,8949	5,1233	299,25	502,91	2,7993	5,1061	299,19	507,83
70	3,0949	5,1793	312,18	499,72	2,9834	5,1611	312,04	504,80	2,8833	5,1440	312,00	509,72
80	3,1876	5,2154	324,77	501,89	3,0713	5,1974	324,67	506,98	2,9669	5,1803	324,67	511,90
90	3,2798	5,2502	337,23	504,32	3,1588	5,2323	337,16	509,42	3,0501	5,2153	337,19	514,35
100	3,3713	5,2837	349,55	507,00	3,2457	5,2659	349,53	512,10	3,1328	5,2490	349,59	517,04
110	3,4623	5,3160	361,76	509,90	3,3322	5,2983	361,77	515,02	3,2151	5,2815	361,87	519,96
120	3,5528	5,3471	373,85	513,02	3,4181	5,3296	373,91	518,14	3,2969	5,3128	374,05	523,10
130	3,6427	5,3773	385,85	516,33	3,5035	5,3598	385,95	521,47	3,3783	5,3432	386,12	526,43
140	3,7321	5,4064	397,76	519,83	3,5885	5,3891	397,89	524,98	3,4593	5,3725	398,11	529,96
150	3,8209	5,4347	409,58	523,51	3,6730	5,4174	409,76	528,67	3,5398	5,4010	410,01	533,66
160	3,9093	5,4622	421,34	527,35	3,7571	5,4450	421,55	532,52	3,6199	5,4286	421,84	537,52
170	3,9972	5,4889	433,02	531,35	3,8407	5,4718	433,28	536,54	3,6996	5,4555	433,60	541,55
180	4,0847	5,5148	444,65	535,51	3,9239	5,4978	444,95	540,70	3,7790	5,4816	445,30	545,73
190	4,1718	5,5401	456,23	539,80	4,0067	5,5231	456,56	545,01	3,8579	5,5070	456,95	550,05
200	4,2585	5,5647	467,76	544,23	4,0892	5,5478	468,12	549,46	3,9366	5,5318	468,54	554,51
210	4,3448	5,5887	479,25	548,80	4,1713	5,5719	479,64	554,03	4,0149	5,5559	480,09	559,10
220	4,4307	5,6122	490,70	553,49	4,2531	5,5955	491,12	558,74	4,0928	5,5795	491,61	563,81
230	4,5164	5,6351	502,11	558,30	4,3345	5,6184	502,57	563,56	4,1705	5,6026	503,09	568,65
240	4,6017	5,6575	513,50	563,23	4,4157	5,6409	513,99	568,51	4,2479	5,6251	514,53	573,61
250	4,6867	5,6795	524,86	568,27	4,4966	5,6629	525,38	573,56	4,3250	5,6471	525,95	578,68
260	4,7714	5,7009	536,21	573,43	4,5772	5,6844	536,75	578,73	4,4019	5,6687	537,35	583,86
270	4,8559	5,7220	547,53	578,69	4,6575	5,7055	548,10	584,00	4,4785	5,6899	548,73	589,14
280	4,9401	5,7426	558,84	584,05	4,7376	5,7262	559,44	589,38	4,5549	5,7106	560,08	594,53
290	5,0241	5,7628	570,13	589,51	4,8175	5,7465	570,76	594,85	4,6311	5,7309	571,43	600,02
300	5,1078	5,7827	581,42	595,08	4,8972	5,7664	582,07	600,43	4,7071	5,7508	582,76	605,60
310	5,1914	5,8022	592,69	600,73	4,9767	5,7859	593,37	606,10	4,7829	5,7704	594,09	611,28
320	5,2747	5,8214	603,96	606,48	5,0559	5,8051	604,66	611,86	4,8585	5,7897	605,40	617,05
330	5,3578	5,8402	615,23	612,32	5,1350	5,8240	615,95	617,71	4,9339	5,8086	616,71	622,91
340	5,4408	5,8587	626,49	618,25	5,2139	5,8426	627,24	623,64	5,0091	5,8272	628,02	628,86
350	5,5235	5,8770	637,76	624,26	5,2927	5,8608	638,52	629,67	5,0842	5,8455	639,32	634,90
360	5,6061	5,8949	649,02	630,36	5,3713	5,8788	649,80	635,78	5,1591	5,8635	650,63	641,01
370	5,6886	5,9125	660,29	636,54	5,4497	5,8965	661,09	641,97	5,2339	5,8812	661,93	647,22
380	5,7708	5,9299	671,56	642,79	5,5280	5,9139	672,38	648,24	5,3086	5,8986	673,24	653,50
390	5,8530	5,9471	682,83	649,13	5,6061	5,9311	683,67	654,59	5,3831	5,9158	684,55	659,85
400	5,9350	5,9639	694,11	655,55	5,6841	5,9480	694,97	661,01	5,4574	5,9327	695,86	666,29
410	6,0168	5,9806	705,40	662,04	5,7620	5,9646	706,28	667,51	5,5317	5,9494	707,19	672,80
420	6,0985	5,9970	716,69	668,60	5,8397	5,9811	717,59	674,09	5,6058	5,9659	718,51	679,38
430	6,1801	6,0132	728,00	675,24	5,9173	5,9973	728,91	680,73	5,6798	5,9821	729,85	686,04
440	6,2616	6,0292	739,31	681,95	5,9948	6,0133	740,23	687,45	5,7538	5,9982	741,19	692,77
450	6,3429	6,0449	750,63	688,73	6,0722	6,0291	751,57	694,24	5,8276	6,0140	752,54	699,57
460	6,4242	6,0605	761,96	695,57	6,1495	6,0447	762,92	701,10	5,9013	6,0296	763,91	706,43
470	6,5053	6,0759	773,30	702,49	6,2267	6,0600	774,28	708,02	5,9749	6,0450	775,28	713,36
480	6,5864	6,0910	784,65	709,47	6,3038	6,0752	785,64	715,01	6,0484	6,0602	786,66	720,36
490	6,6673	6,1060	796,02	716,51	6,3808	6,0902	797,02	722,06	6,1218	6,0752	798,05	727,42

Tafel I. Luft von −50 bis 1250 °C (Fortsetzung)

t °C	$p = 380$ bar				$p = 400$ bar				$p = 420$ bar			
	v dm³/kg	s kJ/kg grd	i kJ/kg	e kJ/kg	v dm³/kg	s kJ/kg grd	i kJ/kg	e kJ/kg	v dm³/kg	s kJ/kg grd	i kJ/kg	e kJ/kg
500	6,7481	6,1208	807,40	723,62	6,4577	6,1051	808,41	729,18	6,1951	6,0901	809,46	734,55
510	6,8288	6,1355	818,79	730,79	6,5345	6,1197	819,82	736,36	6,2684	6,1047	820,88	741,74
520	6,9095	6,1499	830,19	738,03	6,6112	6,1342	831,23	743,60	6,3415	6,1192	832,31	748,99
530	6,9900	6,1642	841,60	745,32	6,6878	6,1485	842,66	750,91	6,4146	6,1336	843,75	756,30
540	7,0705	6,1784	853,03	752,67	6,7644	6,1627	854,11	758,27	6,4876	6,1478	855,20	763,67
550	7,1509	6,1924	864,47	760,09	6,8409	6,1767	865,56	765,69	6,5605	6,1618	866,67	771,10
560	7,2312	6,2062	875,93	767,56	6,9173	6,1906	877,03	773,17	6,6334	6,1756	878,15	778,59
570	7,3114	6,2199	887,40	775,08	6,9936	6,2043	888,51	780,70	6,7062	6,1894	889,65	786,13
580	7,3915	6,2334	898,88	782,66	7,0698	6,2178	900,01	788,29	6,7789	6,2029	901,15	793,73
590	7,4716	6,2468	910,38	790,30	7,1460	6,2312	911,52	795,93	6,8515	6,2164	912,68	801,38
600	7,5516	6,2601	921,89	797,99	7,2221	6,2445	923,04	803,63	6,9241	6,2296	924,21	809,08
620	7,7114	6,2862	944,96	813,53	7,3741	6,2706	946,13	819,19	7,0691	6,2558	947,32	824,65
640	7,8709	6,3118	968,08	829,27	7,5259	6,2963	969,28	834,95	7,2138	6,2815	970,49	840,43
660	8,0301	6,3369	991,26	845,22	7,6774	6,3214	992,48	850,91	7,3583	6,3066	993,71	856,40
680	8,1891	6,3616	1014,5	861,35	7,8287	6,3461	1015,7	867,06	7,5026	6,3313	1017,0	872,57
700	8,3479	6,3858	1037,8	877,67	7,9797	6,3703	1039,1	883,40	7,6467	6,3556	1040,3	888,92
720	8,5064	6,4095	1061,1	894,18	8,1306	6,3941	1062,4	899,91	7,7905	6,3794	1063,7	905,45
740	8,6648	6,4329	1084,5	910,86	8,2812	6,4174	1085,8	916,61	7,9342	6,4027	1087,2	922,16
760	8,8229	6,4558	1108,0	927,71	8,4317	6,4404	1109,3	933,47	8,0777	6,4257	1110,7	939,04
780	8,9808	6,4784	1131,5	944,72	8,5819	6,4630	1132,9	950,50	8,2210	6,4483	1134,2	956,08
800	9,1386	6,5005	1155,1	961,90	8,7320	6,4852	1156,4	967,69	8,3641	6,4705	1157,8	973,28
820	9,2961	6,5223	1178,7	979,23	8,8819	6,5070	1180,1	985,04	8,5071	6,4924	1181,5	990,64
840	9,4535	6,5438	1202,4	996,71	9,0317	6,5285	1203,8	1002,5	8,6499	6,5139	1205,2	1008,2
860	9,6108	6,5649	1226,1	1014,3	9,1813	6,5496	1227,5	1020,2	8,7926	6,5350	1228,9	1025,8
880	9,7678	6,5857	1249,8	1032,1	9,3307	6,5704	1251,3	1038,0	8,9351	6,5558	1252,7	1043,6
900	9,9247	6,6062	1273,7	1050,0	9,4800	6,5909	1275,1	1055,9	9,0775	6,5764	1276,6	1061,5
920	10,082	6,6264	1297,5	1068,1	9,6291	6,6111	1299,0	1073,9	9,2197	6,5966	1300,5	1079,6
940	10,238	6,6463	1321,4	1086,2	9,7781	6,6310	1322,9	1092,1	9,3618	6,6165	1324,4	1097,8
960	10,395	6,6659	1345,4	1104,5	9,9270	6,6506	1346,9	1110,4	9,5038	6,6361	1348,4	1116,1
980	10,551	6,6852	1369,4	1123,0	10,076	6,6700	1370,9	1128,9	9,6457	6,6555	1372,4	1134,6
1000	10,707	6,7043	1393,4	1141,5	10,224	6,6890	1394,9	1147,4	9,7874	6,6745	1396,5	1153,1
1050	11,097	6,7507	1453,6	1188,4	10,595	6,7355	1455,2	1194,3	10,141	6,7211	1456,8	1200,1
1100	11,487	6,7957	1514,1	1235,9	10,966	6,7805	1515,7	1241,9	10,494	6,7661	1517,3	1247,7
1150	11,875	6,8392	1574,8	1284,1	11,335	6,8240	1576,5	1290,1	10,847	6,8096	1578,1	1295,9
1200	12,263	6,8814	1635,7	1332,8	11,705	6,8662	1637,4	1338,9	11,199	6,8518	1639,1	1344,7
1250	12,651	6,9223	1696,8	1382,1	12,073	6,9072	1698,5	1388,2	11,550	6,8928	1700,2	1394,0

Tafel I. Luft von −50 bis 1250 °C (Fortsetzung)

t °C	p = 440 bar				p = 460 bar				p = 480 bar			
	v dm³/kg	s kJ/kg grd	i kJ/kg	e kJ/kg	v dm³/kg	s kJ/kg grd	i kJ/kg	e kJ/kg	v dm³/kg	s kJ/kg grd	i kJ/kg	e kJ/kg
−50	1,8395	4,5241	144,93	521,25	1,8053	4,5095	145,31	525,85	1,7742	4,4956	145,80	530,33
−40	1,9156	4,5910	160,19	517,23	1,8774	4,5761	160,50	521,85	1,8425	4,5619	160,91	526,35
−30	1,9931	4,6540	175,18	514,08	1,9508	4,6388	175,43	518,71	1,9123	4,6244	175,79	523,22
−20	2,0716	4,7133	189,89	511,71	2,0252	4,6979	190,10	516,34	1,9830	4,6833	190,41	520,86
−10	2,1509	4,7692	204,34	510,03	2,1004	4,7537	204,51	514,66	2,0545	4,7390	204,79	519,19
0	2,2308	4,8222	218,53	508,97	2,1762	4,8066	218,67	513,61	2,1265	4,7917	218,92	518,13
10	2,3110	4,8723	232,48	508,46	2,2523	4,8567	232,61	513,10	2,1990	4,8418	232,84	517,63
20	2,3914	4,9200	246,22	508,46	2,3288	4,9043	246,33	513,10	2,2718	4,8894	246,55	517,63
30	2,4720	4,9654	259,75	508,91	2,4053	4,9497	259,86	513,55	2,3447	4,9347	260,07	518,08
40	2,5525	5,0087	273,08	509,78	2,4819	4,9930	273,20	514,42	2,4178	4,9780	273,41	518,94
50	2,6329	5,0501	286,24	511,02	2,5585	5,0344	286,37	515,66	2,4908	5,0194	286,59	520,18
60	2,7131	5,0896	299,23	512,60	2,6349	5,0740	299,37	517,24	2,5638	5,0591	299,60	521,77
70	2,7930	5,1276	312,07	514,49	2,7111	5,1120	312,22	519,14	2,6366	5,0971	312,47	523,67
80	2,8726	5,1641	324,76	516,68	2,7871	5,1485	324,93	521,33	2,7092	5,1337	325,19	525,86
90	2,9519	5,1991	337,31	519,13	2,8628	5,1837	337,51	523,79	2,7816	5,1689	337,79	528,32
100	3,0308	5,2329	349,74	521,83	2,9382	5,2175	349,97	526,49	2,8537	5,2028	350,27	531,03
110	3,1093	5,2654	362,05	524,76	3,0132	5,2501	362,31	529,43	2,9255	5,2355	362,63	533,98
120	3,1874	5,2969	374,26	527,91	3,0878	5,2817	374,54	532,58	2,9970	5,2671	374,90	537,13
130	3,2651	5,3273	386,37	531,25	3,1621	5,3121	386,68	535,93	3,0682	5,2976	387,06	540,49
140	3,3423	5,3567	398,39	534,78	3,2361	5,3417	398,73	539,48	3,1391	5,3272	399,14	544,04
150	3,4193	5,3853	410,32	538,50	3,3097	5,3703	410,70	543,20	3,2096	5,3559	411,14	547,77
160	3,4958	5,4130	422,19	542,37	3,3829	5,3981	422,59	547,09	3,2798	5,3838	423,06	551,67
170	3,5719	5,4399	433,98	546,41	3,4558	5,4251	434,42	551,13	3,3497	5,4108	434,91	555,73
180	3,6477	5,4661	445,71	550,60	3,5283	5,4513	446,18	555,33	3,4193	5,4371	446,70	559,94
190	3,7232	5,4916	457,39	554,93	3,6006	5,4769	457,89	559,68	3,4886	5,4627	458,44	564,29
200	3,7983	5,5164	469,02	559,40	3,6725	5,5018	469,55	564,16	3,5576	5,4877	470,12	568,78
210	3,8731	5,5407	480,60	564,00	3,7441	5,5260	481,16	568,77	3,6263	5,5120	481,76	573,41
220	3,9476	5,5643	492,14	568,73	3,8155	5,5497	492,73	573,51	3,6947	5,5358	493,36	578,16
230	4,0219	5,5874	503,65	573,58	3,8866	5,5729	504,26	578,37	3,7629	5,5590	504,91	583,03
240	4,0958	5,6100	515,12	578,55	3,9574	5,5955	515,76	583,35	3,8308	5,5817	516,44	588,02
250	4,1696	5,6321	526,57	583,63	4,0280	5,6177	527,23	588,44	3,8986	5,6039	527,94	593,12
260	4,2430	5,6537	537,99	588,82	4,0983	5,6394	538,68	593,64	3,9660	5,6256	539,41	598,34
270	4,3162	5,6749	549,39	594,12	4,1685	5,6606	550,10	598,95	4,0333	5,6469	550,85	603,65
280	4,3893	5,6957	560,78	599,52	4,2384	5,6814	561,51	604,36	4,1004	5,6677	562,28	609,07
290	4,4621	5,7160	572,14	605,02	4,3081	5,7018	572,90	609,87	4,1673	5,6882	573,69	614,59
300	4,5347	5,7360	583,50	610,61	4,3776	5,7218	584,28	615,48	4,2339	5,7082	585,09	620,21
310	4,6071	5,7556	594,84	616,30	4,4469	5,7415	595,64	621,18	4,3005	5,7279	596,48	625,92
320	4,6793	5,7749	606,18	622,08	4,5161	5,7608	607,00	626,97	4,3668	5,7473	607,85	631,72
330	4,7514	5,7939	617,51	627,96	4,5851	5,7798	618,35	632,85	4,4330	5,7663	619,22	637,62
340	4,8233	5,8125	628,84	633,92	4,6540	5,7984	629,69	638,82	4,4991	5,7850	630,58	643,60
350	4,8951	5,8308	640,16	639,96	4,7227	5,8168	641,04	644,88	4,5650	5,8033	641,94	649,66
360	4,9667	5,8488	651,48	646,09	4,7912	5,8348	652,38	651,02	4,6307	5,8214	653,30	655,81
370	5,0381	5,8666	662,81	652,30	4,8597	5,8526	663,72	657,27	4,6964	5,8392	664,66	662,04
380	5,1094	5,8840	674,13	658,59	4,9280	5,8701	675,06	663,53	4,7619	5,8567	676,02	668,34
390	5,1806	5,9013	685,46	664,96	4,9961	5,8873	686,40	669,91	4,8273	5,8740	687,38	674,73
400	5,2517	5,9182	696,79	671,40	5,0642	5,9043	697,75	676,36	4,8925	5,8910	698,74	681,19
410	5,3227	5,9349	708,13	677,92	5,1321	5,9211	709,10	682,89	4,9577	5,9078	710,11	687,73
420	5,3935	5,9514	719,47	684,52	5,1999	5,9376	720,46	689,50	5,0228	5,9243	721,48	694,34
430	5,4643	5,9677	730,82	691,18	5,2677	5,9538	731,83	696,17	5,0877	5,9406	732,86	701,02
440	5,5349	5,9837	742,18	697,92	5,3353	5,9699	743,20	702,91	5,1526	5,9567	744,24	707,77
450	5,6054	5,9995	753,55	704,72	5,4028	5,9858	754,58	709,73	5,2174	5,9725	755,64	714,60
460	5,6758	6,0152	764,92	711,60	5,4703	6,0014	765,97	716,61	5,2820	5,9882	767,04	721,49
470	5,7462	6,0306	776,31	718,54	5,5376	6,0168	777,37	723,56	5,3466	6,0037	778,45	728,44
480	5,8164	6,0458	787,71	725,54	5,6049	6,0321	788,78	730,57	5,4111	6,0189	789,87	735,47
490	5,8866	6,0609	799,11	732,62	5,6720	6,0472	800,20	737,65	5,4756	6,0340	801,31	742,55

Tafel I. Luft von −50 bis 1250 °C (Fortsetzung)

t °C	p = 440 bar				p = 460 bar				p = 480 bar			
	v dm³/kg	s kJ/kg grd	i kJ/kg	e kJ/kg	v dm³/kg	s kJ/kg grd	i kJ/kg	e kJ/kg	v dm³/kg	s kJ/kg grd	i kJ/kg	e kJ/kg
500	5,9567	6,0757	810,53	739,75	5,7391	6,0620	811,63	744,80	5,5399	6,0489	812,75	749,70
510	6,0267	6,0904	821,96	746,95	5,8062	6,0767	823,07	752,00	5,6042	6,0636	824,20	756,91
520	6,0966	6,1050	833,40	754,21	5,8731	6,0913	834,52	759,27	5,6684	6,0782	835,67	764,19
530	6,1664	6,1193	844,86	761,52	5,9400	6,1056	845,99	766,59	5,7326	6,0926	847,14	771,52
540	6,2362	6,1335	856,32	768,90	6,0068	6,1198	857,47	773,98	5,7967	6,1068	858,63	778,91
550	6,3059	6,1475	867,80	776,34	6,0735	6,1339	868,96	781,42	5,8607	6,1208	870,14	786,36
560	6,3755	6,1614	879,30	783,83	6,1402	6,1478	880,46	788,92	5,9246	6,1347	881,65	793,87
570	6,4450	6,1751	890,80	791,38	6,2068	6,1615	891,98	796,48	5,9885	6,1485	893,18	801,43
580	6,5145	6,1887	902,32	798,99	6,2733	6,1751	903,51	804,09	6,0523	6,1621	904,72	809,05
590	6,5840	6,2022	913,85	806,65	6,3398	6,1886	915,05	811,76	6,1161	6,1756	916,27	816,73
600	6,6533	6,2155	925,40	814,36	6,4062	6,2019	926,61	819,48	6,1798	6,1889	927,84	824,45
620	6,7919	6,2417	948,53	829,94	6,5389	6,2281	949,76	835,08	6,3071	6,2151	951,01	840,06
640	6,9302	6,2673	971,72	845,73	6,6713	6,2538	972,97	850,88	6,4341	6,2409	974,24	855,88
660	7,0683	6,2925	994,97	861,72	6,8036	6,2790	996,23	866,88	6,5610	6,2661	997,52	871,89
680	7,2062	6,3172	1018,3	877,90	6,9356	6,3038	1019,6	883,07	6,6877	6,2908	1020,9	888,10
700	7,3439	6,3415	1041,6	894,26	7,0675	6,3280	1042,9	899,45	6,8142	6,3151	1044,2	904,49
720	7,4814	6,3653	1065,0	910,81	7,1991	6,3519	1066,4	916,01	6,9405	6,3390	1067,7	921,06
740	7,6187	6,3887	1088,5	927,53	7,3306	6,3753	1089,8	932,74	7,0666	6,3624	1091,2	937,80
760	7,7558	6,4117	1112,0	944,42	7,4620	6,3983	1113,4	949,65	7,1926	6,3854	1114,7	954,72
780	7,8928	6,4343	1135,6	961,48	7,5932	6,4209	1137,0	966,71	7,3185	6,4081	1138,3	971,80
800	8,0296	6,4565	1159,2	978,69	7,7242	6,4431	1160,6	983,94	7,4442	6,4303	1162,0	989,04
820	8,1663	6,4784	1182,9	996,06	7,8550	6,4650	1184,3	1001,3	7,5697	6,4522	1185,7	1006,4
840	8,3028	6,4999	1206,6	1013,6	7,9858	6,4866	1208,0	1018,9	7,6952	6,4738	1209,4	1024,0
860	8,4391	6,5211	1230,4	1031,3	8,1164	6,5077	1231,8	1036,5	7,8204	6,4950	1233,2	1041,7
880	8,5754	6,5419	1254,2	1049,1	8,2468	6,5286	1255,6	1054,4	7,9456	6,5158	1257,1	1059,5
900	8,7114	6,5625	1278,0	1067,0	8,3771	6,5491	1279,5	1072,3	8,0707	6,5364	1281,0	1077,5
920	8,8474	6,5827	1301,9	1085,1	8,5073	6,5694	1303,4	1090,4	8,1956	6,5566	1304,9	1095,6
940	8,9832	6,6026	1325,9	1103,3	8,6374	6,5893	1327,4	1108,6	8,3204	6,5766	1328,9	1113,8
960	9,1189	6,6222	1349,9	1121,6	8,7674	6,6090	1351,4	1127,0	8,4451	6,5962	1352,9	1132,2
980	9,2545	6,6416	1373,9	1140,1	8,8972	6,6283	1375,5	1145,4	8,5697	6,6156	1377,0	1150,6
1000	9,3900	6,6607	1398,0	1158,7	9,0270	6,6474	1399,5	1164,0	8,6941	6,6347	1401,1	1169,2
1050	9,7282	6,7072	1458,4	1205,6	9,3509	6,6940	1459,9	1211,0	9,0049	6,6813	1461,5	1216,2
1100	10,066	6,7523	1519,0	1253,2	9,6741	6,7391	1520,6	1258,6	9,3150	6,7264	1522,2	1263,9
1150	10,403	6,7958	1579,8	1301,5	9,9968	6,7827	1581,4	1306,9	9,6246	6,7700	1583,0	1312,2
1200	10,739	6,8381	1640,8	1350,3	10,319	6,8249	1642,4	1355,8	9,9337	6,8123	1644,1	1361,1
1250	11,075	6,8790	1701,9	1399,7	10,641	6,8659	1703,6	1405,2	10,242	6,8533	1705,3	1410,5

Tafel I. Luft von −50 bis 1250 °C (Fortsetzung)

t °C	p = 500 bar				p = 550 bar				p = 600 bar			
	v dm³/kg	s kJ/kg grd	i kJ/kg	e kJ/kg	v dm³/kg	s kJ/kg grd	i kJ/kg	e kJ/kg	v dm³/kg	s kJ/kg grd	i kJ/kg	e kJ/kg
−50	1,7456	4,4825	146,38	534,70	1,6832	4,4521	148,17	545,24	1,6312	4,4249	150,37	555,30
−40	1,8106	4,5484	161,42	530,74	1,7414	4,5173	163,05	541,33	1,6837	4,4894	165,09	551,42
−30	1,8770	4,6106	176,24	527,63	1,8007	4,5790	177,74	538,24	1,7374	4,5506	179,67	548,36
−20	1,9444	4,6694	190,82	525,27	1,8609	4,6374	192,22	535,90	1,7918	4,6086	194,05	546,04
−10	2,0125	4,7250	205,16	523,60	1,9218	4,6926	206,48	534,24	1,8470	4,6635	208,24	544,38
0	2,0812	4,7776	219,28	522,55	1,9833	4,7450	220,53	533,19	1,9026	4,7157	222,22	543,34
10	2,1503	4,8276	233,17	522,05	2,0452	4,7948	234,37	532,69	1,9586	4,7653	236,01	542,84
20	2,2198	4,8751	246,87	522,05	2,1075	4,8422	248,03	532,69	2,0150	4,8125	249,63	542,84
30	2,2894	4,9205	260,38	522,50	2,1700	4,8874	261,51	533,14	2,0716	4,8577	263,08	543,29
40	2,3592	4,9637	273,72	523,36	2,2326	4,9307	274,83	534,00	2,1285	4,9008	276,37	544,15
50	2,4290	5,0052	286,89	524,60	2,2954	4,9721	287,99	535,24	2,1855	4,9421	289,52	545,39
60	2,4988	5,0448	299,91	526,19	2,3583	5,0117	301,02	536,83	2,2426	4,9818	302,53	546,97
70	2,5684	5,0829	312,79	528,09	2,4211	5,0499	313,90	538,73	2,2997	5,0199	315,42	548,88
80	2,6380	5,1195	325,53	530,28	2,4839	5,0865	326,67	540,93	2,3569	5,0566	328,19	551,08
90	2,7073	5,1547	338,14	532,75	2,5466	5,1218	339,31	543,40	2,4140	5,0919	340,85	553,55
100	2,7764	5,1887	350,64	535,46	2,6091	5,1559	351,84	546,12	2,4711	5,1260	353,40	556,28
110	2,8453	5,2214	363,03	538,41	2,6715	5,1887	364,27	549,08	2,5280	5,1590	365,86	559,24
120	2,9139	5,2531	375,31	541,58	2,7337	5,2205	376,60	552,26	2,5849	5,1908	378,22	562,43
130	2,9822	5,2837	387,50	544,94	2,7957	5,2513	388,84	555,64	2,6416	5,2217	390,50	565,82
140	3,0502	5,3134	399,61	548,50	2,8575	5,2810	401,00	559,21	2,6981	5,2516	402,69	569,40
150	3,1179	5,3421	411,63	552,24	2,9190	5,3099	413,08	562,97	2,7545	5,2805	414,81	573,17
160	3,1853	5,3700	423,58	556,14	2,9803	5,3380	425,08	566,89	2,8107	5,3087	426,86	577,11
170	3,2525	5,3972	435,46	560,21	3,0414	5,3652	437,02	570,98	2,8667	5,3360	438,85	581,21
180	3,3193	5,4235	447,27	564,43	3,1022	5,3917	448,90	575,22	2,9225	5,3627	450,77	585,47
190	3,3858	5,4492	459,03	568,79	3,1628	5,4175	460,72	579,60	2,9781	5,3886	462,64	589,87
200	3,4521	5,4742	470,74	573,30	3,2232	5,4427	472,49	584,13	3,0335	5,4138	474,46	594,42
210	3,5181	5,4986	482,41	577,93	3,2833	5,4672	484,21	588,79	3,0887	5,4384	486,23	599,10
220	3,5839	5,5224	494,03	582,69	3,3432	5,4911	495,88	593,57	3,1437	5,4625	497,96	603,90
230	3,6494	5,5457	505,61	587,57	3,4029	5,5145	507,52	598,48	3,1985	5,4859	509,65	608,83
240	3,7147	5,5684	517,16	592,57	3,4624	5,5373	519,13	603,50	3,2531	5,5089	521,30	613,87
250	3,7798	5,5906	528,68	597,69	3,5216	5,5596	530,70	608,64	3,3076	5,5313	532,92	619,03
260	3,8446	5,6124	540,17	602,91	3,5807	5,5815	542,25	613,88	3,3619	5,5532	544,52	624,30
270	3,9093	5,6337	551,64	608,24	3,6396	5,6029	553,77	619,23	3,4160	5,5747	556,09	629,67
280	3,9737	5,6546	563,09	613,67	3,6984	5,6239	565,27	624,69	3,4700	5,5958	567,63	635,15
290	4,0380	5,6751	574,52	619,20	3,7569	5,6445	576,75	630,24	3,5238	5,6164	579,16	640,72
300	4,1021	5,6952	585,94	624,82	3,8153	5,6646	588,21	635,89	3,5774	5,6367	590,66	646,39
310	4,1660	5,7149	597,35	630,54	3,8736	5,6844	599,66	641,64	3,6309	5,6566	602,16	652,16
320	4,2297	5,7343	608,74	636,36	3,9316	5,7039	611,10	647,47	3,6843	5,6761	613,64	658,01
330	4,2934	5,7533	620,13	642,26	3,9896	5,7230	622,53	653,39	3,7375	5,6953	625,11	663,96
340	4,3568	5,7720	631,51	648,25	4,0474	5,7418	633,95	659,40	3,7906	5,7141	636,57	669,99
350	4,4201	5,7904	642,89	654,32	4,1051	5,7603	645,37	665,50	3,8436	5,7327	648,02	676,10
360	4,4833	5,8085	654,26	660,48	4,1626	5,7784	656,78	671,68	3,8965	5,7509	659,47	682,30
370	4,5464	5,8264	665,63	666,71	4,2201	5,7963	668,19	677,93	3,9492	5,7688	670,92	688,58
380	4,6093	5,8439	677,01	673,03	4,2774	5,8139	679,60	684,27	4,0019	5,7865	682,36	694,94
390	4,6721	5,8612	688,38	679,42	4,3346	5,8312	691,01	690,69	4,0544	5,8039	693,81	701,37
400	4,7349	5,8782	699,76	685,89	4,3918	5,8483	702,43	697,18	4,1069	5,8210	705,25	707,88
410	4,7975	5,8950	711,14	692,44	4,4488	5,8652	713,84	703,74	4,1592	5,8379	716,70	714,46
420	4,8600	5,9116	722,53	699,06	4,5057	5,8818	725,26	710,38	4,2115	5,8545	728,15	721,12
430	4,9224	5,9279	733,92	705,75	4,5626	5,8981	736,69	717,09	4,2637	5,8709	739,60	727,84
440	4,9847	5,9440	745,32	712,51	4,6193	5,9143	748,12	723,87	4,3158	5,8871	751,06	734,64
450	5,0469	5,9599	756,73	719,34	4,6760	5,9302	759,55	730,71	4,3678	5,9031	762,53	741,50
460	5,1091	5,9755	768,14	726,24	4,7326	5,9459	771,00	737,63	4,4198	5,9188	774,00	748,43
470	5,1712	5,9910	779,56	733,20	4,7891	5,9614	782,45	744,61	4,4717	5,9344	785,48	755,43
480	5,2331	6,0063	791,00	740,23	4,8455	5,9767	793,91	751,66	4,5235	5,9497	796,96	762,49
490	5,2950	6,0214	802,44	747,32	4,9019	5,9919	805,38	758,77	4,5752	5,9649	808,46	769,62

Tafel I. Luft von −50 bis 1250 °C (Fortsetzung)

t °C	$p = 500$ bar				$p = 550$ bar				$p = 600$ bar			
	v dm³/kg	s kJ/kg grd	i kJ/kg	e kJ/kg	v dm³/kg	s kJ/kg grd	i kJ/kg	e kJ/kg	v dm³/kg	s kJ/kg grd	i kJ/kg	e kJ/kg
500	5,3569	6,0363	813,89	754,48	4,9582	6,0068	816,86	765,94	4,6269	5,9799	819,96	776,81
510	5,4186	6,0510	825,36	761,70	5,0145	6,0216	828,35	773,18	4,6785	5,9947	831,48	784,06
520	5,4803	6,0656	836,84	768,98	5,0706	6,0362	839,85	780,47	4,7301	6,0093	843,00	791,37
530	5,5420	6,0800	848,32	776,32	5,1268	6,0506	851,37	787,83	4,7816	6,0237	854,54	798,74
540	5,6035	6,0942	859,82	783,72	5,1828	6,0649	862,89	795,24	4,8331	6,0380	866,08	806,17
550	5,6650	6,1083	871,33	791,18	5,2388	6,0790	874,43	802,72	4,8845	6,0522	877,64	813,66
560	5,7265	6,1222	882,86	798,69	5,2948	6,0929	885,97	810,24	4,9358	6,0661	889,21	821,20
570	5,7878	6,1360	894,40	806,26	5,3507	6,1067	897,53	817,83	4,9871	6,0800	900,79	828,80
580	5,8492	6,1496	905,95	813,89	5,4065	6,1204	909,11	825,47	5,0384	6,0936	912,38	836,45
590	5,9104	6,1631	917,51	821,57	5,4623	6,1339	920,69	833,16	5,0896	6,1071	923,99	844,16
600	5,9717	6,1764	929,08	829,30	5,5181	6,1472	932,29	840,91	5,1408	6,1205	935,61	851,92
620	6,0939	6,2027	952,28	844,92	5,6294	6,1735	955,52	856,56	5,2430	6,1469	958,88	867,60
640	6,2160	6,2284	975,52	860,75	5,7406	6,1993	978,81	872,42	5,3451	6,1727	982,20	883,48
660	6,3379	6,2537	998,82	876,77	5,8516	6,2246	1002,1	888,47	5,4470	6,1980	1005,6	899,55
680	6,4596	6,2784	1022,2	892,99	5,9625	6,2494	1025,5	904,71	5,5487	6,2229	1029,0	915,82
700	6,5812	6,3027	1045,6	909,39	6,0732	6,2738	1049,0	921,14	5,6504	6,2473	1052,5	932,27
720	6,7026	6,3266	1069,0	925,97	6,1838	6,2977	1072,5	937,75	5,7519	6,2712	1076,0	948,90
740	6,8238	6,3500	1092,6	942,73	6,2942	6,3211	1096,0	954,53	5,8532	6,2947	1099,6	965,71
760	6,9449	6,3731	1116,1	959,66	6,4045	6,3442	1119,6	971,49	5,9545	6,3178	1123,2	982,68
780	7,0658	6,3957	1139,7	976,75	6,5146	6,3669	1143,3	988,60	6,0557	6,3405	1146,9	999,82
800	7,1866	6,4180	1163,4	994,00	6,6247	6,3892	1167,0	1005,9	6,1567	6,3629	1170,6	1017,1
820	7,3073	6,4399	1187,1	1011,4	6,7346	6,4111	1190,7	1023,3	6,2576	6,3848	1194,4	1034,6
840	7,4278	6,4615	1210,9	1029,0	6,8444	6,4327	1214,5	1040,9	6,3585	6,4064	1218,2	1052,2
860	7,5482	6,4827	1234,7	1046,7	6,9541	6,4540	1238,4	1058,6	6,4592	6,4277	1242,1	1069,9
880	7,6685	6,5036	1258,6	1064,5	7,0637	6,4749	1262,3	1076,5	6,5598	6,4487	1266,0	1087,8
900	7,7886	6,5241	1282,5	1082,5	7,1732	6,4955	1286,2	1094,5	6,6604	6,4693	1290,0	1105,8
920	7,9087	6,5444	1306,4	1100,6	7,2826	6,5158	1310,2	1112,6	6,7609	6,4896	1314,0	1124,0
940	8,0286	6,5644	1330,4	1118,8	7,3919	6,5358	1334,2	1130,9	6,8612	6,5096	1338,1	1142,3
960	8,1485	6,5840	1354,4	1137,2	7,5011	6,5554	1358,3	1149,3	6,9615	6,5293	1362,2	1160,7
980	8,2682	6,6034	1378,5	1155,7	7,6102	6,5749	1382,4	1167,8	7,0618	6,5487	1386,3	1179,2
1000	8,3878	6,6225	1402,6	1174,3	7,7192	6,5940	1406,5	1186,4	7,1619	6,5679	1410,5	1197,9
1050	8,6865	6,6692	1463,1	1221,3	7,9914	6,6407	1467,1	1233,5	7,4119	6,6146	1471,1	1245,0
1100	8,9845	6,7143	1523,8	1269,0	8,2631	6,6858	1527,8	1281,2	7,6614	6,6598	1531,9	1292,8
1150	9,2821	6,7579	1584,7	1317,3	8,5342	6,7295	1588,8	1329,6	7,9106	6,7036	1592,9	1341,2
1200	9,5791	6,8002	1645,8	1366,2	8,8050	6,7719	1649,9	1378,6	8,1593	6,7460	1654,1	1390,2
1250	9,8757	6,8412	1707,0	1415,7	9,0753	6,8129	1711,3	1428,1	8,4076	6,7871	1715,5	1439,8

Tafel I. Luft von −50 bis 1250 °C (Fortsetzung)

t °C	p = 650 bar v dm³/kg	s kJ/kg grd	i kJ/kg	e kJ/kg	p = 700 bar v dm³/kg	s kJ/kg grd	i kJ/kg	e kJ/kg	p = 750 bar v dm³/kg	s kJ/kg grd	i kJ/kg	e kJ/kg
−50	1,5867	4,4001	152,88	564,95	1,5482	4,3773	155,64	574,26	1,5143	4,3562	158,59	583,29
−40	1,6348	4,4640	167,47	561,11	1,5925	4,4407	170,10	570,46	1,5554	4,4191	172,94	579,51
−30	1,6838	4,5248	181,93	558,07	1,6376	4,5010	184,47	567,44	1,5974	4,4791	187,22	576,51
−20	1,7335	4,5824	196,23	555,76	1,6835	4,5584	198,69	565,14	1,6399	4,5362	201,38	574,23
−10	1,7839	4,6371	210,35	554,12	1,7298	4,6128	212,75	563,51	1,6829	4,5904	215,38	572,60
0	1,8347	4,6890	224,27	553,08	1,7766	4,6646	226,62	562,47	1,7262	4,6420	229,20	571,56
10	1,8859	4,7384	238,02	552,58	1,8237	4,7138	240,31	561,98	1,7699	4,6911	242,85	571,07
20	1,9374	4,7855	251,59	552,58	1,8711	4,7608	253,85	561,97	1,8138	4,7379	256,35	571,07
30	1,9891	4,8305	265,00	553,03	1,9188	4,8056	267,22	562,42	1,8580	4,7827	269,69	571,51
40	2,0411	4,8736	278,26	553,89	1,9666	4,8486	280,46	563,28	1,9024	4,8255	282,90	572,37
50	2,0932	4,9148	291,39	555,12	2,0147	4,8898	293,56	564,51	1,9469	4,8666	295,97	573,60
60	2,1455	4,9545	304,39	556,71	2,0629	4,9293	306,54	566,09	1,9916	4,9061	308,93	575,18
70	2,1979	4,9925	317,27	558,61	2,1112	4,9674	319,40	567,99	2,0364	4,9441	321,78	577,08
80	2,2503	5,0292	330,04	560,81	2,1595	5,0040	332,16	570,19	2,0812	4,9807	334,53	579,27
90	2,3027	5,0646	342,70	563,28	2,2080	5,0394	344,82	572,67	2,1262	5,0161	347,18	581,75
100	2,3551	5,0987	355,26	566,01	2,2564	5,0735	357,39	575,40	2,1712	5,0502	359,74	584,48
110	2,4075	5,1317	367,73	568,98	2,3048	5,1065	369,86	578,36	2,2162	5,0832	372,22	587,44
120	2,4598	5,1636	380,12	572,17	2,3532	5,1385	382,26	581,56	2,2612	5,1151	384,62	590,64
130	2,5120	5,1945	392,42	575,57	2,4016	5,1694	394,58	584,96	2,3062	5,1461	396,95	594,04
140	2,5641	5,2245	404,65	579,16	2,4499	5,1994	406,83	588,56	2,3512	5,1761	409,21	597,65
150	2,6161	5,2535	416,80	582,94	2,4980	5,2285	419,00	592,35	2,3961	5,2053	421,40	601,44
160	2,6679	5,2818	428,88	586,89	2,5461	5,2568	431,12	596,31	2,4409	5,2336	433,53	605,41
170	2,7196	5,3092	440,91	591,01	2,5941	5,2843	443,17	600,43	2,4857	5,2612	445,61	609,54
180	2,7711	5,3359	452,87	595,28	2,6420	5,3111	455,17	604,71	2,5303	5,2880	457,63	613,83
190	2,8225	5,3619	464,78	599,70	2,6897	5,3372	467,11	609,15	2,5749	5,3142	469,60	618,27
200	2,8737	5,3872	476,64	604,26	2,7373	5,3626	479,01	613,72	2,6193	5,3396	481,53	622,86
210	2,9247	5,4119	488,46	608,95	2,7847	5,3874	490,86	618,43	2,6637	5,3645	493,41	627,58
220	2,9756	5,4361	500,23	613,78	2,8320	5,4116	502,67	623,27	2,7079	5,3887	505,25	632,43
230	3,0263	5,4596	511,96	618,72	2,8792	5,4352	514,44	628,23	2,7519	5,4124	517,06	637,41
240	3,0768	5,4826	523,66	623,79	2,9262	5,4583	526,17	633,31	2,7959	5,4356	528,83	642,50
250	3,1272	5,5051	535,32	628,96	2,9731	5,4809	537,88	638,50	2,8397	5,4583	540,56	647,71
260	3,1774	5,5272	546,96	634,25	3,0198	5,5030	549,55	643,81	2,8835	5,4804	552,27	653,03
270	3,2275	5,5487	558,57	639,64	3,0664	5,5246	561,20	649,22	2,9270	5,5021	563,96	658,46
280	3,2774	5,5699	570,16	645,14	3,1128	5,5459	572,83	654,73	2,9705	5,5234	575,62	663,99
290	3,3272	5,5906	581,72	650,73	3,1592	5,5666	584,43	660,35	3,0138	5,5443	587,26	669,62
300	3,3768	5,6109	593,27	656,42	3,2054	5,5870	596,02	666,06	3,0571	5,5647	598,88	675,35
310	3,4263	5,6309	604,80	662,21	3,2514	5,6070	607,59	671,86	3,1002	5,5848	610,48	681,17
320	3,4757	5,6505	616,32	668,08	3,2974	5,6267	619,14	677,75	3,1432	5,6045	622,07	687,08
330	3,5249	5,6697	627,83	674,05	3,3432	5,6460	630,68	683,74	3,1861	5,6239	633,65	693,08
340	3,5741	5,6886	639,33	680,10	3,3889	5,6650	642,22	689,80	3,2288	5,6429	645,21	699,16
350	3,6231	5,7072	650,82	686,23	3,4346	5,6836	653,74	695,96	3,2715	5,6616	656,77	705,33
360	3,6720	5,7255	662,30	692,45	3,4801	5,7019	665,26	702,19	3,3141	5,6800	668,32	711,58
370	3,7208	5,7435	673,78	698,74	3,5255	5,7200	676,77	708,50	3,3566	5,6980	679,86	717,91
380	3,7695	5,7612	685,26	705,12	3,5708	5,7377	688,28	714,90	3,3989	5,7158	691,40	724,32
390	3,8181	5,7786	696,74	711,57	3,6160	5,7552	699,78	721,36	3,4412	5,7334	702,93	730,81
400	3,8666	5,7958	708,21	718,10	3,6611	5,7724	711,29	727,91	3,4835	5,7506	714,47	737,37
410	3,9150	5,8127	719,69	724,70	3,7062	5,7894	722,80	734,52	3,5256	5,7676	726,00	744,00
420	3,9633	5,8294	731,17	731,37	3,7511	5,8061	734,30	741,21	3,5676	5,7844	737,54	750,70
430	4,0116	5,8459	742,65	738,11	3,7960	5,8226	745,81	747,97	3,6096	5,8009	749,07	757,48
440	4,0597	5,8621	754,14	744,92	3,8408	5,8389	757,33	754,80	3,6515	5,8172	760,61	764,32
450	4,1078	5,8781	765,63	751,80	3,8856	5,8549	768,84	761,70	3,6933	5,8333	772,15	771,23
460	4,1559	5,8939	777,13	758,75	3,9302	5,8707	780,37	768,66	3,7351	5,8492	783,70	778,21
470	4,2038	5,9095	788,63	765,77	3,9748	5,8864	791,89	775,69	3,7768	5,8648	795,25	785,25
480	4,2517	5,9248	800,14	772,84	4,0194	5,9018	803,43	782,78	3,8184	5,8803	806,81	792,36
490	4,2996	5,9400	811,66	779,98	4,0639	5,9170	814,97	789,93	3,8600	5,8955	818,38	799,53

Tafel I. Luft von −50 bis 1250 °C (Fortsetzung)

t °C	$p = 650$ bar				$p = 700$ bar				$p = 750$ bar			
	v dm³/kg	s kJ/kg grd	i kJ/kg	e kJ/kg	v dm³/kg	s kJ/kg grd	i kJ/kg	e kJ/kg	v dm³/kg	s kJ/kg grd	i kJ/kg	e kJ/kg
500	4,3473	5,9550	823,19	787,19	4,1083	5,9320	826,52	797,15	3,9015	5,9106	829,95	806,76
510	4,3950	5,9699	834,73	794,45	4,1526	5,9469	838,08	804,43	3,9430	5,9255	841,53	814,05
520	4,4427	5,9845	846,27	801,78	4,1969	5,9616	849,65	811,77	3,9844	5,9402	853,11	821,40
530	4,4903	5,9990	857,83	809,16	4,2412	5,9761	861,22	819,16	4,0258	5,9547	864,71	828,81
540	4,5379	6,0133	869,40	816,60	4,2854	5,9904	872,81	826,62	4,0671	5,9691	876,32	836,28
550	4,5854	6,0275	880,97	824,10	4,3296	6,0046	884,41	834,13	4,1083	5,9833	887,93	843,80
560	4,6328	6,0415	892,56	831,66	4,3737	6,0186	896,01	841,70	4,1496	5,9973	899,56	851,38
570	4,6802	6,0553	904,16	839,27	4,4178	6,0325	907,63	849,32	4,1907	6,0112	911,19	859,02
580	4,7276	6,0690	915,77	846,93	4,4618	6,0462	919,26	857,00	4,2319	6,0249	922,84	866,71
590	4,7749	6,0825	927,40	854,65	4,5058	6,0597	930,90	864,73	4,2730	6,0385	934,50	874,45
600	4,8222	6,0960	939,03	862,43	4,5497	6,0732	942,55	872,51	4,3140	6,0519	946,17	882,24
620	4,9167	6,1223	962,34	878,13	4,6375	6,0996	965,89	888,24	4,3960	6,0784	969,54	897,99
640	5,0110	6,1482	985,69	894,03	4,7252	6,1255	989,28	904,16	4,4779	6,1043	992,96	913,93
660	5,1052	6,1736	1009,1	910,13	4,8127	6,1509	1012,7	920,28	4,5597	6,1298	1016,4	930,07
680	5,1992	6,1985	1032,6	926,42	4,9001	6,1758	1036,2	936,59	4,6413	6,1547	1039,9	946,40
700	5,2931	6,2229	1056,1	942,89	4,9874	6,2002	1059,7	953,08	4,7228	6,1792	1063,5	962,91
720	5,3869	6,2468	1079,6	959,54	5,0745	6,2242	1083,3	969,75	4,8042	6,2032	1087,1	979,60
740	5,4806	6,2704	1103,2	976,37	5,1616	6,2478	1107,0	986,60	4,8856	6,2268	1110,8	996,46
760	5,5742	6,2935	1126,9	993,36	5,2486	6,2710	1130,6	1003,6	4,9668	6,2500	1134,5	1013,5
780	5,6676	6,3162	1150,6	1010,5	5,3355	6,2937	1154,4	1020,8	5,0479	6,2728	1158,2	1030,7
800	5,7610	6,3386	1174,4	1027,8	5,4222	6,3161	1178,2	1038,1	5,1290	6,2952	1182,0	1048,0
820	5,8543	6,3606	1198,2	1045,3	5,5090	6,3381	1202,0	1055,6	5,2100	6,3172	1205,9	1065,5
840	5,9475	6,3822	1222,0	1062,9	5,5956	6,3598	1225,9	1073,2	5,2909	6,3389	1229,8	1083,2
860	6,0406	6,4035	1245,9	1080,7	5,6821	6,3811	1249,8	1091,0	5,3717	6,3602	1253,7	1101,0
880	6,1337	6,4245	1269,9	1098,6	5,7686	6,4021	1273,8	1108,9	5,4525	6,3812	1277,7	1118,9
900	6,2266	6,4451	1293,9	1116,6	5,8550	6,4227	1297,8	1127,0	5,5332	6,4019	1301,7	1137,0
920	6,3195	6,4654	1317,9	1134,8	5,9414	6,4431	1321,8	1145,2	5,6139	6,4222	1325,8	1155,2
940	6,4123	6,4855	1342,0	1153,1	6,0276	6,4631	1345,9	1163,5	5,6945	6,4423	1349,9	1173,5
960	6,5050	6,5052	1366,1	1171,6	6,1138	6,4829	1370,1	1182,0	5,7750	6,4621	1374,1	1192,0
980	6,5977	6,5247	1390,2	1190,1	6,2000	6,5023	1394,2	1200,5	5,8555	6,4815	1398,3	1210,6
1000	6,6902	6,5438	1414,4	1208,8	6,2860	6,5215	1418,5	1219,2	5,9359	6,5007	1422,5	1229,3
1050	6,9214	6,5906	1475,1	1255,9	6,5010	6,5684	1479,2	1266,4	6,1367	6,5476	1483,3	1276,5
1100	7,1522	6,6359	1536,0	1303,8	6,7155	6,6136	1540,1	1314,3	6,3372	6,5929	1544,2	1324,4
1150	7,3825	6,6796	1597,0	1352,3	6,9298	6,6575	1601,2	1362,8	6,5374	6,6368	1605,4	1373,0
1200	7,6125	6,7221	1658,3	1401,3	7,1437	6,6999	1662,5	1411,9	6,7373	6,6792	1666,8	1422,1
1250	7,8422	6,7632	1719,8	1450,9	7,3573	6,7411	1724,0	1461,5	6,9369	6,7204	1728,3	1471,8

Tafel I. Luft von −50 bis 1250 °C (Fortsetzung)

t °C	v dm³/kg	s kJ/kg grd	i kJ/kg	e kJ/kg	v dm³/kg	s kJ/kg grd	i kJ/kg	e kJ/kg	v dm³/kg	s kJ/kg grd	i kJ/kg	e kJ/kg
	\multicolumn{4}{c	}{$p = 800$ bar}	\multicolumn{4}{c	}{$p = 850$ bar}	\multicolumn{4}{c	}{$p = 900$ bar}
−50	1,4841	4,3366	161,69	592,06	1,4570	4,3181	164,92	600,61	1,4324	4,3006	168,25	608,97
−40	1,5226	4,3990	175,95	588,31	1,4932	4,3802	179,09	596,89	1,4667	4,3624	182,34	605,26
−30	1,5618	4,4587	190,16	585,32	1,5300	4,4396	193,24	593,91	1,5015	4,4216	196,44	602,30
−20	1,6015	4,5155	204,25	583,05	1,5673	4,4962	207,28	591,65	1,5366	4,4780	210,44	600,04
−10	1,6416	4,5696	218,20	581,43	1,6049	4,5501	221,18	590,03	1,5721	4,5317	224,30	598,43
0	1,6820	4,6210	231,98	580,40	1,6428	4,6013	234,93	589,00	1,6078	4,5829	238,01	597,40
10	1,7227	4,6699	245,60	579,90	1,6810	4,6502	248,51	588,51	1,6437	4,6316	251,57	596,91
20	1,7637	4,7166	259,06	579,90	1,7193	4,6968	261,94	588,51	1,6798	4,6781	264,97	596,91
30	1,8048	4,7613	272,37	580,35	1,7579	4,7414	275,23	588,95	1,7160	4,7226	278,23	597,35
40	1,8462	4,8041	285,55	581,20	1,7966	4,7840	288,38	589,81	1,7524	4,7652	291,36	598,21
50	1,8877	4,8451	298,60	582,43	1,8354	4,8250	301,41	591,03	1,7889	4,8061	304,37	599,43
60	1,9293	4,8845	311,54	584,01	1,8744	4,8643	314,32	592,61	1,8256	4,8454	317,26	601,00
70	1,9711	4,9225	324,37	585,90	1,9135	4,9022	327,13	594,50	1,8624	4,8832	330,05	602,89
80	2,0129	4,9590	337,10	588,10	1,9528	4,9388	339,85	596,69	1,8993	4,9197	342,75	605,08
90	2,0549	4,9943	349,74	590,57	1,9921	4,9740	352,47	599,16	1,9363	4,9549	355,36	607,54
100	2,0969	5,0284	362,29	593,29	2,0314	5,0081	365,02	601,88	1,9733	4,9890	367,90	610,27
110	2,1389	5,0614	374,77	596,26	2,0709	5,0411	377,49	604,85	2,0104	5,0219	380,35	613,23
120	2,1810	5,0934	387,17	599,46	2,1103	5,0730	389,88	608,04	2,0476	5,0539	392,75	616,42
130	2,2231	5,1244	399,50	602,86	2,1498	5,1040	402,21	611,45	2,0848	5,0848	405,07	619,83
140	2,2651	5,1544	411,77	606,47	2,1893	5,1340	414,48	615,05	2,1220	5,1149	417,34	623,43
150	2,3071	5,1836	423,97	610,26	2,2288	5,1632	426,69	618,85	2,1592	5,1441	429,55	627,23
160	2,3491	5,2120	436,12	614,23	2,2682	5,1916	438,85	622,82	2,1964	5,1725	441,71	631,21
170	2,3910	5,2396	448,21	618,37	2,3076	5,2193	450,95	626,97	2,2336	5,2001	453,82	635,35
180	2,4329	5,2664	460,25	622,67	2,3470	5,2462	463,01	631,27	2,2707	5,2271	465,89	639,66
190	2,4747	5,2926	472,24	627,12	2,3863	5,2724	475,02	635,73	2,3079	5,2533	477,91	644,12
200	2,5163	5,3181	484,19	631,72	2,4256	5,2979	486,99	640,33	2,3449	5,2789	489,90	648,73
210	2,5579	5,3431	496,10	636,45	2,4647	5,3229	498,92	645,07	2,3819	5,3039	501,84	653,47
220	2,5994	5,3674	507,97	641,31	2,5038	5,3473	510,81	649,94	2,4189	5,3283	513,75	658,35
230	2,6408	5,3911	519,80	646,30	2,5428	5,3711	522,66	654,94	2,4557	5,3521	525,63	663,36
240	2,6821	5,4143	531,60	651,40	2,5817	5,3943	534,49	660,06	2,4925	5,3754	537,47	668,49
250	2,7233	5,4371	543,37	656,63	2,6205	5,4171	546,28	665,29	2,5293	5,3982	549,29	673,73
260	2,7643	5,4593	555,11	661,96	2,6593	5,4394	558,05	670,64	2,5659	5,4206	561,08	679,09
270	2,8053	5,4811	566,83	667,41	2,6979	5,4612	569,80	676,10	2,6024	5,4424	572,85	684,56
280	2,8461	5,5024	578,52	672,95	2,7364	5,4826	581,52	681,65	2,6389	5,4639	584,60	690,13
290	2,8868	5,5233	590,19	678,60	2,7748	5,5035	593,22	687,31	2,6753	5,4849	596,32	695,80
300	2,9275	5,5438	601,84	684,34	2,8132	5,5241	604,90	693,07	2,7116	5,5055	608,03	701,57
310	2,9680	5,5639	613,48	690,18	2,8514	5,5443	616,56	698,92	2,7478	5,5257	619,72	707,43
320	3,0084	5,5837	625,10	696,10	2,8895	5,5641	628,21	704,86	2,7839	5,5456	631,40	713,39
330	3,0487	5,6031	636,71	702,12	2,9276	5,5835	639,85	710,89	2,8199	5,5651	643,06	719,44
340	3,0889	5,6222	648,30	708,22	2,9655	5,6027	651,47	717,01	2,8558	5,5842	654,72	725,57
350	3,1290	5,6409	659,89	714,40	3,0034	5,6215	663,09	723,21	2,8917	5,6031	666,36	731,78
360	3,1690	5,6593	671,47	720,67	3,0411	5,6399	674,70	729,49	2,9274	5,6216	677,99	738,08
370	3,2090	5,6775	683,04	727,02	3,0788	5,6581	686,30	735,86	2,9631	5,6398	689,62	744,46
380	3,2488	5,6953	694,61	733,44	3,1164	5,6760	697,89	742,30	2,9987	5,6577	701,24	750,91
390	3,2885	5,7129	706,17	739,94	3,1539	5,6936	709,48	748,81	3,0342	5,6754	712,86	757,44
400	3,3282	5,7302	717,73	746,52	3,1913	5,7110	721,07	755,40	3,0697	5,6928	724,48	764,05
410	3,3678	5,7473	729,29	753,17	3,2287	5,7281	732,66	762,07	3,1051	5,7099	736,09	770,73
420	3,4073	5,7641	740,86	759,89	3,2660	5,7449	744,25	768,80	3,1404	5,7268	747,70	777,48
430	3,4467	5,7806	752,42	766,68	3,3032	5,7615	755,83	775,61	3,1756	5,7434	759,31	784,29
440	3,4861	5,7969	763,98	773,54	3,3403	5,7779	767,42	782,48	3,2107	5,7598	770,92	791,18
450	3,5254	5,8131	775,55	780,46	3,3774	5,7940	779,01	789,42	3,2458	5,7760	782,54	798,14
460	3,5646	5,8289	787,12	787,45	3,4144	5,8099	790,61	796,42	3,2809	5,7919	794,16	805,15
470	3,6038	5,8446	798,69	794,51	3,4513	5,8256	802,21	803,50	3,3158	5,8077	805,78	812,24
480	3,6429	5,8601	810,27	801,63	3,4882	5,8411	813,81	810,63	3,3507	5,8232	817,40	819,39
490	3,6819	5,8754	821,86	808,81	3,5250	5,8565	825,42	817,82	3,3856	5,8386	829,03	826,60

Tafel I. Luft von −50 bis 1250 °C (Fortsetzung)

t °C	p = 800 bar v dm³/kg	s kJ/kg grd	i kJ/kg	e kJ/kg	p = 850 bar v dm³/kg	s kJ/kg grd	i kJ/kg	e kJ/kg	p = 900 bar v dm³/kg	s kJ/kg grd	i kJ/kg	e kJ/kg
500	3,7209	5,8905	833,45	816,06	3,5617	5,8716	837,03	825,08	3,4204	5,8537	840,67	833,87
510	3,7598	5,9054	845,05	823,36	3,5985	5,8865	848,65	832,40	3,4551	5,8687	852,31	841,20
520	3,7987	5,9201	856,66	830,72	3,6351	5,9013	860,28	839,78	3,4898	5,8834	863,96	848,58
530	3,8376	5,9347	868,28	838,15	3,6717	5,9158	871,92	847,21	3,5244	5,8981	875,61	856,03
540	3,8763	5,9491	879,90	845,63	3,7083	5,9303	883,56	854,70	3,5590	5,9125	887,27	863,54
550	3,9151	5,9633	891,54	853,16	3,7448	5,9445	895,21	862,25	3,5936	5,9268	898,94	871,10
560	3,9538	5,9773	903,18	860,75	3,7813	5,9586	906,87	869,85	3,6281	5,9409	910,62	878,71
570	3,9924	5,9913	914,83	868,40	3,8177	5,9725	918,54	877,51	3,6625	5,9548	922,31	886,38
580	4,0310	6,0050	926,50	876,10	3,8541	5,9863	930,22	885,22	3,6970	5,9686	934,01	894,10
590	4,0696	6,0186	938,17	883,85	3,8904	5,9999	941,91	892,99	3,7313	5,9822	945,72	901,88
600	4,1081	6,0321	949,86	891,66	3,9267	6,0134	953,62	900,80	3,7657	5,9957	957,43	909,71
620	4,1851	6,0586	973,26	907,43	3,9992	6,0399	977,05	916,59	3,8342	6,0223	980,90	925,51
640	4,2619	6,0845	996,71	923,39	4,0716	6,0659	1000,5	932,57	3,9027	6,0483	1004,4	941,52
660	4,3386	6,1100	1020,2	939,55	4,1439	6,0914	1024,0	948,75	3,9710	6,0739	1027,9	957,71
680	4,4152	6,1350	1043,7	955,89	4,2160	6,1164	1047,6	965,12	4,0392	6,0989	1051,5	974,09
700	4,4917	6,1595	1067,3	972,42	4,2881	6,1409	1071,2	981,66	4,1073	6,1234	1075,2	990,66
720	4,5681	6,1835	1091,0	989,13	4,3600	6,1650	1094,9	998,38	4,1753	6,1475	1098,9	1007,4
740	4,6444	6,2071	1114,6	1006,0	4,4318	6,1886	1118,6	1015,3	4,2432	6,1712	1122,6	1024,3
760	4,7206	6,2303	1138,4	1023,1	4,5036	6,2118	1142,3	1032,3	4,3110	6,1944	1146,4	1041,4
780	4,7967	6,2531	1162,1	1040,3	4,5753	6,2347	1166,1	1049,6	4,3787	6,2173	1170,2	1058,6
800	4,8727	6,2755	1186,0	1057,6	4,6469	6,2571	1190,0	1066,9	4,4464	6,2397	1194,0	1076,0
820	4,9487	6,2976	1209,8	1075,1	4,7184	6,2792	1213,9	1084,5	4,5140	6,2618	1217,9	1093,6
840	5,0246	6,3193	1233,8	1092,8	4,7899	6,3009	1237,8	1102,1	4,5815	6,2835	1241,9	1111,2
860	5,1004	6,3406	1257,7	1110,6	4,8613	6,3222	1261,8	1120,0	4,6490	6,3049	1265,9	1129,1
880	5,1762	6,3616	1281,7	1128,6	4,9327	6,3433	1285,8	1137,9	4,7164	6,3259	1289,9	1147,1
900	5,2519	6,3823	1305,8	1146,7	5,0040	6,3640	1309,9	1156,0	4,7838	6,3467	1314,0	1165,2
920	5,3276	6,4027	1329,9	1164,9	5,0752	6,3844	1334,0	1174,3	4,8511	6,3671	1338,1	1183,4
940	5,4032	6,4228	1354,0	1183,2	5,1464	6,4045	1358,1	1192,6	4,9184	6,3872	1362,3	1201,8
960	5,4787	6,4426	1378,2	1201,7	5,2175	6,4242	1382,3	1211,1	4,9856	6,4070	1386,5	1220,3
980	5,5542	6,4621	1402,4	1220,3	5,2886	6,4438	1406,5	1229,7	5,0527	6,4265	1410,7	1238,9
1000	5,6296	6,4813	1426,6	1239,0	5,3597	6,4630	1430,8	1248,4	5,1199	6,4457	1435,0	1257,6
1050	5,8181	6,5282	1487,4	1286,3	5,5371	6,5099	1491,6	1295,7	5,2875	6,4927	1495,9	1305,0
1100	6,0062	6,5735	1548,4	1334,2	5,7143	6,5553	1552,7	1343,7	5,4549	6,5381	1557,0	1353,0
1150	6,1940	6,6174	1609,6	1382,8	5,8912	6,5992	1613,9	1392,3	5,6221	6,5820	1618,2	1401,6
1200	6,3817	6,6599	1671,0	1431,9	6,0679	6,6417	1675,4	1441,5	5,7891	6,6245	1679,7	1450,8
1250	6,5690	6,7011	1732,6	1481,6	6,2444	6,6829	1737,0	1491,2	5,9559	6,6658	1741,3	1500,5

Tafel I. Luft von −50 bis 1250 °C (Fortsetzung)

t °C	p = 950 bar				p = 1000 bar				p = 1100 bar			
	v dm³/kg	s kJ/kg grd	i kJ/kg	e kJ/kg	v dm³/kg	s kJ/kg grd	i kJ/kg	e kJ/kg	v dm³/kg	s kJ/kg grd	i kJ/kg	e kJ/kg
−50	1,4099	4,2840	171,65	617,16	1,3892	4,2682	175,12	625,18	1,3524	4,2384	182,17	640,82
−40	1,4425	4,3456	185,69	613,46	1,4204	4,3295	189,11	621,50	1,3812	4,2995	196,11	637,15
−30	1,4755	4,4046	199,74	610,51	1,4519	4,3884	203,12	618,56	1,4101	4,3582	210,08	634,22
−20	1,5089	4,4608	213,70	608,26	1,4836	4,4445	217,05	616,31	1,4390	4,4142	223,98	631,98
−10	1,5424	4,5144	227,53	606,65	1,5154	4,4980	230,86	614,70	1,4681	4,4676	237,76	630,37
0	1,5762	4,5655	241,22	605,62	1,5475	4,5490	244,53	613,68	1,4972	4,5184	251,39	629,35
10	1,6101	4,6141	254,75	605,13	1,5796	4,5976	258,04	613,19	1,5264	4,5669	264,87	628,87
20	1,6442	4,6606	268,13	605,13	1,6119	4,6439	271,40	613,19	1,5557	4,6132	278,20	628,86
30	1,6784	4,7050	281,37	605,57	1,6444	4,6883	284,62	613,63	1,5851	4,6574	291,39	629,30
40	1,7128	4,7475	294,48	606,42	1,6769	4,7308	297,70	614,48	1,6145	4,6998	304,44	630,15
50	1,7472	4,7883	307,46	607,65	1,7096	4,7715	310,67	615,70	1,6441	4,7404	317,38	631,37
60	1,7819	4,8276	320,34	609,22	1,7424	4,8107	323,53	617,27	1,6737	4,7795	330,20	632,93
70	1,8166	4,8654	333,11	611,10	1,7752	4,8484	336,28	619,15	1,7035	4,8171	342,93	634,81
80	1,8514	4,9018	345,79	613,29	1,8082	4,8848	348,95	621,33	1,7333	4,8534	355,56	636,99
90	1,8863	4,9370	358,39	615,75	1,8413	4,9200	361,53	623,79	1,7632	4,8885	368,11	639,44
100	1,9213	4,9710	370,91	618,47	1,8744	4,9539	374,04	626,51	1,7931	4,9224	380,59	642,15
110	1,9563	5,0039	383,36	621,43	1,9076	4,9868	386,47	629,47	1,8232	4,9552	393,01	645,11
120	1,9914	5,0358	395,74	624,62	1,9409	5,0187	398,85	632,65	1,8533	4,9870	405,36	648,29
130	2,0266	5,0667	408,06	628,02	1,9742	5,0496	411,16	636,06	1,8835	5,0179	417,65	651,68
140	2,0618	5,0968	420,32	631,63	2,0075	5,0797	423,42	639,66	1,9137	5,0479	429,89	655,28
150	2,0969	5,1260	432,53	635,42	2,0409	5,1089	435,63	643,45	1,9439	5,0771	442,09	659,07
160	2,1321	5,1544	444,70	639,40	2,0743	5,1373	447,79	647,43	1,9742	5,1055	454,24	663,05
170	2,1673	5,1821	456,81	643,55	2,1077	5,1649	459,90	651,58	2,0045	5,1331	466,36	667,19
180	2,2025	5,2090	468,88	647,86	2,1411	5,1919	471,98	655,89	2,0348	5,1601	478,43	671,50
190	2,2377	5,2353	480,91	652,32	2,1744	5,2181	484,01	660,35	2,0651	5,1863	490,47	675,97
200	2,2728	5,2609	492,91	656,93	2,2078	5,2438	496,02	664,97	2,0954	5,2120	502,48	680,59
210	2,3078	5,2859	504,87	661,68	2,2411	5,2688	507,98	669,72	2,1257	5,2371	514,46	685,35
220	2,3429	5,3103	516,79	666,57	2,2744	5,2933	519,92	674,61	2,1560	5,2615	526,41	690,24
230	2,3778	5,3342	528,68	671,58	2,3076	5,3172	531,83	679,63	2,1862	5,2855	538,33	695,27
240	2,4127	5,3575	540,55	676,72	2,3408	5,3405	543,70	684,77	2,2164	5,3089	550,24	700,42
250	2,4476	5,3804	552,39	681,97	2,3740	5,3634	555,56	690,04	2,2466	5,3318	562,11	705,69
260	2,4823	5,4027	564,20	687,34	2,4070	5,3858	567,39	695,41	2,2768	5,3543	573,97	711,08
270	2,5170	5,4247	575,99	692,82	2,4401	5,4078	579,20	700,90	2,3069	5,3763	585,81	716,58
280	2,5516	5,4461	587,76	698,40	2,4730	5,4293	590,99	706,49	2,3369	5,3978	597,63	722,19
290	2,5862	5,4672	599,51	704,08	2,5059	5,4504	602,76	712,18	2,3669	5,4190	609,43	727,90
300	2,6206	5,4878	611,24	709,86	2,5387	5,4710	614,51	717,97	2,3969	5,4397	621,22	733,71
310	2,6550	5,5081	622,95	715,74	2,5714	5,4913	626,25	723,86	2,4268	5,4601	633,00	739,61
320	2,6893	5,5280	634,66	721,71	2,6041	5,5113	637,97	729,84	2,4566	5,4801	644,76	745,61
330	2,7235	5,5475	646,34	727,77	2,6367	5,5309	649,68	735,91	2,4864	5,4998	656,51	751,70
340	2,7577	5,5667	658,02	733,91	2,6692	5,5501	661,39	742,07	2,5161	5,5191	668,26	757,88
350	2,7917	5,5856	669,69	740,14	2,7017	5,5690	673,08	748,31	2,5458	5,5380	679,99	764,15
360	2,8257	5,6042	681,35	746,45	2,7340	5,5876	684,76	754,63	2,5754	5,5567	691,72	770,49
370	2,8596	5,6224	693,00	752,84	2,7663	5,6059	696,44	761,04	2,6049	5,5751	703,44	776,92
380	2,8934	5,6404	704,65	759,31	2,7985	5,6239	708,11	767,52	2,6344	5,5932	715,15	783,43
390	2,9272	5,6581	716,29	765,86	2,8307	5,6417	719,78	774,08	2,6638	5,6109	726,86	790,01
400	2,9608	5,6755	727,93	772,48	2,8628	5,6591	731,44	780,71	2,6931	5,6285	738,57	796,67
410	2,9944	5,6927	739,57	779,17	2,8948	5,6763	743,10	787,42	2,7224	5,6457	750,27	803,40
420	3,0280	5,7096	751,21	785,93	2,9267	5,6932	754,76	794,19	2,7516	5,6627	761,98	810,20
430	3,0614	5,7263	762,84	792,77	2,9586	5,7099	766,42	801,04	2,7808	5,6795	773,68	817,08
440	3,0948	5,7427	774,48	799,67	2,9904	5,7264	778,08	807,96	2,8099	5,6960	785,38	824,02
450	3,1282	5,7589	786,12	806,63	3,0222	5,7426	789,74	814,94	2,8389	5,7123	797,09	831,02
460	3,1614	5,7749	797,76	813,67	3,0539	5,7587	801,40	821,98	2,8679	5,7284	808,79	838,10
470	3,1946	5,7907	809,40	820,77	3,0855	5,7745	813,06	829,09	2,8968	5,7443	820,50	845,23
480	3,2278	5,8062	821,05	827,93	3,1171	5,7901	824,73	836,27	2,9257	5,7599	832,21	852,43
490	3,2609	5,8216	832,70	835,15	3,1486	5,8055	836,40	843,50	2,9545	5,7754	843,92	859,69

Tafel I. Luft von −50 bis 1250 °C (Fortsetzung)

t °C	p = 950 bar v dm³/kg	s kJ/kg grd	i kJ/kg	e kJ/kg	p = 1000 bar v dm³/kg	s kJ/kg grd	i kJ/kg	e kJ/kg	p = 1100 bar v dm³/kg	s kJ/kg grd	i kJ/kg	e kJ/kg
500	3,2939	5,8368	844,35	842,43	3,1801	5,8207	848,08	850,80	2,9833	5,7906	855,64	867,01
510	3,3269	5,8518	856,01	849,77	3,2115	5,8357	859,76	858,16	3,0120	5,8057	867,36	874,40
520	3,3598	5,8666	867,68	857,18	3,2429	5,8505	871,45	865,57	3,0406	5,8206	879,09	881,83
530	3,3927	5,8812	879,36	864,64	3,2742	5,8652	883,14	873,04	3,0692	5,8353	890,82	889,33
540	3,4256	5,8956	891,04	872,15	3,3054	5,8796	894,84	880,57	3,0978	5,8498	902,56	896,88
550	3,4583	5,9099	902,73	879,72	3,3367	5,8940	906,55	888,15	3,1263	5,8641	914,30	904,49
560	3,4911	5,9241	914,42	887,35	3,3678	5,9081	918,27	895,79	3,1548	5,8783	926,05	912,15
570	3,5238	5,9380	926,13	895,03	3,3990	5,9221	929,99	903,49	3,1832	5,8924	937,81	919,87
580	3,5565	5,9518	937,84	902,77	3,4301	5,9359	941,72	911,23	3,2116	5,9062	949,58	927,64
590	3,5891	5,9655	949,57	910,55	3,4611	5,9496	953,46	919,03	3,2400	5,9200	961,35	935,46
600	3,6217	5,9790	961,30	918,39	3,4921	5,9631	965,21	926,88	3,2683	5,9335	973,13	943,33
620	3,6867	6,0056	984,80	934,22	3,5540	5,9898	988,74	942,73	3,3248	5,9603	996,72	959,22
640	3,7517	6,0317	1008,3	950,24	3,6158	6,0159	1012,3	958,77	3,3812	5,9864	1020,3	975,31
660	3,8165	6,0572	1031,9	966,46	3,6775	6,0415	1035,9	975,00	3,4374	6,0121	1044,0	991,58
680	3,8811	6,0823	1055,5	982,86	3,7390	6,0665	1059,5	991,42	3,4936	6,0372	1067,7	1008,0
700	3,9457	6,1069	1079,2	999,44	3,8004	6,0911	1083,2	1008,0	3,5496	6,0618	1091,4	1024,7
720	4,0102	6,1310	1102,9	1016,2	3,8617	6,1153	1107,0	1024,8	3,6055	6,0860	1115,2	1041,5
740	4,0746	6,1547	1126,6	1033,1	3,9230	6,1390	1130,7	1041,7	3,6613	6,1098	1139,0	1058,5
760	4,1389	6,1779	1150,4	1050,2	3,9841	6,1623	1154,6	1058,8	3,7170	6,1331	1162,9	1075,6
780	4,2031	6,2008	1174,3	1067,5	4,0451	6,1851	1178,4	1076,1	3,7726	6,1560	1186,8	1092,9
800	4,2672	6,2233	1198,2	1084,9	4,1061	6,2076	1202,3	1093,5	3,8281	6,1786	1210,7	1110,3
820	4,3313	6,2454	1222,1	1102,4	4,1670	6,2297	1226,3	1111,1	3,8836	6,2007	1234,7	1127,9
840	4,3953	6,2671	1246,0	1120,1	4,2279	6,2515	1250,2	1128,8	3,9390	6,2225	1258,7	1145,7
860	4,4593	6,2885	1270,1	1138,0	4,2887	6,2729	1274,3	1146,7	3,9943	6,2439	1282,8	1163,6
880	4,5232	6,3095	1294,1	1156,0	4,3494	6,2940	1298,3	1164,7	4,0496	6,2650	1306,9	1181,6
900	4,5870	6,3303	1318,2	1174,1	4,4101	6,3147	1322,4	1182,8	4,1048	6,2858	1331,1	1199,7
920	4,6508	6,3507	1342,3	1192,3	4,4707	6,3351	1346,6	1201,1	4,1600	6,3063	1355,2	1218,0
940	4,7145	6,3708	1366,5	1210,7	4,5313	6,3553	1370,8	1219,5	4,2151	6,3264	1379,5	1236,4
960	4,7782	6,3906	1390,7	1229,2	4,5918	6,3751	1395,0	1238,0	4,2702	6,3463	1403,7	1255,0
980	4,8419	6,4101	1415,0	1247,9	4,6523	6,3946	1419,3	1256,6	4,3252	6,3658	1428,0	1273,6
1000	4,9055	6,4294	1439,3	1266,6	4,7127	6,4139	1443,6	1275,4	4,3802	6,3851	1452,3	1292,4
1050	5,0644	6,4764	1500,2	1314,0	4,8637	6,4609	1504,5	1322,7	4,5176	6,4321	1513,3	1339,8
1100	5,2230	6,5218	1561,3	1362,0	5,0145	6,5063	1565,6	1370,8	4,6547	6,4776	1574,5	1387,9
1150	5,3815	6,5657	1622,6	1410,6	5,1651	6,5503	1627,0	1419,5	4,7916	6,5216	1635,9	1436,6
1200	5,5398	6,6083	1684,1	1459,8	5,3155	6,5929	1688,5	1468,7	4,9284	6,5642	1697,4	1485,9
1250	5,6979	6,6496	1745,7	1509,6	5,4657	6,6342	1750,2	1518,5	5,0651	6,6055	1759,1	1535,7

Tafel I. Luft von −50 bis 1250 °C (Fortsetzung)

t °C	p = 1200 bar v dm³/kg	s kJ/kg grd	i kJ/kg	e kJ/kg	p = 1300 bar v dm³/kg	s kJ/kg grd	i kJ/kg	e kJ/kg	p = 1400 bar v dm³/kg	s kJ/kg grd	i kJ/kg	e kJ/kg
−50	1,3203	4,2106	189,33	655,99	1,2918	4,1843	196,51	670,76	1,2663	4,1590	203,66	685,19
−40	1,3472	4,2717	203,26	652,32	1,3174	4,2455	210,49	667,08	1,2908	4,2208	217,75	681,48
−30	1,3741	4,3303	217,23	649,39	1,3426	4,3044	224,50	664,14	1,3148	4,2799	231,84	678,52
−20	1,4009	4,3863	231,12	647,14	1,3677	4,3605	238,42	661,89	1,3384	4,3363	245,83	676,26
−10	1,4277	4,4397	244,90	645,54	1,3926	4,4139	252,21	660,28	1,3617	4,3899	259,66	674,65
0	1,4544	4,4905	258,52	644,52	1,4174	4,4648	265,84	659,26	1,3849	4,4408	273,31	673,63
10	1,4812	4,5389	271,98	644,04	1,4422	4,5132	279,30	658,78	1,4080	4,4893	286,79	673,15
20	1,5080	4,5851	285,29	644,04	1,4669	4,5593	292,60	658,78	1,4310	4,5355	300,09	673,14
30	1,5349	4,6293	298,45	644,48	1,4917	4,6035	305,76	659,22	1,4540	4,5796	313,24	673,58
40	1,5618	4,6716	311,49	645,32	1,5165	4,6457	318,77	660,06	1,4770	4,6218	326,24	674,43
50	1,5888	4,7121	324,39	646,54	1,5414	4,6862	331,66	661,27	1,5001	4,6622	339,12	675,64
60	1,6159	4,7511	337,19	648,10	1,5663	4,7251	344,43	662,83	1,5232	4,7011	351,87	677,19
70	1,6430	4,7887	349,89	649,97	1,5913	4,7626	357,11	664,70	1,5463	4,7385	364,53	679,06
80	1,6703	4,8249	362,50	652,14	1,6164	4,7988	369,69	666,87	1,5696	4,7746	377,09	681,23
90	1,6976	4,8599	375,02	654,59	1,6415	4,8337	382,19	669,31	1,5928	4,8095	389,56	683,66
100	1,7250	4,8937	387,48	657,30	1,6667	4,8674	394,62	672,01	1,6162	4,8432	401,97	686,36
110	1,7524	4,9265	399,86	660,24	1,6920	4,9001	406,98	674,95	1,6396	4,8758	414,31	689,29
120	1,7799	4,9582	412,19	663,42	1,7173	4,9318	419,29	678,12	1,6630	4,9074	426,59	692,46
130	1,8075	4,9891	424,47	666,81	1,7426	4,9626	431,54	681,51	1,6866	4,9382	438,82	695,84
140	1,8351	5,0190	436,69	670,40	1,7681	4,9925	443,75	685,10	1,7101	4,9680	451,01	699,42
150	1,8627	5,0482	448,87	674,19	1,7935	5,0216	455,91	688,88	1,7337	4,9971	463,16	703,20
160	1,8904	5,0765	461,01	678,16	1,8191	5,0499	468,04	692,84	1,7574	5,0254	475,26	707,15
170	1,9181	5,1041	473,12	682,30	1,8446	5,0775	480,13	696,98	1,7811	5,0529	487,34	711,29
180	1,9458	5,1311	485,19	686,61	1,8702	5,1044	492,19	701,29	1,8048	5,0798	499,38	715,59
190	1,9736	5,1574	497,22	691,08	1,8958	5,1307	504,21	705,75	1,8286	5,1060	511,40	720,05
200	2,0014	5,1830	509,23	695,69	1,9214	5,1563	516,22	710,36	1,8524	5,1316	523,40	724,66
210	2,0291	5,2081	521,21	700,46	1,9470	5,1814	528,20	715,12	1,8762	5,1567	535,37	729,42
220	2,0569	5,2326	533,17	705,35	1,9727	5,2059	540,15	720,02	1,9000	5,1812	547,32	734,31
230	2,0847	5,2565	545,10	710,38	1,9983	5,2298	552,09	725,06	1,9238	5,2051	559,26	739,34
240	2,1124	5,2800	557,02	715,54	2,0239	5,2533	564,01	730,21	1,9477	5,2286	571,18	744,50
250	2,1401	5,3029	568,91	720,82	2,0496	5,2763	575,91	735,50	1,9715	5,2516	583,08	749,79
260	2,1678	5,3254	580,79	726,22	2,0752	5,2988	587,80	740,90	1,9953	5,2741	594,98	755,19
270	2,1955	5,3474	592,64	731,73	2,1008	5,3208	599,67	746,41	2,0191	5,2962	606,85	760,71
280	2,2231	5,3690	604,49	737,34	2,1264	5,3425	611,53	752,04	2,0430	5,3178	618,72	766,34
290	2,2507	5,3902	616,32	743,06	2,1519	5,3637	623,38	757,77	2,0667	5,3391	630,58	772,08
300	2,2783	5,4110	628,13	748,89	2,1774	5,3845	635,21	763,60	2,0905	5,3599	642,43	777,92
310	2,3058	5,4315	639,94	754,81	2,2029	5,4050	647,04	769,53	2,1143	5,3804	654,28	783,86
320	2,3333	5,4515	651,73	760,82	2,2284	5,4251	658,86	775,56	2,1380	5,4005	666,11	789,89
330	2,3607	5,4712	663,52	766,93	2,2538	5,4448	670,67	781,68	2,1617	5,4203	677,94	796,02
340	2,3881	5,4906	675,29	773,13	2,2792	5,4642	682,47	787,89	2,1854	5,4398	689,77	802,25
350	2,4154	5,5096	687,06	779,41	2,3045	5,4833	694,27	794,19	2,2090	5,4589	701,59	808,56
360	2,4427	5,5283	698,83	785,78	2,3298	5,5021	706,06	800,57	2,2326	5,4777	713,41	814,95
370	2,4699	5,5468	710,58	792,23	2,3551	5,5206	717,85	807,04	2,2562	5,4962	725,22	821,43
380	2,4970	5,5649	722,34	798,75	2,3803	5,5388	729,64	813,59	2,2797	5,5144	737,03	827,99
390	2,5241	5,5828	734,09	805,36	2,4055	5,5567	741,42	820,21	2,3032	5,5324	748,84	834,63
400	2,5512	5,6003	745,83	812,04	2,4306	5,5743	753,20	826,91	2,3266	5,5501	760,65	841,35
410	2,5782	5,6177	757,58	818,79	2,4556	5,5917	764,98	833,68	2,3500	5,5675	772,46	848,14
420	2,6051	5,6347	769,32	825,62	2,4807	5,6088	776,76	840,53	2,3734	5,5846	784,27	855,00
430	2,6320	5,6515	781,06	832,51	2,5056	5,6257	788,53	847,45	2,3967	5,6016	796,08	861,94
440	2,6589	5,6681	792,80	839,48	2,5306	5,6423	800,31	854,43	2,4200	5,6182	807,89	868,94
450	2,6857	5,6845	804,55	846,51	2,5554	5,6587	812,09	861,48	2,4433	5,6347	819,71	876,02
460	2,7124	5,7006	816,29	853,61	2,5803	5,6749	823,87	868,60	2,4665	5,6509	831,52	883,16
470	2,7391	5,7165	828,04	860,77	2,6051	5,6908	835,66	875,79	2,4896	5,6669	843,34	890,36
480	2,7657	5,7322	839,79	867,99	2,6298	5,7066	847,44	883,03	2,5127	5,6827	855,16	897,63
490	2,7923	5,7477	851,54	875,28	2,6545	5,7221	859,23	890,34	2,5358	5,6983	866,98	904,96

Tafel I. Luft von −50 bis 1250 °C (Fortsetzung)

t °C	p = 1200 bar				p = 1300 bar				p = 1400 bar			
	v dm³/kg	s kJ/kg grd	i kJ/kg	e kJ/kg	v dm³/kg	s kJ/kg grd	i kJ/kg	e kJ/kg	v dm³/kg	s kJ/kg grd	i kJ/kg	e kJ/kg
500	2,8188	5,7630	863,30	882,62	2,6791	5,7375	871,03	897,71	2,5588	5,7137	878,81	912,35
510	2,8453	5,7781	875,06	890,03	2,7037	5,7527	882,82	905,14	2,5818	5,7289	890,64	919,80
520	2,8717	5,7931	886,82	897,49	2,7283	5,7676	894,62	912,62	2,6047	5,7439	902,47	927,31
530	2,8981	5,8078	898,59	905,01	2,7528	5,7824	906,43	920,17	2,6276	5,7588	914,32	934,87
540	2,9244	5,8224	910,37	912,59	2,7772	5,7970	918,24	927,77	2,6505	5,7734	926,16	942,49
550	2,9507	5,8368	922,15	920,22	2,8016	5,8115	930,06	935,42	2,6733	5,7879	938,01	950,17
560	2,9770	5,8510	933,93	927,90	2,8260	5,8258	941,88	943,13	2,6961	5,8022	949,87	957,90
570	3,0032	5,8651	945,73	935,64	2,8503	5,8399	953,71	950,89	2,7188	5,8164	961,73	965,68
580	3,0293	5,8790	957,53	943,43	2,8746	5,8538	965,55	958,71	2,7415	5,8304	973,60	973,52
590	3,0555	5,8928	969,34	951,28	2,8989	5,8676	977,39	966,57	2,7642	5,8442	985,47	981,41
600	3,0815	5,9064	981,15	959,17	2,9231	5,8813	989,24	974,49	2,7868	5,8579	997,36	989,34
620	3,1336	5,9332	1004,8	975,11	2,9714	5,9082	1013,0	990,47	2,8319	5,8848	1021,1	1005,4
640	3,1855	5,9594	1028,5	991,23	3,0196	5,9345	1036,7	1006,6	2,8769	5,9112	1045,0	1021,6
660	3,2373	5,9851	1052,2	1007,5	3,0676	5,9602	1060,5	1023,0	2,9218	5,9371	1068,8	1038,0
680	3,2889	6,0103	1076,0	1024,0	3,1155	5,9855	1084,3	1039,5	2,9665	5,9624	1092,7	1054,6
700	3,3405	6,0350	1099,8	1040,7	3,1633	6,0102	1108,2	1056,2	3,0111	5,9872	1116,6	1071,3
720	3,3919	6,0593	1123,6	1057,6	3,2110	6,0345	1132,0	1073,1	3,0556	6,0116	1140,5	1088,2
740	3,4432	6,0831	1147,5	1074,6	3,2586	6,0584	1156,0	1090,2	3,0999	6,0355	1164,5	1105,3
760	3,4944	6,1064	1171,4	1091,7	3,3060	6,0818	1179,9	1107,4	3,1442	6,0589	1188,5	1122,6
780	3,5456	6,1294	1195,3	1109,1	3,3534	6,1048	1203,9	1124,7	3,1884	6,0820	1212,5	1140,0
800	3,5966	6,1520	1219,3	1126,5	3,4007	6,1274	1227,9	1142,3	3,2325	6,1046	1236,6	1157,5
820	3,6476	6,1742	1243,3	1144,2	3,4478	6,1497	1252,0	1159,9	3,2764	6,1269	1260,7	1175,2
840	3,6985	6,1960	1267,4	1161,9	3,4950	6,1715	1276,1	1177,7	3,3203	6,1488	1284,9	1193,0
860	3,7493	6,2174	1291,5	1179,9	3,5420	6,1930	1300,2	1195,7	3,3642	6,1703	1309,0	1211,0
880	3,8001	6,2386	1315,6	1197,9	3,5890	6,2142	1324,4	1213,7	3,4079	6,1915	1333,3	1229,1
900	3,8508	6,2594	1339,8	1216,1	3,6359	6,2350	1348,6	1231,9	3,4516	6,2124	1357,5	1247,3
920	3,9014	6,2798	1364,0	1234,4	3,6827	6,2555	1372,9	1250,3	3,4952	6,2329	1381,8	1265,7
940	3,9520	6,3000	1388,2	1252,8	3,7295	6,2757	1397,1	1268,7	3,5388	6,2532	1406,1	1284,2
960	4,0026	6,3199	1412,5	1271,4	3,7763	6,2956	1421,4	1287,3	3,5823	6,2731	1430,4	1302,8
980	4,0531	6,3395	1436,8	1290,1	3,8230	6,3152	1445,8	1306,0	3,6257	6,2927	1454,8	1321,5
1000	4,1035	6,3588	1461,2	1308,9	3,8696	6,3345	1470,2	1324,8	3,6691	6,3121	1479,2	1340,3
1050	4,2295	6,4059	1522,2	1356,3	3,9860	6,3817	1531,3	1372,3	3,7775	6,3592	1540,4	1387,9
1100	4,3553	6,4514	1583,5	1404,4	4,1023	6,4272	1592,5	1420,5	3,8855	6,4048	1601,7	1436,1
1150	4,4809	6,4954	1644,9	1453,2	4,2183	6,4713	1654,0	1469,3	3,9934	6,4489	1663,2	1484,9
1200	4,6063	6,5380	1706,5	1502,5	4,3341	6,5139	1715,7	1518,6	4,1010	6,4916	1724,9	1534,3
1250	4,7317	6,5794	1768,2	1552,3	4,4498	6,5553	1777,5	1568,5	4,2085	6,5330	1786,8	1584,2

Tafel I. Luft von −50 bis 1250 °C (Fortsetzung)

t °C	p = 1500 bar				p = 1600 bar				p = 1700 bar			
	v dm³/kg	s kJ/kg grd	i kJ/kg	e kJ/kg	v dm³/kg	s kJ/kg grd	i kJ/kg	e kJ/kg	v dm³/kg	s kJ/kg grd	i kJ/kg	e kJ/kg
−50	1,2432	4,1345	210,75	699,32	1,2220	4,1106	217,73	713,21				
−40	1,2669	4,1971	225,01	695,57	1,2452	4,1741	232,22	709,39	1,2252	4,1518	239,38	722,97
−30	1,2898	4,2568	239,22	692,58	1,2673	4,2346	246,61	706,37	1,2467	4,2132	253,99	719,90
−20	1,3123	4,3135	253,30	690,31	1,2887	4,2918	260,82	704,07	1,2674	4,2711	268,35	717,58
−10	1,3343	4,3673	267,20	688,69	1,3097	4,3460	274,81	702,45	1,2874	4,3258	282,46	715,94
0	1,3561	4,4184	280,90	687,67	1,3303	4,3974	288,57	701,42	1,3070	4,3774	296,31	714,90
10	1,3777	4,4670	294,40	687,18	1,3507	4,4461	302,12	700,93	1,3262	4,4264	309,92	714,41
20	1,3993	4,5132	307,73	687,18	1,3709	4,4924	315,47	700,92	1,3453	4,4728	323,31	714,41
30	1,4207	4,5574	320,88	687,62	1,3910	4,5366	328,64	701,36	1,3643	4,5171	336,50	714,85
40	1,4422	4,5995	333,88	688,46	1,4111	4,5788	341,64	702,21	1,3832	4,5593	349,51	715,69
50	1,4637	4,6400	346,74	689,67	1,4312	4,6192	354,49	703,42	1,4021	4,5997	362,36	716,90
60	1,4852	4,6788	359,48	691,23	1,4514	4,6580	367,22	704,97	1,4210	4,6385	375,08	718,45
70	1,5068	4,7162	372,11	693,09	1,4715	4,6953	379,84	706,83	1,4399	4,6757	387,68	720,31
80	1,5284	4,7522	384,65	695,25	1,4917	4,7313	392,36	708,99	1,4589	4,7116	400,18	722,46
90	1,5500	4,7870	397,11	697,69	1,5120	4,7660	404,79	711,42	1,4779	4,7463	412,59	724,89
100	1,5718	4,8206	409,49	700,38	1,5324	4,7995	417,15	714,10	1,4970	4,7798	424,93	727,57
110	1,5936	4,8532	421,81	703,31	1,5528	4,8321	429,44	717,03	1,5162	4,8123	437,20	730,49
120	1,6155	4,8848	434,07	706,47	1,5732	4,8636	441,68	720,18	1,5354	4,8437	449,41	733,63
130	1,6374	4,9154	446,28	709,84	1,5938	4,8942	453,87	723,55	1,5547	4,8743	461,57	736,99
140	1,6593	4,9452	458,44	713,41	1,6143	4,9240	466,01	727,12	1,5740	4,9040	473,69	740,56
150	1,6814	4,9742	470,57	717,18	1,6350	4,9529	478,11	730,88	1,5935	4,9329	485,77	744,31
160	1,7034	5,0025	482,66	721,14	1,6557	4,9811	490,19	734,83	1,6129	4,9610	497,83	748,25
170	1,7256	5,0300	494,72	725,26	1,6764	5,0086	502,23	738,95	1,6324	4,9885	509,85	752,37
180	1,7477	5,0569	506,75	729,56	1,6972	5,0354	514,24	743,24	1,6520	5,0152	521,85	756,65
190	1,7699	5,0831	518,75	734,01	1,7180	5,0616	526,23	747,69	1,6716	5,0414	533,82	761,10
200	1,7921	5,1087	530,74	738,62	1,7388	5,0871	538,21	752,29	1,6912	5,0669	545,78	765,69
210	1,8143	5,1337	542,70	743,38	1,7596	5,1121	550,16	757,04	1,7109	5,0919	557,72	770,44
220	1,8366	5,1582	554,65	748,27	1,7805	5,1366	562,10	761,93	1,7305	5,1163	569,65	775,32
230	1,8588	5,1821	566,58	753,30	1,8014	5,1605	574,02	766,96	1,7503	5,1402	581,56	780,35
240	1,8811	5,2056	578,50	758,46	1,8223	5,1840	585,93	772,11	1,7700	5,1637	593,47	785,50
250	1,9034	5,2285	590,40	763,74	1,8433	5,2070	597,83	777,40	1,7897	5,1866	605,36	790,78
260	1,9256	5,2511	602,29	769,15	1,8642	5,2295	609,73	782,80	1,8094	5,2091	617,25	796,18
270	1,9479	5,2731	614,18	774,67	1,8851	5,2516	621,61	788,32	1,8292	5,2312	629,14	801,70
280	1,9702	5,2948	626,05	780,30	1,9060	5,2732	633,49	793,95	1,8489	5,2529	641,01	807,34
290	1,9925	5,3161	637,92	786,04	1,9270	5,2945	645,36	799,70	1,8687	5,2742	652,88	813,08
300	2,0147	5,3369	649,78	791,88	1,9479	5,3154	657,22	805,54	1,8884	5,2951	664,75	818,93
310	2,0369	5,3574	661,63	797,83	1,9688	5,3359	669,09	811,49	1,9082	5,3156	676,62	824,88
320	2,0592	5,3776	673,48	803,87	1,9897	5,3561	680,94	817,54	1,9279	5,3358	688,49	830,93
330	2,0814	5,3974	685,33	810,01	2,0106	5,3759	692,80	823,69	1,9476	5,3556	700,35	837,08
340	2,1035	5,4169	697,17	816,24	2,0314	5,3954	704,66	829,92	1,9674	5,3751	712,21	843,32
350	2,1257	5,4360	709,01	822,56	2,0523	5,4145	716,51	836,25	1,9871	5,3943	724,08	849,66
360	2,1478	5,4549	720,84	828,97	2,0731	5,4334	728,36	842,67	2,0067	5,4132	735,94	856,08
370	2,1699	5,4734	732,68	835,46	2,0939	5,4520	740,21	849,17	2,0264	5,4318	747,81	862,59
380	2,1920	5,4917	744,51	842,03	2,1147	5,4703	752,07	855,75	2,0460	5,4501	759,68	869,18
390	2,2140	5,5097	756,35	848,69	2,1355	5,4883	763,92	862,41	2,0657	5,4681	771,55	875,85
400	2,2360	5,5274	768,18	855,42	2,1562	5,5060	775,78	869,16	2,0853	5,4859	783,42	882,60
410	2,2580	5,5448	780,02	862,22	2,1769	5,5235	787,63	875,97	2,1048	5,5034	795,29	889,43
420	2,2799	5,5620	791,85	869,10	2,1975	5,5408	799,49	882,87	2,1244	5,5207	807,17	896,34
430	2,3018	5,5790	803,69	876,05	2,2182	5,5577	811,35	889,83	2,1439	5,5377	819,05	903,31
440	2,3236	5,5957	815,53	883,08	2,2388	5,5745	823,22	896,87	2,1634	5,5545	830,94	910,36
450	2,3455	5,6122	827,37	890,17	2,2594	5,5910	835,08	903,97	2,1829	5,5710	842,83	917,48
460	2,3672	5,6285	839,22	897,32	2,2799	5,6073	846,95	911,15	2,2023	5,5874	854,72	924,67
470	2,3890	5,6445	851,06	904,54	2,3004	5,6234	858,83	918,39	2,2217	5,6035	866,62	931,92
480	2,4107	5,6603	862,91	911,83	2,3209	5,6393	870,71	925,69	2,2411	5,6194	878,53	939,24
490	2,4324	5,6760	874,77	919,18	2,3413	5,6550	882,59	933,06	2,2604	5,6351	890,43	946,62

Tafel I. Luft von −50 bis 1250 °C (Fortsetzung)

t °C	p = 1500 bar v dm³/kg	s kJ/kg grd	i kJ/kg	e kJ/kg	p = 1600 bar v dm³/kg	s kJ/kg grd	i kJ/kg	e kJ/kg	p = 1700 bar v dm³/kg	s kJ/kg grd	i kJ/kg	e kJ/kg
500	2,4540	5,6914	886,63	926,59	2,3617	5,6704	894,48	940,48	2,2798	5,6506	902,35	954,07
510	2,4756	5,7067	898,49	934,06	2,3821	5,6857	906,37	947,97	2,2990	5,6659	914,26	961,57
520	2,4971	5,7217	910,36	941,59	2,4024	5,7008	918,27	955,52	2,3183	5,6811	926,19	969,14
530	2,5186	5,7366	922,23	949,17	2,4227	5,7157	930,17	963,12	2,3375	5,6960	938,12	976,76
540	2,5401	5,7513	934,11	956,82	2,4429	5,7305	942,08	970,79	2,3567	5,7108	950,05	984,44
550	2,5615	5,7658	945,99	964,51	2,4632	5,7450	953,99	978,50	2,3758	5,7254	962,00	992,17
560	2,5829	5,7802	957,88	972,27	2,4833	5,7594	965,91	986,27	2,3949	5,7398	973,94	999,96
570	2,6043	5,7944	969,78	980,07	2,5035	5,7737	977,83	994,10	2,4140	5,7541	985,90	1007,8
580	2,6256	5,8084	981,68	987,93	2,5236	5,7877	989,76	1002,0	2,4331	5,7682	997,86	1015,7
590	2,6469	5,8223	993,58	995,84	2,5437	5,8016	1001,7	1009,9	2,4521	5,7821	1009,8	1023,7
600	2,6681	5,8360	1005,5	1003,8	2,5637	5,8154	1013,6	1017,9	2,4711	5,7959	1021,8	1031,6
620	2,7105	5,8630	1029,3	1019,9	2,6037	5,8425	1037,6	1034,0	2,5090	5,8231	1045,8	1047,8
640	2,7527	5,8895	1053,2	1036,1	2,6436	5,8690	1061,5	1050,3	2,5467	5,8496	1069,8	1064,1
660	2,7948	5,9154	1077,1	1052,6	2,6833	5,8949	1085,5	1066,8	2,5843	5,8757	1093,8	1080,7
680	2,8368	5,9407	1101,1	1069,2	2,7229	5,9204	1109,4	1083,4	2,6218	5,9012	1117,8	1097,4
700	2,8787	5,9656	1125,0	1086,0	2,7624	5,9453	1133,5	1100,3	2,6592	5,9262	1141,9	1114,2
720	2,9204	5,9900	1149,0	1102,9	2,8017	5,9698	1157,5	1117,3	2,6965	5,9507	1166,0	1131,3
740	2,9621	6,0140	1173,0	1120,1	2,8410	5,9938	1181,6	1134,4	2,7337	5,9748	1190,1	1148,5
760	3,0036	6,0375	1197,1	1137,3	2,8801	6,0174	1205,7	1151,7	2,7707	5,9984	1214,3	1165,8
780	3,0450	6,0606	1221,2	1154,8	2,9192	6,0406	1229,9	1169,2	2,8077	6,0216	1238,5	1183,3
800	3,0863	6,0833	1245,3	1172,3	2,9581	6,0633	1254,0	1186,8	2,8445	6,0444	1262,7	1201,0
820	3,1276	6,1056	1269,5	1190,1	2,9969	6,0857	1278,2	1204,6	2,8813	6,0668	1287,0	1218,8
840	3,1687	6,1276	1293,7	1207,9	3,0357	6,1076	1302,5	1222,5	2,9179	6,0888	1311,3	1236,7
860	3,2098	6,1492	1317,9	1225,9	3,0744	6,1293	1326,7	1240,5	2,9545	6,1105	1335,6	1254,8
880	3,2508	6,1704	1342,1	1244,1	3,1130	6,1505	1351,0	1258,7	2,9910	6,1318	1359,9	1273,0
900	3,2917	6,1913	1366,4	1262,3	3,1515	6,1715	1375,4	1277,0	3,0274	6,1528	1384,3	1291,3
920	3,3326	6,2119	1390,7	1280,7	3,1899	6,1921	1399,7	1295,4	3,0638	6,1734	1408,7	1309,8
940	3,3733	6,2321	1415,1	1299,3	3,2283	6,2123	1424,1	1314,0	3,1000	6,1937	1433,1	1328,4
960	3,4141	6,2521	1439,5	1317,9	3,2666	6,2323	1448,5	1332,6	3,1362	6,2137	1457,6	1347,0
980	3,4547	6,2717	1463,9	1336,6	3,3049	6,2520	1473,0	1351,4	3,1724	6,2334	1482,1	1365,9
1000	3,4953	6,2911	1488,3	1355,5	3,3431	6,2714	1497,4	1370,3	3,2085	6,2529	1506,6	1384,8
1050	3,5966	6,3383	1549,5	1403,1	3,4383	6,3187	1558,8	1418,0	3,2984	6,3002	1568,0	1432,5
1100	3,6977	6,3839	1611,0	1451,4	3,5333	6,3644	1620,2	1466,3	3,3880	6,3460	1629,5	1480,9
1150	3,7985	6,4281	1672,5	1500,2	3,6280	6,4086	1681,9	1515,2	3,4774	6,3902	1691,2	1529,9
1200	3,8991	6,4708	1734,3	1549,6	3,7225	6,4513	1743,7	1564,7	3,5665	6,4330	1753,1	1579,4
1250	3,9996	6,5123	1796,2	1599,6	3,8168	6,4928	1805,6	1614,6	3,6554	6,4745	1815,1	1629,4

Tafel I. Luft von −50 bis 1250 °C (Fortsetzung)

t °C	p = 1800 bar				p = 1900 bar				p = 2000 bar			
	v dm³/kg	s kJ/kg grd	i kJ/kg	e kJ/kg	v dm³/kg	s kJ/kg grd	i kJ/kg	e kJ/kg	v dm³/kg	s kJ/kg grd	i kJ/kg	e kJ/kg
−40	1,2069	4,1300	246,44	736,33								
−30	1,2279	4,1925	261,33	733,20	1,2104	4,1723	268,61	746,30				
−20	1,2478	4,2512	275,89	730,85	1,2298	4,2320	283,42	743,91	1,2132	4,2134	290,91	756,77
−10	1,2670	4,3064	290,14	729,19	1,2484	4,2879	297,84	742,23	1,2311	4,2701	305,54	755,07
0	1,2857	4,3585	304,10	728,15	1,2663	4,3404	311,92	741,17	1,2483	4,3231	319,77	754,01
10	1,3040	4,4077	317,79	727,65	1,2837	4,3900	325,70	740,68	1,2651	4,3731	333,66	753,50
20	1,3221	4,4543	331,22	727,65	1,3009	4,4368	339,20	740,67	1,2814	4,4202	347,23	753,50
30	1,3400	4,4987	344,44	728,09	1,3179	4,4813	352,46	741,12	1,2975	4,4648	360,55	753,95
40	1,3579	4,5410	357,47	728,93	1,3347	4,5237	365,51	741,96	1,3135	4,5073	373,62	754,79
50	1,3757	4,5814	370,33	730,15	1,3515	4,5641	378,38	743,18	1,3294	4,5478	386,51	756,01
60	1,3934	4,6201	383,04	731,69	1,3683	4,6028	391,09	744,72	1,3453	4,5865	399,22	757,56
70	1,4113	4,6574	395,63	733,55	1,3851	4,6400	403,66	746,58	1,3612	4,6237	411,78	759,41
80	1,4291	4,6932	408,11	735,70	1,4020	4,6758	416,12	748,73	1,3771	4,6594	424,23	761,56
90	1,4470	4,7278	420,50	738,12	1,4189	4,7104	428,49	751,14	1,3930	4,6939	436,57	763,97
100	1,4650	4,7612	432,81	740,80	1,4359	4,7437	440,78	753,81	1,4091	4,7272	448,83	766,63
110	1,4831	4,7936	445,05	743,71	1,4529	4,7760	452,99	756,72	1,4252	4,7594	461,01	769,53
120	1,5012	4,8250	457,24	746,85	1,4700	4,8074	465,15	759,85	1,4414	4,7907	473,14	772,65
130	1,5194	4,8555	469,37	750,20	1,4872	4,8378	477,26	763,20	1,4577	4,8210	485,21	775,99
140	1,5376	4,8851	481,47	753,76	1,5045	4,8673	489,32	766,74	1,4741	4,8505	497,25	779,53
150	1,5560	4,9140	493,53	757,51	1,5219	4,8961	501,36	770,48	1,4906	4,8792	509,25	783,26
160	1,5744	4,9421	505,56	761,44	1,5393	4,9242	513,36	774,41	1,5071	4,9072	521,23	787,17
170	1,5928	4,9695	517,56	765,55	1,5567	4,9515	525,34	778,51	1,5237	4,9344	533,18	791,26
180	1,6113	4,9962	529,54	769,83	1,5743	4,9782	537,30	782,78	1,5404	4,9611	545,11	795,52
190	1,6298	5,0223	541,49	774,26	1,5918	5,0042	549,24	787,21	1,5571	4,9871	557,03	799,95
200	1,6484	5,0478	553,44	778,85	1,6094	5,0297	561,16	791,79	1,5738	5,0125	568,93	804,52
210	1,6670	5,0728	565,36	783,59	1,6271	5,0546	573,07	796,53	1,5906	5,0374	580,83	809,25
220	1,6856	5,0972	577,28	788,48	1,6448	5,0790	584,97	801,40	1,6075	5,0617	592,72	814,12
230	1,7042	5,1211	589,19	793,49	1,6625	5,1029	596,87	806,42	1,6244	5,0856	604,60	819,13
240	1,7229	5,1445	601,08	798,64	1,6802	5,1263	608,75	811,56	1,6412	5,1090	616,47	824,27
250	1,7416	5,1674	612,97	803,92	1,6980	5,1492	620,64	816,83	1,6582	5,1319	628,34	829,54
260	1,7603	5,1899	624,85	809,32	1,7157	5,1717	632,51	822,23	1,6751	5,1544	640,21	834,93
270	1,7790	5,2120	636,73	814,84	1,7335	5,1938	644,39	827,75	1,6921	5,1764	652,08	840,45
280	1,7977	5,2337	648,61	820,47	1,7513	5,2154	656,26	833,38	1,7090	5,1981	663,95	846,07
290	1,8164	5,2549	660,48	826,21	1,7691	5,2367	668,13	839,12	1,7260	5,2193	675,82	851,82
300	1,8351	5,2758	672,35	832,06	1,7869	5,2576	680,00	844,97	1,7430	5,2402	687,69	857,66
310	1,8538	5,2964	684,22	838,02	1,8047	5,2781	691,87	850,93	1,7599	5,2608	699,56	863,62
320	1,8725	5,3166	696,09	844,07	1,8225	5,2983	703,75	856,98	1,7769	5,2809	711,43	869,68
330	1,8912	5,3364	707,96	850,22	1,8403	5,3182	715,62	863,13	1,7939	5,3008	723,31	875,83
340	1,9099	5,3559	719,83	856,47	1,8580	5,3377	727,50	869,38	1,8109	5,3203	735,19	882,08
350	1,9286	5,3751	731,71	862,81	1,8758	5,3569	739,38	875,74	1,8278	5,3396	747,08	888,43
360	1,9473	5,3940	743,58	869,24	1,8936	5,3758	751,26	882,16	1,8448	5,3585	758,97	894,86
370	1,9659	5,4126	755,46	875,75	1,9113	5,3945	763,14	888,68	1,8617	5,3771	770,86	901,39
380	1,9845	5,4310	767,34	882,35	1,9290	5,4128	775,03	895,28	1,8786	5,3955	782,76	907,99
390	2,0032	5,4490	779,22	889,03	1,9468	5,4309	786,93	901,97	1,8955	5,4136	794,66	914,69
400	2,0218	5,4668	791,11	895,79	1,9645	5,4487	798,83	908,73	1,9124	5,4314	806,57	921,46
410	2,0403	5,4844	803,00	902,63	1,9821	5,4662	810,73	915,58	1,9293	5,4490	818,49	928,31
420	2,0589	5,5016	814,89	909,54	1,9998	5,4835	822,64	922,50	1,9462	5,4663	830,41	935,24
430	2,0774	5,5187	826,79	916,53	2,0175	5,5006	834,56	929,50	1,9630	5,4834	842,34	942,25
440	2,0959	5,5355	838,70	923,59	2,0351	5,5175	846,48	936,57	1,9799	5,5002	854,28	949,33
450	2,1144	5,5521	850,61	930,72	2,0527	5,5341	858,40	943,71	1,9967	5,5169	866,22	956,48
460	2,1329	5,5684	862,52	937,92	2,0703	5,5504	870,34	950,92	2,0135	5,5333	878,17	963,70
470	2,1513	5,5846	874,44	945,18	2,0878	5,5666	882,27	958,20	2,0302	5,5495	890,12	970,98
480	2,1697	5,6005	886,36	952,52	2,1053	5,5826	894,22	965,54	2,0470	5,5655	902,08	978,34
490	2,1881	5,6163	898,30	959,91	2,1228	5,5984	906,17	972,95	2,0637	5,5813	914,05	985,76

Tafel I. Luft von −50 bis 1250 °C (Fortsetzung)

t °C	p = 1800 bar				p = 1900 bar				p = 2000 bar			
	v dm³/kg	s kJ/kg grd	i kJ/kg	e kJ/kg	v dm³/kg	s kJ/kg grd	i kJ/kg	e kJ/kg	v dm³/kg	s kJ/kg grd	i kJ/kg	e kJ/kg
500	2,2064	5,6318	910,23	967,37	2,1403	5,6139	918,13	980,42	2,0804	5,5968	926,03	993,24
510	2,2247	5,6472	922,17	974,89	2,1578	5,6293	930,09	987,95	2,0971	5,6123	938,01	1000,8
520	2,2430	5,6623	934,12	982,47	2,1752	5,6445	942,06	995,55	2,1137	5,6275	950,00	1008,4
530	2,2613	5,6773	946,08	990,11	2,1926	5,6595	954,04	1003,2	2,1303	5,6425	962,00	1016,1
540	2,2795	5,6921	958,04	997,80	2,2100	5,6743	966,02	1010,9	2,1470	5,6574	974,01	1023,8
550	2,2977	5,7067	970,01	1005,6	2,2273	5,6890	978,01	1018,7	2,1635	5,6720	986,02	1031,6
560	2,3159	5,7212	981,98	1013,4	2,2446	5,7035	990,01	1026,5	2,1801	5,6866	998,04	1039,4
570	2,3340	5,7355	993,96	1021,2	2,2619	5,7178	1002,0	1034,4	2,1966	5,7009	1010,1	1047,3
580	2,3521	5,7496	1005,9	1029,1	2,2792	5,7320	1014,0	1042,3	2,2131	5,7151	1022,1	1055,2
590	2,3702	5,7636	1017,9	1037,1	2,2964	5,7460	1026,0	1050,3	2,2296	5,7291	1034,1	1063,2
600	2,3882	5,7774	1029,9	1045,1	2,3136	5,7598	1038,1	1058,3	2,2460	5,7430	1046,2	1071,3
620	2,4242	5,8046	1054,0	1061,3	2,3479	5,7871	1062,1	1074,5	2,2788	5,7703	1070,3	1087,5
640	2,4601	5,8313	1078,0	1077,7	2,3821	5,8138	1086,2	1091,0	2,3115	5,7971	1094,5	1104,0
660	2,4959	5,8573	1102,1	1094,2	2,4162	5,8399	1110,4	1107,6	2,3441	5,8233	1118,6	1120,6
680	2,5315	5,8829	1126,2	1111,0	2,4502	5,8655	1134,5	1124,3	2,3766	5,8490	1142,9	1137,4
700	2,5670	5,9080	1150,3	1127,9	2,4841	5,8907	1158,7	1141,3	2,4090	5,8741	1167,1	1154,4
720	2,6025	5,9326	1174,5	1145,0	2,5179	5,9153	1182,9	1158,4	2,4413	5,8988	1191,4	1171,6
740	2,6378	5,9567	1198,7	1162,2	2,5515	5,9395	1207,2	1175,7	2,4734	5,9230	1215,7	1188,9
760	2,6730	5,9804	1222,9	1179,6	2,5851	5,9632	1231,5	1193,1	2,5055	5,9468	1240,0	1206,3
780	2,7081	6,0036	1247,1	1197,1	2,6185	5,9865	1255,8	1210,7	2,5375	5,9702	1264,3	1224,0
800	2,7431	6,0265	1271,4	1214,8	2,6519	6,0094	1280,1	1228,4	2,5694	5,9931	1288,7	1241,7
820	2,7780	6,0489	1295,7	1232,7	2,6852	6,0319	1304,4	1246,3	2,6012	6,0157	1313,1	1259,6
840	2,8128	6,0710	1320,1	1250,7	2,7183	6,0540	1328,8	1264,3	2,6329	6,0378	1337,5	1277,7
860	2,8475	6,0927	1344,4	1268,8	2,7514	6,0758	1353,2	1282,4	2,6645	6,0596	1362,0	1295,9
880	2,8822	6,1140	1368,8	1287,0	2,7844	6,0971	1377,7	1300,7	2,6960	6,0810	1386,5	1314,2
900	2,9168	6,1350	1393,2	1305,4	2,8173	6,1182	1402,1	1319,1	2,7275	6,1021	1411,0	1332,6
920	2,9512	6,1557	1417,7	1323,9	2,8502	6,1389	1426,6	1337,6	2,7588	6,1229	1435,5	1351,2
940	2,9857	6,1761	1442,1	1342,5	2,8829	6,1593	1451,1	1356,3	2,7901	6,1433	1460,1	1369,8
960	3,0200	6,1961	1466,6	1361,2	2,9156	6,1794	1475,7	1375,0	2,8213	6,1634	1484,7	1388,6
980	3,0543	6,2159	1491,2	1380,0	2,9483	6,1992	1500,2	1393,9	2,8525	6,1832	1509,3	1407,5
1000	3,0885	6,2353	1515,7	1399,0	2,9808	6,2187	1524,8	1412,9	2,8836	6,2028	1533,9	1426,5
1050	3,1738	6,2828	1577,2	1446,8	3,0619	6,2662	1586,4	1460,8	2,9610	6,2503	1595,6	1474,5
1100	3,2587	6,3285	1638,8	1495,2	3,1427	6,3120	1648,1	1509,3	3,0380	6,2963	1657,4	1523,1
1150	3,3433	6,3728	1700,6	1544,2	3,2232	6,3564	1710,0	1558,4	3,1148	6,3407	1719,4	1572,2
1200	3,4277	6,4157	1762,5	1593,8	3,3034	6,3993	1772,0	1608,0	3,1912	6,3836	1781,4	1621,9
1250	3,5119	6,4572	1824,6	1643,9	3,3833	6,4409	1834,1	1658,1	3,2674	6,4253	1843,6	1672,1

Tafel I. Luft von −50 bis 1250 °C (Fortsetzung)

t °C	p = 2100 bar v dm³/kg	s kJ/kg grd	i kJ/kg	e kJ/kg	p = 2200 bar v dm³/kg	s kJ/kg grd	i kJ/kg	e kJ/kg	p = 2300 bar v dm³/kg	s kJ/kg grd	i kJ/kg	e kJ/kg
−10	1,2151	4,2528	313,24	767,73								
0	1,2318	4,3065	327,64	766,65	1,2163	4,2905	335,51	779,13				
10	1,2478	4,3569	341,65	766,15	1,2317	4,3414	349,66	778,62	1,2168	4,3266	357,69	790,94
20	1,2634	4,4043	355,31	766,15	1,2467	4,3892	363,43	778,62	1,2311	4,3748	371,58	790,94
30	1,2788	4,4492	368,69	766,59	1,2613	4,4343	376,88	779,07	1,2451	4,4202	385,11	791,39
40	1,2939	4,4918	381,80	767,44	1,2758	4,4771	390,04	779,92	1,2588	4,4631	398,33	792,24
50	1,3090	4,5323	394,70	768,66	1,2901	4,5177	402,97	781,14	1,2724	4,5038	411,29	793,46
60	1,3240	4,5711	407,42	770,21	1,3043	4,5565	415,69	782,69	1,2859	4,5426	424,03	795,02
70	1,3390	4,6082	419,98	772,06	1,3185	4,5936	428,25	784,54	1,2994	4,5798	436,58	796,87
80	1,3541	4,6439	432,41	774,20	1,3328	4,6293	440,66	786,68	1,3129	4,6154	448,98	799,01
90	1,3692	4,6783	444,72	776,61	1,3471	4,6636	452,95	789,08	1,3264	4,6496	461,25	801,40
100	1,3844	4,7115	456,95	779,27	1,3614	4,6967	465,15	791,73	1,3400	4,6827	473,41	804,05
110	1,3997	4,7437	469,10	782,16	1,3759	4,7288	477,26	794,62	1,3537	4,7146	485,49	806,92
120	1,4150	4,7748	481,19	785,27	1,3905	4,7598	489,32	797,72	1,3676	4,7456	497,50	810,01
130	1,4305	4,8051	493,24	788,60	1,4052	4,7900	501,32	801,04	1,3815	4,7756	509,46	813,32
140	1,4460	4,8345	505,24	792,13	1,4200	4,8193	513,28	804,55	1,3956	4,8048	521,38	816,82
150	1,4617	4,8631	517,21	795,85	1,4348	4,8478	525,21	808,26	1,4097	4,8332	533,26	820,51
160	1,4774	4,8910	529,15	799,75	1,4498	4,8756	537,12	812,15	1,4240	4,8609	545,13	824,39
170	1,4932	4,9182	541,07	803,83	1,4649	4,9027	549,00	816,22	1,4384	4,8880	556,97	828,45
180	1,5091	4,9448	552,97	808,08	1,4800	4,9292	560,88	820,46	1,4529	4,9144	568,81	832,67
190	1,5250	4,9707	564,87	812,49	1,4953	4,9551	572,74	824,86	1,4675	4,9402	580,64	837,06
200	1,5410	4,9961	576,75	817,06	1,5106	4,9805	584,59	829,42	1,4821	4,9655	592,46	841,61
210	1,5570	5,0210	588,62	821,78	1,5259	5,0052	596,44	834,13	1,4968	4,9902	604,28	846,31
220	1,5731	5,0453	600,49	826,64	1,5413	5,0295	608,29	838,98	1,5116	5,0144	616,11	851,15
230	1,5893	5,0691	612,36	831,64	1,5567	5,0533	620,14	843,98	1,5264	5,0381	627,93	856,13
240	1,6054	5,0924	624,22	836,78	1,5722	5,0766	631,99	849,11	1,5413	5,0614	639,76	861,26
250	1,6216	5,1153	636,08	842,04	1,5877	5,0995	643,83	854,37	1,5562	5,0843	651,59	866,51
260	1,6378	5,1378	647,94	847,43	1,6033	5,1219	655,68	859,75	1,5711	5,1067	663,43	871,89
270	1,6540	5,1598	659,80	852,94	1,6188	5,1439	667,54	865,26	1,5861	5,1287	675,27	877,39
280	1,6702	5,1815	671,67	858,57	1,6344	5,1656	679,39	870,88	1,6010	5,1503	687,12	883,01
290	1,6865	5,2027	683,53	864,31	1,6499	5,1868	691,25	876,62	1,6160	5,1715	698,98	888,74
300	1,7027	5,2236	695,40	870,16	1,6655	5,2077	703,12	882,46	1,6310	5,1924	710,84	894,59
310	1,7189	5,2441	707,27	876,11	1,6811	5,2282	714,99	888,42	1,6460	5,2129	722,70	900,54
320	1,7352	5,2643	719,14	882,17	1,6967	5,2484	726,86	894,47	1,6610	5,2331	734,58	906,60
330	1,7514	5,2842	731,02	888,33	1,7123	5,2683	738,74	900,63	1,6760	5,2530	746,46	912,75
340	1,7677	5,3037	742,91	894,58	1,7279	5,2878	750,63	906,89	1,6910	5,2726	758,35	919,01
350	1,7839	5,3230	754,80	900,93	1,7435	5,3071	762,52	913,24	1,7060	5,2918	770,25	925,36
360	1,8001	5,3419	766,69	907,36	1,7590	5,3260	774,42	919,68	1,7210	5,3108	782,15	931,81
370	1,8163	5,3606	778,59	913,89	1,7746	5,3447	786,33	926,21	1,7360	5,3294	794,07	938,34
380	1,8325	5,3789	790,50	920,50	1,7902	5,3631	798,25	932,82	1,7510	5,3478	805,99	944,96
390	1,8487	5,3970	802,41	927,20	1,8057	5,3812	810,17	939,53	1,7659	5,3659	817,92	951,67
400	1,8649	5,4149	814,33	933,98	1,8212	5,3990	822,10	946,31	1,7809	5,3838	829,85	958,46
410	1,8811	5,4325	826,26	940,84	1,8367	5,4166	834,03	953,17	1,7958	5,4014	841,80	965,33
420	1,8972	5,4498	838,19	947,78	1,8523	5,4340	845,98	960,12	1,8107	5,4188	853,76	972,27
430	1,9134	5,4669	850,13	954,79	1,8677	5,4511	857,93	967,14	1,8256	5,4359	865,72	979,30
440	1,9295	5,4838	862,08	961,87	1,8832	5,4680	869,89	974,23	1,8405	5,4528	877,69	986,40
450	1,9456	5,5004	874,04	969,03	1,8987	5,4847	881,86	981,40	1,8554	5,4695	889,67	993,57
460	1,9616	5,5169	886,00	976,26	1,9141	5,5011	893,84	988,63	1,8702	5,4860	901,66	1000,8
470	1,9777	5,5331	897,97	983,56	1,9295	5,5174	905,82	995,94	1,8851	5,5023	913,66	1008,1
480	1,9937	5,5491	909,95	990,92	1,9449	5,5334	917,82	1003,3	1,8999	5,5183	925,67	1015,5
490	2,0097	5,5649	921,94	998,35	1,9603	5,5492	929,82	1010,8	1,9147	5,5342	937,69	1023,0

Tafel I. Luft von −50 bis 1250 °C (Fortsetzung)

t °C	p = 2100 bar				p = 2200 bar				p = 2300 bar			
	v dm³/kg	s kJ/kg grd	i kJ/kg	e kJ/kg	v dm³/kg	s kJ/kg grd	i kJ/kg	e kJ/kg	v dm³/kg	s kJ/kg grd	i kJ/kg	e kJ/kg
500	2,0257	5,5805	933,93	1005,8	1,9756	5,5649	941,83	1018,3	1,9295	5,5498	949,71	1030,5
510	2,0417	5,5959	945,93	1013,4	1,9910	5,5803	953,85	1025,8	1,9442	5,5653	961,75	1038,1
520	2,0577	5,6112	957,94	1021,0	2,0063	5,5956	965,87	1033,5	1,9590	5,5806	973,79	1045,7
530	2,0736	5,6262	969,96	1028,7	2,0216	5,6107	977,91	1041,1	1,9737	5,5957	985,84	1053,4
540	2,0895	5,6411	981,99	1036,4	2,0368	5,6256	989,95	1048,9	1,9884	5,6106	997,91	1061,2
550	2,1054	5,6558	994,02	1044,2	2,0521	5,6403	1002,0	1056,7	2,0030	5,6253	1010,0	1069,0
560	2,1212	5,6704	1006,1	1052,1	2,0673	5,6549	1014,1	1064,6	2,0177	5,6399	1022,1	1076,9
570	2,1371	5,6848	1018,1	1060,0	2,0825	5,6693	1026,1	1072,5	2,0323	5,6544	1034,1	1084,8
580	2,1529	5,6990	1030,2	1068,0	2,0977	5,6835	1038,2	1080,5	2,0469	5,6686	1046,2	1092,8
590	2,1686	5,7130	1042,2	1076,0	2,1128	5,6976	1050,3	1088,5	2,0615	5,6827	1058,3	1100,8
600	2,1844	5,7269	1054,3	1084,0	2,1280	5,7115	1062,4	1096,6	2,0761	5,6967	1070,5	1108,9
620	2,2158	5,7543	1078,5	1100,3	2,1582	5,7389	1086,6	1112,9	2,1051	5,7241	1094,7	1125,2
640	2,2472	5,7811	1102,7	1116,8	2,1883	5,7658	1110,8	1129,4	2,1341	5,7510	1119,0	1141,8
660	2,2784	5,8074	1126,9	1133,5	2,2183	5,7921	1135,1	1146,1	2,1630	5,7774	1143,3	1158,5
680	2,3095	5,8331	1151,2	1150,3	2,2482	5,8178	1159,4	1163,0	2,1917	5,8032	1167,7	1175,4
700	2,3406	5,8583	1175,4	1167,3	2,2780	5,8431	1183,8	1180,0	2,2204	5,8285	1192,0	1192,5
720	2,3715	5,8830	1199,8	1184,5	2,3077	5,8679	1208,1	1197,2	2,2490	5,8534	1216,4	1209,7
740	2,4023	5,9073	1224,1	1201,9	2,3373	5,8922	1232,5	1214,6	2,2775	5,8777	1240,9	1227,2
760	2,4331	5,9311	1248,5	1219,4	2,3668	5,9161	1256,9	1232,1	2,3060	5,9017	1265,4	1244,7
780	2,4637	5,9545	1272,9	1237,0	2,3963	5,9396	1281,4	1249,8	2,3343	5,9251	1289,8	1262,5
800	2,4943	5,9775	1297,3	1254,8	2,4256	5,9626	1305,9	1267,7	2,3625	5,9482	1314,4	1280,3
820	2,5247	6,0001	1321,8	1272,8	2,4549	5,9852	1330,4	1285,7	2,3907	5,9709	1338,9	1298,4
840	2,5551	6,0223	1346,2	1290,8	2,4840	6,0075	1354,9	1303,8	2,4188	5,9932	1363,5	1316,5
860	2,5854	6,0442	1370,7	1309,1	2,5131	6,0293	1379,4	1322,0	2,4467	6,0151	1388,1	1334,8
880	2,6156	6,0656	1395,3	1327,4	2,5421	6,0509	1404,0	1340,4	2,4746	6,0367	1412,7	1353,2
900	2,6457	6,0868	1419,8	1345,9	2,5710	6,0720	1428,6	1358,9	2,5025	6,0579	1437,4	1371,7
920	2,6758	6,1076	1444,4	1364,5	2,5999	6,0929	1453,3	1377,5	2,5302	6,0787	1462,0	1390,4
940	2,7057	6,1280	1469,0	1383,2	2,6287	6,1134	1477,9	1396,3	2,5579	6,0993	1486,7	1409,2
960	2,7356	6,1482	1493,6	1402,0	2,6573	6,1335	1502,6	1415,1	2,5855	6,1195	1511,5	1428,1
980	2,7655	6,1680	1518,3	1420,9	2,6860	6,1534	1527,3	1434,1	2,6130	6,1394	1536,2	1447,1
1000	2,7952	6,1876	1543,0	1440,0	2,7145	6,1730	1552,0	1453,2	2,6405	6,1590	1561,0	1466,2
1050	2,8693	6,2352	1604,8	1488,0	2,7856	6,2208	1613,9	1501,3	2,7088	6,2069	1622,9	1514,4
1100	2,9430	6,2812	1666,7	1536,7	2,8563	6,2668	1675,9	1550,0	2,7768	6,2530	1685,0	1563,2
1150	3,0164	6,3257	1728,7	1585,9	2,9267	6,3114	1738,0	1599,3	2,8444	6,2976	1747,3	1612,6
1200	3,0895	6,3687	1790,8	1635,6	2,9967	6,3545	1800,2	1649,1	2,9117	6,3408	1809,6	1662,5
1250	3,1623	6,4104	1853,1	1685,9	3,0665	6,3962	1862,6	1699,5	2,9787	6,3825	1872,0	1712,8

Tafel I. Luft von −50 bis 1250 °C (Fortsetzung)

t °C	p = 2400 bar				p = 2500 bar				p = 2600 bar			
	v dm³/kg	s kJ/kg grd	i kJ/kg	e kJ/kg	v dm³/kg	s kJ/kg grd	i kJ/kg	e kJ/kg	v dm³/kg	s kJ/kg grd	i kJ/kg	e kJ/kg
20	1,2166	4,3609	379,76	803,10								
30	1,2299	4,4066	393,39	803,56								
40	1,2430	4,4498	406,67	804,42	1,2282	4,4371	415,06	816,46	1,2142	4,4250	423,50	828,37
					1,2157	4,3937	401,70	815,59				
50	1,2559	4,4906	419,68	805,64	1,2404	4,4781	428,12	817,69	1,2259	4,4663	436,61	829,60
60	1,2687	4,5295	432,43	807,20	1,2526	4,5171	440,90	819,24	1,2374	4,5053	449,43	831,16
70	1,2815	4,5667	444,99	809,05	1,2647	4,5542	453,46	821,10	1,2488	4,5425	462,00	833,02
80	1,2942	4,6022	457,37	811,19	1,2767	4,5898	465,84	823,23	1,2602	4,5781	474,37	835,15
90	1,3071	4,6364	469,62	813,58	1,2888	4,6239	478,06	825,62	1,2716	4,6121	486,57	837,54
100	1,3199	4,6694	481,75	816,21	1,3010	4,6568	490,15	828,25	1,2831	4,6449	498,63	840,16
110	1,3329	4,7012	493,79	819,08	1,3133	4,6885	502,15	831,10	1,2948	4,6765	510,58	843,00
120	1,3461	4,7320	505,75	822,16	1,3258	4,7192	514,06	834,17	1,3065	4,7070	522,45	846,06
130	1,3593	4,7619	517,66	825,45	1,3383	4,7490	525,92	837,45	1,3184	4,7367	534,24	849,31
140	1,3727	4,7910	529,53	828,94	1,3510	4,7779	537,73	840,92	1,3305	4,7655	545,99	852,77
150	1,3862	4,8193	541,36	832,62	1,3639	4,8061	549,51	844,58	1,3427	4,7935	557,70	856,41
160	1,3998	4,8469	553,18	836,48	1,3769	4,8336	561,27	848,42	1,3551	4,8208	569,40	860,23
170	1,4135	4,8739	564,98	840,52	1,3900	4,8604	573,01	852,44	1,3676	4,8475	581,08	864,23
180	1,4274	4,9002	576,77	844,73	1,4033	4,8866	584,75	856,64	1,3803	4,8735	592,76	868,40
190	1,4413	4,9259	588,56	849,10	1,4166	4,9122	596,49	860,99	1,3931	4,8990	604,45	872,74
200	1,4554	4,9511	600,34	853,63	1,4301	4,9373	608,24	865,51	1,4061	4,9240	616,14	877,23
210	1,4695	4,9757	612,13	858,32	1,4437	4,9618	619,99	870,18	1,4191	4,9485	627,84	881,88
220	1,4837	4,9999	623,93	863,15	1,4574	4,9859	631,75	874,99	1,4323	4,9725	639,56	886,68
230	1,4980	5,0236	635,73	868,12	1,4711	5,0096	643,52	879,95	1,4455	4,9960	651,29	891,63
240	1,5123	5,0468	647,53	873,24	1,4849	5,0327	655,30	885,05	1,4589	5,0192	663,04	896,71
250	1,5266	5,0696	659,35	878,48	1,4987	5,0555	667,09	890,29	1,4723	5,0419	674,80	901,94
260	1,5410	5,0920	671,17	883,85	1,5126	5,0779	678,89	895,65	1,4857	5,0642	686,58	907,29
270	1,5554	5,1140	683,00	889,35	1,5266	5,0998	690,71	901,14	1,4992	5,0861	698,38	912,77
280	1,5699	5,1356	694,84	894,96	1,5405	5,1214	702,53	906,75	1,5127	5,1076	710,19	918,37
290	1,5843	5,1568	706,69	900,69	1,5545	5,1426	714,37	912,48	1,5263	5,1288	722,02	924,09
300	1,5988	5,1777	718,54	906,54	1,5685	5,1635	726,22	918,32	1,5398	5,1497	733,86	929,93
310	1,6133	5,1982	730,41	912,49	1,5825	5,1840	738,08	924,26	1,5534	5,1702	745,72	935,87
320	1,6277	5,2184	742,28	918,54	1,5965	5,2042	749,95	930,32	1,5670	5,1904	757,59	941,93
330	1,6422	5,2383	754,16	924,70	1,6105	5,2240	761,84	936,48	1,5806	5,2102	769,47	948,09
340	1,6567	5,2578	766,05	930,96	1,6245	5,2436	773,73	942,74	1,5942	5,2298	781,37	954,35
350	1,6712	5,2771	777,96	937,31	1,6385	5,2628	785,63	949,09	1,6078	5,2491	793,27	960,70
360	1,6856	5,2960	789,87	943,76	1,6525	5,2818	797,55	955,54	1,6213	5,2680	805,19	967,15
370	1,7001	5,3147	801,78	950,30	1,6665	5,3005	809,47	962,08	1,6349	5,2867	817,12	973,70
380	1,7145	5,3331	813,71	956,92	1,6805	5,3189	821,41	968,71	1,6485	5,3052	829,07	980,33
390	1,7290	5,3513	825,65	963,63	1,6944	5,3371	833,36	975,43	1,6620	5,3233	841,02	987,05
400	1,7434	5,3691	837,60	970,43	1,7084	5,3550	845,31	982,22	1,6755	5,3412	852,99	993,86
410	1,7578	5,3868	849,55	977,30	1,7223	5,3726	857,28	989,11	1,6890	5,3589	864,96	1000,7
420	1,7722	5,4042	861,52	984,26	1,7362	5,3900	869,25	996,07	1,7025	5,3763	876,95	1007,7
430	1,7866	5,4213	873,49	991,29	1,7501	5,4072	881,24	1003,1	1,7160	5,3935	888,95	1014,8
440	1,8009	5,4382	885,48	998,40	1,7640	5,4241	893,24	1010,2	1,7295	5,4105	900,96	1021,9
450	1,8153	5,4549	897,47	1005,6	1,7779	5,4408	905,24	1017,4	1,7429	5,4272	912,98	1029,1
460	1,8296	5,4714	909,47	1012,8	1,7918	5,4573	917,26	1024,7	1,7563	5,4437	925,01	1036,3
470	1,8439	5,4877	921,49	1020,2	1,8056	5,4736	929,29	1032,0	1,7698	5,4600	937,05	1043,7
480	1,8582	5,5038	933,51	1027,5	1,8194	5,4897	941,32	1039,4	1,7831	5,4761	949,10	1051,1
490	1,8725	5,5196	945,54	1035,0	1,8332	5,5056	953,37	1046,9	1,7965	5,4921	961,16	1058,6
500	1,8867	5,5353	957,58	1042,5	1,8470	5,5213	965,42	1054,4	1,8098	5,5078	973,24	1066,1
510	1,9009	5,5508	969,63	1050,1	1,8607	5,5368	977,49	1062,0	1,8232	5,5233	985,32	1073,7
520	1,9152	5,5661	981,69	1057,8	1,8745	5,5521	989,57	1069,7	1,8365	5,5386	997,41	1081,4
530	1,9293	5,5812	993,76	1065,5	1,8882	5,5673	1001,7	1077,4	1,8497	5,5538	1009,5	1089,1
540	1,9435	5,5962	1005,8	1073,2	1,9019	5,5823	1013,7	1085,2	1,8630	5,5688	1021,6	1096,9

Tafel I. Luft von −50 bis 1250 °C (Fortsetzung)

t °C	p = 2400 bar				p = 2500 bar				p = 2600 bar			
	v dm³/kg	s kJ/kg grd	i kJ/kg	e kJ/kg	v dm³/kg	s kJ/kg grd	i kJ/kg	e kJ/kg	v dm³/kg	s kJ/kg grd	i kJ/kg	e kJ/kg
550	1,9577	5,6109	1017,9	1081,1	1,9155	5,5971	1025,9	1093,0	1,8762	5,5836	1033,7	1104,8
560	1,9718	5,6256	1030,0	1089,0	1,9292	5,6117	1038,0	1100,9	1,8895	5,5983	1045,9	1112,7
570	1,9859	5,6400	1042,1	1096,9	1,9428	5,6261	1050,1	1108,9	1,9026	5,6127	1058,0	1120,6
580	2,0000	5,6543	1054,2	1104,9	1,9564	5,6405	1062,2	1116,9	1,9158	5,6271	1070,2	1128,7
590	2,0140	5,6684	1066,4	1113,0	1,9700	5,6546	1074,4	1124,9	1,9290	5,6412	1082,3	1136,7
600	2,0281	5,6824	1078,5	1121,1	1,9836	5,6686	1086,5	1133,1	1,9421	5,6553	1094,5	1144,9
620	2,0561	5,7099	1102,8	1137,4	2,0106	5,6962	1110,8	1149,4	1,9683	5,6829	1118,9	1161,3
640	2,0840	5,7368	1127,1	1154,0	2,0376	5,7231	1135,2	1166,0	1,9944	5,7099	1143,3	1177,9
660	2,1119	5,7632	1151,5	1170,7	2,0645	5,7496	1159,6	1182,8	2,0204	5,7364	1167,7	1194,7
680	2,1396	5,7891	1175,9	1187,7	2,0913	5,7755	1184,0	1199,8	2,0464	5,7623	1192,2	1211,7
700	2,1673	5,8145	1200,3	1204,8	2,1181	5,8009	1208,5	1216,9	2,0723	5,7878	1216,7	1228,9
720	2,1949	5,8393	1224,7	1222,1	2,1447	5,8258	1233,0	1234,2	2,0980	5,8127	1241,2	1246,2
740	2,2224	5,8638	1249,2	1239,5	2,1713	5,8503	1257,5	1251,7	2,1237	5,8372	1265,8	1263,7
760	2,2498	5,8877	1273,7	1257,1	2,1977	5,8743	1282,1	1269,4	2,1493	5,8613	1290,4	1281,4
780	2,2771	5,9113	1298,3	1274,9	2,2241	5,8979	1306,7	1287,1	2,1749	5,8849	1315,0	1299,2
800	2,3043	5,9344	1322,8	1292,8	2,2504	5,9210	1331,3	1305,1	2,2003	5,9081	1339,7	1317,2
820	2,3315	5,9571	1347,4	1310,8	2,2766	5,9438	1355,9	1323,2	2,2257	5,9309	1364,4	1335,3
840	2,3585	5,9794	1372,1	1329,0	2,3028	5,9661	1380,6	1341,4	2,2510	5,9533	1389,1	1353,6
860	2,3855	6,0014	1396,7	1347,4	2,3288	5,9881	1405,3	1359,7	2,2762	5,9753	1413,8	1371,9
880	2,4124	6,0230	1421,4	1365,8	2,3548	6,0098	1430,0	1378,2	2,3013	5,9970	1438,6	1390,5
900	2,4393	6,0442	1446,1	1384,4	2,3807	6,0311	1454,7	1396,8	2,3264	6,0183	1463,3	1409,1
920	2,4660	6,0651	1470,8	1403,1	2,4066	6,0520	1479,5	1415,6	2,3514	6,0393	1488,1	1427,9
940	2,4927	6,0857	1495,5	1421,9	2,4323	6,0726	1504,3	1434,4	2,3763	6,0600	1513,0	1446,7
960	2,5193	6,1060	1520,3	1440,8	2,4580	6,0929	1529,1	1453,4	2,4011	6,0803	1537,8	1465,7
980	2,5458	6,1259	1545,1	1459,8	2,4836	6,1129	1553,9	1472,4	2,4259	6,1003	1562,7	1484,8
1000	2,5723	6,1456	1569,9	1479,0	2,5092	6,1326	1578,8	1491,6	2,4506	6,1201	1587,6	1504,0
1050	2,6381	6,1935	1632,0	1527,3	2,5728	6,1806	1640,9	1540,0	2,5121	6,1681	1649,9	1552,5
1100	2,7036	6,2397	1694,2	1576,2	2,6360	6,2269	1703,3	1588,9	2,5732	6,2145	1712,3	1601,5
1150	2,7687	6,2844	1756,5	1625,6	2,6988	6,2716	1765,7	1638,5	2,6339	6,2593	1774,8	1651,1
1200	2,8335	6,3276	1818,9	1675,6	2,7613	6,3149	1828,2	1688,5	2,6943	6,3026	1837,4	1701,2
1250	2,8980	6,3694	1881,4	1726,0	2,8235	6,3568	1890,8	1739,0	2,7544	6,3446	1900,1	1751,8

Tafel I. Luft von −50 bis 1250 °C (Fortsetzung)

t °C	p = 2700 bar v dm³/kg	s kJ/kg grd	i kJ/kg	e kJ/kg	p = 2800 bar v dm³/kg	s kJ/kg grd	i kJ/kg	e kJ/kg	p = 2900 bar v dm³/kg	s kJ/kg grd	i kJ/kg	e kJ/kg
50	1,2121	4,4550	445,16	841,40								
60	1,2230	4,4942	458,02	842,96	1,2094	4,4837	466,67	854,65				
70	1,2338	4,5314	470,61	844,83	1,2196	4,5210	479,30	856,52	1,2060	4,5112	488,05	868,10
80	1,2446	4,5670	482,98	846,96	1,2297	4,5565	491,67	858,65	1,2155	4,5468	500,44	870,24
90	1,2553	4,6010	495,16	849,34	1,2398	4,5905	503,84	861,03	1,2250	4,5807	512,60	872,61
100	1,2662	4,6337	507,19	851,95	1,2500	4,6231	515,83	863,63	1,2345	4,6132	524,57	875,21
110	1,2771	4,6651	519,10	854,78	1,2603	4,6545	527,69	866,45	1,2441	4,6445	536,38	878,02
120	1,2882	4,6956	530,90	857,82	1,2707	4,6847	539,44	869,48	1,2538	4,6746	548,07	881,03
130	1,2994	4,7250	542,63	861,06	1,2813	4,7140	551,10	872,70	1,2638	4,7037	559,66	884,24
140	1,3108	4,7536	554,31	864,50	1,2920	4,7425	562,71	876,11	1,2739	4,7319	571,18	887,62
150	1,3224	4,7815	565,95	868,11	1,3030	4,7701	574,27	879,71	1,2842	4,7594	582,65	891,19
160	1,3342	4,8086	577,58	871,91	1,3142	4,7971	585,80	883,48	1,2947	4,7861	594,10	894,93
170	1,3462	4,8351	589,19	875,89	1,3255	4,8234	597,33	887,42	1,3055	4,8122	605,53	898,84
180	1,3583	4,8610	600,80	880,03	1,3371	4,8491	608,86	891,54	1,3165	4,8377	616,96	902,93
190	1,3706	4,8864	612,42	884,34	1,3489	4,8743	620,40	895,82	1,3278	4,8627	628,41	907,17
200	1,3830	4,9112	624,05	888,82	1,3608	4,8990	631,96	900,26	1,3392	4,8872	639,88	911,58
210	1,3956	4,9356	635,69	893,44	1,3729	4,9232	643,54	904,87	1,3509	4,9112	651,38	916,15
220	1,4083	4,9595	647,36	898,22	1,3852	4,9470	655,15	909,62	1,3627	4,9349	662,91	920,88
230	1,4211	4,9830	659,05	903,15	1,3976	4,9703	666,78	914,53	1,3747	4,9581	674,48	925,75
240	1,4340	5,0060	670,76	908,22	1,4100	4,9933	678,44	919,57	1,3868	4,9809	686,09	930,78
250	1,4470	5,0287	682,49	913,43	1,4226	5,0158	690,13	924,76	1,3990	5,0034	697,73	935,95
260	1,4600	5,0509	694,24	918,77	1,4353	5,0380	701,85	930,09	1,4113	5,0255	709,40	941,25
270	1,4731	5,0728	706,02	924,24	1,4480	5,0599	713,60	935,54	1,4237	5,0473	721,11	946,69
280	1,4862	5,0943	717,81	929,83	1,4608	5,0813	725,37	941,13	1,4362	5,0687	732,86	952,26
290	1,4994	5,1155	729,62	935,55	1,4736	5,1025	737,16	946,83	1,4487	5,0898	744,63	957,96
300	1,5126	5,1363	741,45	941,38	1,4865	5,1233	748,98	952,66	1,4613	5,1106	756,43	963,77
310	1,5258	5,1568	753,30	947,32	1,4993	5,1438	760,82	958,60	1,4739	5,1310	768,26	969,71
320	1,5390	5,1770	765,17	953,37	1,5122	5,1639	772,68	964,65	1,4865	5,1512	780,12	975,75
330	1,5522	5,1968	777,05	959,53	1,5251	5,1838	784,56	970,80	1,4991	5,1710	791,99	981,91
340	1,5654	5,2164	788,95	965,79	1,5380	5,2033	796,46	977,06	1,5117	5,1906	803,89	988,17
350	1,5786	5,2357	800,86	972,15	1,5509	5,2226	808,38	983,42	1,5243	5,2099	815,81	994,53
360	1,5918	5,2546	812,78	978,60	1,5638	5,2416	820,31	989,88	1,5369	5,2289	827,75	1001,0
370	1,6050	5,2734	824,72	985,15	1,5766	5,2603	832,25	996,43	1,5495	5,2476	839,70	1007,5
380	1,6182	5,2918	836,67	991,79	1,5895	5,2788	844,21	1003,1	1,5621	5,2661	851,67	1014,2
390	1,6314	5,3100	848,64	998,51	1,6023	5,2970	856,19	1009,8	1,5746	5,2843	863,66	1020,9
400	1,6445	5,3279	860,61	1005,3	1,6152	5,3149	868,18	1016,6	1,5872	5,3023	875,66	1027,8
410	1,6577	5,3456	872,60	1012,2	1,6280	5,3326	880,18	1023,5	1,5997	5,3200	887,68	1034,7
420	1,6708	5,3630	884,60	1019,2	1,6408	5,3501	892,19	1030,5	1,6122	5,3375	899,71	1041,7
430	1,6839	5,3802	896,61	1026,2	1,6535	5,3673	904,22	1037,6	1,6246	5,3547	911,75	1048,7
440	1,6970	5,3972	908,64	1033,4	1,6663	5,3843	916,26	1044,7	1,6371	5,3717	923,80	1055,9
450	1,7100	5,4140	920,67	1040,6	1,6790	5,4011	928,30	1051,9	1,6495	5,3885	935,87	1063,1
460	1,7231	5,4305	932,72	1047,9	1,6917	5,4177	940,37	1059,2	1,6619	5,4051	947,95	1070,4
470	1,7361	5,4468	944,77	1055,2	1,7043	5,4340	952,44	1066,6	1,6743	5,4215	960,04	1077,8
480	1,7491	5,4630	956,84	1062,6	1,7170	5,4502	964,52	1074,0	1,6866	5,4377	972,14	1085,2
490	1,7621	5,4789	968,92	1070,1	1,7296	5,4661	976,62	1081,5	1,6989	5,4537	984,25	1092,7
500	1,7750	5,4946	981,00	1077,7	1,7422	5,4819	988,72	1089,1	1,7112	5,4694	996,38	1100,3
510	1,7879	5,5102	993,10	1085,3	1,7548	5,4974	1000,8	1096,7	1,7235	5,4850	1008,5	1107,9
520	1,8009	5,5256	1005,2	1093,0	1,7673	5,5128	1013,0	1104,4	1,7357	5,5005	1020,7	1115,6
530	1,8137	5,5407	1017,3	1100,7	1,7799	5,5280	1025,1	1112,1	1,7479	5,5157	1032,8	1123,4
540	1,8266	5,5557	1029,5	1108,5	1,7924	5,5431	1037,2	1120,0	1,7601	5,5307	1045,0	1131,2
550	1,8394	5,5706	1041,6	1116,4	1,8049	5,5579	1049,4	1127,8	1,7722	5,5456	1057,2	1139,1
560	1,8523	5,5853	1053,7	1124,3	1,8173	5,5726	1061,6	1135,8	1,7844	5,5603	1069,3	1147,1
570	1,8651	5,5998	1065,9	1132,3	1,8298	5,5872	1073,8	1143,8	1,7965	5,5749	1081,5	1155,1
580	1,8778	5,6141	1078,1	1140,3	1,8422	5,6015	1085,9	1151,8	1,8086	5,5893	1093,8	1163,1
590	1,8906	5,6283	1090,3	1148,4	1,8546	5,6157	1098,1	1159,9	1,8206	5,6035	1106,0	1171,3

Tafel I. Luft von −50 bis 1250 °C (Fortsetzung)

t °C	p = 2700 bar				p = 2800 bar				p = 2900 bar			
	v dm³/kg	s kJ/kg grd	i kJ/kg	e kJ/kg	v dm³/kg	s kJ/kg grd	i kJ/kg	e kJ/kg	v dm³/kg	s kJ/kg grd	i kJ/kg	e kJ/kg
600	1,9033	5,6423	1102,4	1156,5	1,8669	5,6298	1110,3	1168,1	1,8327	5,6176	1118,2	1179,4
620	1,9287	5,6700	1126,8	1173,0	1,8916	5,6575	1134,8	1184,5	1,8567	5,6453	1142,7	1195,9
640	1,9540	5,6971	1151,3	1189,6	1,9162	5,6846	1159,3	1201,2	1,8806	5,6725	1167,2	1212,6
660	1,9793	5,7236	1175,8	1206,5	1,9407	5,7112	1183,8	1218,1	1,9044	5,6991	1191,8	1229,5
680	2,0044	5,7496	1200,3	1223,5	1,9651	5,7372	1208,3	1235,1	1,9282	5,7252	1216,3	1246,6
700	2,0295	5,7751	1224,8	1240,7	1,9895	5,7627	1232,9	1252,3	1,9518	5,7508	1241,0	1263,8
720	2,0545	5,8001	1249,4	1258,1	2,0137	5,7878	1257,5	1269,7	1,9754	5,7758	1265,6	1281,3
740	2,0794	5,8246	1274,0	1275,6	2,0379	5,8124	1282,2	1287,3	1,9989	5,8005	1290,3	1298,9
760	2,1042	5,8487	1298,6	1293,3	2,0620	5,8365	1306,9	1305,0	2,0223	5,8246	1315,0	1316,6
780	2,1289	5,8724	1323,3	1311,1	2,0860	5,8602	1331,6	1322,9	2,0457	5,8484	1339,8	1334,5
800	2,1536	5,8956	1348,0	1329,1	2,1099	5,8835	1356,3	1340,9	2,0689	5,8717	1364,6	1352,6
820	2,1782	5,9184	1372,7	1347,3	2,1338	5,9063	1381,1	1359,1	2,0921	5,8946	1389,4	1370,8
840	2,2027	5,9409	1397,5	1365,6	2,1575	5,9288	1405,9	1377,4	2,1152	5,9171	1414,2	1389,1
860	2,2271	5,9630	1422,3	1384,0	2,1812	5,9509	1430,7	1395,9	2,1382	5,9393	1439,1	1407,6
880	2,2515	5,9847	1447,1	1402,5	2,2049	5,9727	1455,5	1414,5	2,1612	5,9611	1464,0	1426,2
900	2,2757	6,0060	1471,9	1421,2	2,2284	5,9941	1480,4	1433,2	2,1840	5,9825	1488,9	1445,0
920	2,3000	6,0270	1496,7	1440,0	2,2519	6,0151	1505,3	1452,0	2,2069	6,0036	1513,8	1463,8
940	2,3241	6,0477	1521,6	1458,9	2,2753	6,0359	1530,2	1470,9	2,2296	6,0243	1538,8	1482,8
960	2,3482	6,0681	1546,5	1477,9	2,2987	6,0563	1555,1	1490,0	2,2523	6,0448	1563,7	1501,9
980	2,3722	6,0882	1571,4	1497,1	2,3219	6,0764	1580,1	1509,1	2,2749	6,0649	1588,7	1521,1
1000	2,3961	6,1079	1596,3	1516,3	2,3451	6,0961	1605,1	1528,4	2,2974	6,0847	1613,7	1540,4
1050	2,4556	6,1561	1658,8	1564,8	2,4029	6,1444	1667,6	1577,0	2,3535	6,1330	1676,4	1589,1
1100	2,5148	6,2025	1721,3	1614,0	2,4602	6,1909	1730,2	1626,2	2,4092	6,1796	1739,1	1638,4
1150	2,5736	6,2474	1783,9	1663,6	2,5172	6,2358	1792,9	1676,0	2,4645	6,2246	1801,9	1688,2
1200	2,6320	6,2908	1846,6	1713,8	2,5739	6,2793	1855,7	1726,3	2,5195	6,2682	1864,8	1738,5
1250	2,6902	6,3328	1909,3	1764,5	2,6302	6,3214	1918,6	1777,0	2,5742	6,3103	1927,7	1789,3

Tafel I. Luft von −50 bis 1250 °C (Fortsetzung)

t °C	p = 3000 bar				p = 3500 bar				p = 4000 bar			
	v dm³/kg	s kJ/kg grd	i kJ/kg	e kJ/kg	v dm³/kg	s kJ/kg grd	i kJ/kg	e kJ/kg	v dm³/kg	s kJ/kg grd	i kJ/kg	e kJ/kg
90	1,2108	4,5716	521,45	884,10								
100	1,2196	4,6040	533,40	886,70								
110	1,2286	4,6351	545,17	889,50								
120	1,2376	4,6651	556,80	892,50								
130	1,2468	4,6940	568,32	895,68								
140	1,2562	4,7220	579,75	899,04								
150	1,2659	4,7492	591,13	902,57								
160	1,2758	4,7757	602,46	906,28								
170	1,2859	4,8016	613,79	910,16								
180	1,2964	4,8268	625,11	914,20								
190	1,3071	4,8516	636,45	918,41								
200	1,3180	4,8759	647,82	922,78								
210	1,3292	4,8997	659,22	927,31	1,2097	4,8500	698,86	981,28				
220	1,3406	4,9232	670,66	932,00	1,2180	4,8713	709,23	985,53				
230	1,3522	4,9462	682,15	936,84	1,2273	4,8923	719,71	989,94				
240	1,3639	4,9689	693,68	941,83	1,2376	4,9132	730,34	994,54				
250	1,3758	4,9913	705,26	946,97	1,2488	4,9341	741,14	999,34				
260	1,3879	5,0133	716,89	952,25	1,2606	4,9549	752,14	1004,3				
270	1,4000	5,0350	728,55	957,67	1,2729	4,9756	763,31	1009,5				
280	1,4122	5,0563	740,26	963,23	1,2854	4,9963	774,64	1014,9				
290	1,4244	5,0774	752,01	968,91	1,2981	5,0169	786,12	1020,5				
300	1,4368	5,0981	763,79	974,71	1,3109	5,0373	797,72	1026,2				
310	1,4491	5,1185	775,60	980,64	1,3237	5,0576	809,44	1032,0				
320	1,4615	5,1387	787,45	986,68	1,3364	5,0776	821,24	1038,1				
330	1,4739	5,1585	799,32	992,84	1,3491	5,0975	833,12	1044,2				
340	1,4862	5,1781	811,22	999,10	1,3617	5,1171	845,06	1050,5				
350	1,4986	5,1974	823,14	1005,5	1,3743	5,1365	857,06	1056,9				
360	1,5110	5,2164	835,09	1011,9	1,3867	5,1557	869,11	1063,4				
370	1,5234	5,2352	847,05	1018,5	1,3990	5,1746	881,19	1070,1				
380	1,5357	5,2536	859,03	1025,1	1,4112	5,1933	893,31	1076,8				
390	1,5480	5,2719	871,03	1031,9	1,4234	5,2118	905,46	1083,6				
400	1,5603	5,2899	883,05	1038,7	1,4354	5,2300	917,63	1090,5				
410	1,5726	5,3076	895,08	1045,6	1,4473	5,2480	929,82	1097,6				
420	1,5848	5,3251	907,13	1052,6	1,4591	5,2658	942,04	1104,7				
430	1,5970	5,3424	919,19	1059,7	1,4709	5,2833	954,27	1111,8				
440	1,6092	5,3594	931,26	1066,9	1,4826	5,3006	966,51	1119,1	1,3364	5,2341	990,00	1161,7
450	1,6214	5,3763	943,35	1074,1	1,4941	5,3176	978,77	1126,4	1,3563	5,2540	1004,3	1170,3
460	1,6335	5,3929	955,45	1081,4	1,5056	5,3345	991,04	1133,9	1,3729	5,2728	1017,9	1178,5
470	1,6456	5,4093	967,56	1088,8	1,5171	5,3511	1003,3	1141,3	1,3879	5,2908	1031,2	1186,6
480	1,6577	5,4255	979,68	1096,3	1,5284	5,3676	1015,6	1148,9	1,4019	5,3084	1044,4	1194,7
490	1,6697	5,4415	991,82	1103,8	1,5397	5,3838	1027,9	1156,5	1,4152	5,3256	1057,4	1202,8
500	1,6817	5,4573	1004,0	1111,4	1,5509	5,3998	1040,2	1164,2	1,4279	5,3424	1070,4	1210,9
510	1,6937	5,4729	1016,1	1119,0	1,5620	5,4156	1052,5	1172,0	1,4403	5,3590	1083,3	1219,0
520	1,7057	5,4884	1028,3	1126,8	1,5731	5,4313	1064,9	1179,8	1,4523	5,3753	1096,1	1227,2
530	1,7176	5,5036	1040,5	1134,5	1,5842	5,4467	1077,2	1187,7	1,4640	5,3913	1108,9	1235,4
540	1,7295	5,5187	1052,7	1142,4	1,5951	5,4620	1089,5	1195,6	1,4755	5,4072	1121,7	1243,6
550	1,7413	5,5336	1064,8	1150,3	1,6061	5,4771	1101,9	1203,6	1,4868	5,4228	1134,5	1251,8
560	1,7532	5,5484	1077,1	1158,2	1,6169	5,4920	1114,3	1211,7	1,4979	5,4381	1147,2	1260,1
570	1,7650	5,5630	1089,3	1166,3	1,6277	5,5068	1126,6	1219,8	1,5089	5,4533	1159,9	1268,5
580	1,7768	5,5774	1101,5	1174,3	1,6385	5,5214	1139,0	1228,0	1,5196	5,4683	1172,6	1276,9
590	1,7886	5,5916	1113,7	1182,5	1,6492	5,5358	1151,4	1236,2	1,5303	5,4831	1185,3	1285,3

Tafel I. Luft von −50 bis 1250 °C (Fortsetzung)

t °C	p = 3000 bar				p = 3500 bar				p = 4000 bar			
	v dm³/kg	s kJ/kg grd	i kJ/kg	e kJ/kg	v dm³/kg	s kJ/kg grd	i kJ/kg	e kJ/kg	v dm³/kg	s kJ/kg grd	i kJ/kg	e kJ/kg
600	1,8003	5,6057	1126,0	1190,6	1,6599	5,5501	1163,8	1244,5	1,5409	5,4977	1198,0	1293,8
620	1,8237	5,6335	1150,5	1207,2	1,6812	5,5782	1188,6	1261,2	1,5616	5,5264	1223,4	1310,9
640	1,8470	5,6607	1175,1	1223,9	1,7022	5,6057	1213,4	1278,1	1,5820	5,5545	1248,7	1328,1
660	1,8702	5,6874	1199,7	1240,8	1,7232	5,6326	1238,2	1295,2	1,6021	5,5819	1274,0	1345,5
680	1,8934	5,7135	1224,3	1257,9	1,7440	5,6590	1263,1	1312,4	1,6218	5,6088	1299,3	1363,1
700	1,9164	5,7391	1249,0	1275,2	1,7647	5,6848	1288,0	1329,9	1,6414	5,6351	1324,7	1380,9
720	1,9394	5,7642	1273,7	1292,7	1,7852	5,7102	1313,0	1347,5	1,6607	5,6608	1350,0	1398,8
740	1,9622	5,7889	1298,4	1310,3	1,8057	5,7351	1337,9	1365,3	1,6798	5,6861	1375,3	1416,8
760	1,9850	5,8131	1323,2	1328,1	1,8260	5,7595	1362,9	1383,3	1,6987	5,7108	1400,6	1435,0
780	2,0077	5,8369	1348,0	1346,0	1,8462	5,7835	1387,9	1401,4	1,7175	5,7351	1426,0	1453,3
800	2,0303	5,8602	1372,8	1364,1	1,8664	5,8071	1413,0	1419,6	1,7361	5,7590	1451,3	1471,8
820	2,0529	5,8832	1397,6	1382,3	1,8864	5,8302	1438,1	1438,0	1,7546	5,7824	1476,7	1490,4
840	2,0754	5,9058	1422,5	1400,7	1,9064	5,8530	1463,1	1456,5	1,7729	5,8054	1502,0	1509,2
860	2,0978	5,9279	1447,4	1419,2	1,9263	5,8754	1488,3	1475,2	1,7911	5,8280	1527,4	1528,0
880	2,1201	5,9498	1472,3	1437,9	1,9461	5,8974	1513,4	1494,0	1,8092	5,8503	1552,8	1547,0
900	2,1424	5,9712	1497,3	1456,6	1,9658	5,9190	1538,6	1512,9	1,8272	5,8721	1578,2	1566,1
920	2,1645	5,9924	1522,3	1475,5	1,9855	5,9403	1563,7	1532,0	1,8452	5,8936	1603,7	1585,4
940	2,1867	6,0131	1547,3	1494,5	2,0050	5,9613	1588,9	1551,1	1,8630	5,9148	1629,1	1604,7
960	2,2087	6,0336	1572,3	1513,6	2,0245	5,9819	1614,2	1570,4	1,8807	5,9356	1654,6	1624,2
980	2,2307	6,0538	1597,3	1532,9	2,0440	6,0023	1639,4	1589,8	1,8984	5,9561	1680,0	1643,7
1000	2,2526	6,0736	1622,4	1552,2	2,0634	6,0223	1664,7	1609,3	1,9159	5,9763	1705,5	1663,4
1050	2,3071	6,1220	1685,1	1601,0	2,1115	6,0710	1727,9	1658,5	1,9595	6,0255	1769,3	1712,9
1100	2,3613	6,1687	1747,9	1650,3	2,1593	6,1181	1791,2	1708,2	2,0027	6,0729	1833,1	1763,1
1150	2,4151	6,2138	1810,8	1700,2	2,2067	6,1635	1854,6	1758,5	2,0455	6,1187	1897,0	1813,8
1200	2,4685	6,2574	1873,8	1750,7	2,2538	6,2074	1918,0	1809,3	2,0879	6,1630	1960,9	1865,0
1250	2,5216	6,2996	1936,8	1801,5	2,3005	6,2500	1981,5	1860,6	2,1300	6,2058	2024,9	1916,6

t °C	p = 4500 bar				t °C	p = 4500 bar			
	v dm³/kg	s kJ/kg grd	i kJ/kg	e kJ/kg		v dm³/kg	s kJ/kg grd	i kJ/kg	e kJ/kg
					800	1,6251	5,7135	1486,5	1520,1
					820	1,6430	5,7374	1512,4	1539,1
					840	1,6606	5,7609	1538,2	1558,2
580	1,3746	5,4031	1189,8	1312,9	860	1,6781	5,7839	1564,0	1577,4
590	1,3961	5,4222	1206,2	1323,7	880	1,6953	5,8064	1589,8	1596,7
600	1,4128	5,4394	1221,1	1333,7	900	1,7123	5,8286	1615,6	1616,0
620	1,4409	5,4714	1249,4	1352,7	920	1,7292	5,8504	1641,4	1635,5
640	1,4655	5,5017	1276,7	1371,3	940	1,7460	5,8719	1667,2	1655,1
660	1,4883	5,5307	1303,5	1389,8	960	1,7626	5,8930	1692,9	1674,8
680	1,5097	5,5589	1330,1	1408,2	980	1,7791	5,9137	1718,7	1694,6
700	1,5303	5,5862	1356,4	1426,7	1000	1,7955	5,9341	1744,5	1714,5
720	1,5502	5,6129	1382,6	1445,2	1050	1,8360	5,9838	1808,9	1764,6
740	1,5695	5,6389	1408,7	1463,8	1100	1,8759	6,0317	1873,3	1815,3
760	1,5884	5,6643	1434,7	1482,5	1150	1,9153	6,0779	1937,8	1866,4
780	1,6069	5,6892	1460,6	1501,2	1200	1,9543	6,1225	2002,3	1918,0
					1250	1,9929	6,1657	2066,8	1970,1

Tafel II. Spez. Wärmekapazitäten der Luft von −50 bis 1200 °C

t °C	$p = 0$ bar c_v kJ/kg grd	c_p kJ/kg grd	$p = 1$ bar c_v kJ/kg grd	c_p kJ/kg grd	$p = 5$ bar c_v kJ/kg grd	c_p kJ/kg grd	$p = 10$ bar c_v kJ/kg grd	c_p kJ/kg grd	$p = 20$ bar c_v kJ/kg grd	c_p kJ/kg grd	$p = 40$ bar c_v kJ/kg grd	c_p kJ/kg grd
−50	0,7161	1,003	0,7173	1,007	0,7218	1,023	0,7271	1,044	0,7366	1,084	0,7525	1,168
0	0,7171	1,004	0,7176	1,006	0,7195	1,015	0,7218	1,026	0,7259	1,047	0,7332	1,090
50	0,7194	1,007	0,7197	1,008	0,7206	1,013	0,7217	1,020	0,7237	1,033	0,7274	1,059
100	0,7236	1,011	0,7237	1,012	0,7242	1,015	0,7248	1,020	0,7259	1,029	0,7280	1,046
150	0,7298	1,017	0,7299	1,018	0,7301	1,020	0,7305	1,023	0,7311	1,030	0,7323	1,043
200	0,7379	1,025	0,7379	1,026	0,7381	1,028	0,7383	1,030	0,7386	1,035	0,7394	1,044
250	0,7475	1,035	0,7475	1,035	0,7476	1,037	0,7477	1,039	0,7479	1,042	0,7484	1,050
300	0,7582	1,045	0,7582	1,046	0,7583	1,047	0,7584	1,049	0,7585	1,052	0,7588	1,058
350	0,7697	1,057	0,7697	1,057	0,7698	1,058	0,7698	1,060	0,7699	1,062	0,7701	1,067
400	0,7817	1,069	0,7817	1,069	0,7817	1,070	0,7817	1,071	0,7818	1,073	0,7819	1,077
450	0,7937	1,081	0,7937	1,081	0,7937	1,082	0,7938	1,083	0,7938	1,085	0,7939	1,088
500	0,8056	1,093	0,8056	1,093	0,8056	1,094	0,8057	1,094	0,8057	1,096	0,8058	1,099
550	0,8172	1,104	0,8172	1,105	0,8172	1,105	0,8173	1,106	0,8173	1,107	0,8173	1,110
600	0,8284	1,116	0,8284	1,116	0,8284	1,116	0,8284	1,117	0,8284	1,118	0,8285	1,121
700	0,8492	1,136	0,8492	1,137	0,8492	1,137	0,8492	1,137	0,8492	1,138	0,8492	1,140
800	0,8677	1,155	0,8677	1,155	0,8677	1,155	0,8677	1,156	0,8677	1,157	0,8677	1,158
900	0,8840	1,171	0,8840	1,171	0,8840	1,172	0,8840	1,172	0,8840	1,173	0,8840	1,174
1000	0,8982	1,185	0,8982	1,185	0,8982	1,186	0,8982	1,186	0,8982	1,187	0,8982	1,188
1100	0,9107	1,198	0,9107	1,198	0,9107	1,198	0,9107	1,198	0,9107	1,199	0,9107	1,200
1200	0,9218	1,209	0,9218	1,209	0,9218	1,209	0,9218	1,209	0,9218	1,210	0,9218	1,211

Tafel II. Spez. Wärmekapazitäten der Luft von −50 bis 1200 °C (Fortsetzung)

t °C	$p = 60$ bar c_v kJ/kg grd	c_p kJ/kg grd	$p = 80$ bar c_v kJ/kg grd	c_p kJ/kg grd	$p = 100$ bar c_v kJ/kg grd	c_p kJ/kg grd	$p = 120$ bar c_v kJ/kg grd	c_p kJ/kg grd	$p = 140$ bar c_v kJ/kg grd	c_p kJ/kg grd	$p = 160$ bar c_v kJ/kg grd	c_p kJ/kg grd
−50	0,7653	1,256	0,7759	1,346	0,7847	1,430	0,7916	1,501	0,7967	1,555	0,8004	1,591
0	0,7395	1,133	0,7452	1,175	0,7506	1,216	0,7555	1,253	0,7601	1,287	0,7643	1,316
50	0,7308	1,085	0,7340	1,110	0,7372	1,133	0,7402	1,156	0,7432	1,177	0,7461	1,196
100	0,7299	1,063	0,7318	1,080	0,7337	1,096	0,7356	1,111	0,7375	1,125	0,7395	1,138
150	0,7335	1,055	0,7347	1,067	0,7359	1,078	0,7371	1,089	0,7384	1,099	0,7397	1,109
200	0,7401	1,054	0,7409	1,063	0,7417	1,072	0,7425	1,080	0,7434	1,088	0,7442	1,095
250	0,7489	1,057	0,7494	1,064	0,7499	1,071	0,7505	1,078	0,7511	1,084	0,7517	1,090
300	0,7592	1,064	0,7595	1,069	0,7599	1,075	0,7603	1,080	0,7607	1,085	0,7611	1,090
350	0,7704	1,072	0,7706	1,077	0,7709	1,081	0,7711	1,086	0,7714	1,090	0,7718	1,094
400	0,7821	1,082	0,7823	1,086	0,7825	1,090	0,7827	1,093	0,7829	1,097	0,7831	1,100
450	0,7940	1,092	0,7941	1,095	0,7943	1,099	0,7944	1,102	0,7946	1,105	0,7948	1,108
500	0,8058	1,102	0,8059	1,105	0,8060	1,108	0,8061	1,111	0,8063	1,114	0,8064	1,116
550	0,8174	1,113	0,8174	1,115	0,8175	1,118	0,8176	1,120	0,8177	1,123	0,8178	1,125
600	0,8285	1,123	0,8286	1,125	0,8286	1,128	0,8287	1,130	0,8288	1,132	0,8288	1,134
700	0,8492	1,142	0,8493	1,144	0,8493	1,146	0,8493	1,148	0,8494	1,149	0,8494	1,151
800	0,8677	1,160	0,8677	1,161	0,8677	1,163	0,8678	1,164	0,8678	1,166	0,8678	1,167
900	0,8840	1,175	0,8840	1,176	0,8840	1,178	0,8840	1,179	0,8840	1,180	0,8840	1,181
1000	0,8982	1,189	0,8982	1,190	0,8982	1,191	0,8982	1,192	0,8982	1,193	0,8982	1,194
1100	0,9107	1,201	0,9107	1,202	0,9107	1,203	0,9107	1,203	0,9107	1,204	0,9107	1,205
1200	0,9218	1,212	0,9218	1,212	0,9218	1,213	0,9218	1,214	0,9218	1,215	0,9218	1,215

Tafel II. Spez. Wärmekapazitäten der Luft von -50 bis $1200\,°C$ (Fortsetzung)

t °C	$p=180$ bar c_v kJ/kg grd	$p=180$ bar c_p kJ/kg grd	$p=200$ bar c_v kJ/kg grd	$p=200$ bar c_p kJ/kg grd	$p=250$ bar c_v kJ/kg grd	$p=250$ bar c_p kJ/kg grd	$p=300$ bar c_v kJ/kg grd	$p=300$ bar c_p kJ/kg grd	$p=350$ bar c_v kJ/kg grd	$p=350$ bar c_p kJ/kg grd	$p=400$ bar c_v kJ/kg grd	$p=400$ bar c_p kJ/kg grd
−50	0,8030	1,612	0,8052	1,623	0,8101	1,622	0,8161	1,604	0,8228	1,580	0,8296	1,557
0	0,7680	1,341	0,7713	1,361	0,7780	1,394	0,7834	1,409	0,7881	1,412	0,7926	1,411
50	0,7489	1,213	0,7515	1,229	0,7575	1,260	0,7625	1,282	0,7667	1,295	0,7705	1,304
100	0,7414	1,150	0,7432	1,161	0,7477	1,186	0,7518	1,204	0,7554	1,220	0,7586	1,230
150	0,7410	1,118	0,7423	1,126	0,7455	1,145	0,7486	1,160	0,7515	1,173	0,7541	1,183
200	0,7451	1,102	0,7461	1,108	0,7484	1,123	0,7507	1,135	0,7530	1,145	0,7551	1,154
250	0,7523	1,095	0,7530	1,100	0,7548	1,112	0,7565	1,122	0,7582	1,131	0,7599	1,138
300	0,7616	1,095	0,7621	1,099	0,7634	1,109	0,7647	1,117	0,7660	1,125	0,7673	1,130
350	0,7721	1,098	0,7725	1,102	0,7734	1,110	0,7744	1,117	0,7755	1,123	0,7765	1,128
400	0,7834	1,104	0,7836	1,107	0,7844	1,114	0,7852	1,120	0,7860	1,125	0,7868	1,130
450	0,7950	1,111	0,7952	1,114	0,7957	1,120	0,7963	1,125	0,7970	1,130	0,7977	1,134
500	0,8065	1,119	0,8067	1,121	0,8071	1,127	0,8076	1,132	0,8081	1,136	0,8087	1,140
550	0,8179	1,127	0,8180	1,130	0,8184	1,135	0,8188	1,139	0,8192	1,143	0,8196	1,146
600	0,8289	1,136	0,8290	1,138	0,8293	1,143	0,8296	1,146	0,8300	1,150	0,8303	1,153
700	0,8495	1,153	0,8495	1,154	0,8498	1,158	0,8499	1,162	0,8502	1,165	0,8504	1,167
800	0,8679	1,168	0,8679	1,170	0,8680	1,173	0,8682	1,176	0,8684	1,179	0,8685	1,181
900	0,8841	1,182	0,8841	1,184	0,8842	1,187	0,8843	1,189	0,8844	1,192	0,8845	1,194
1000	0,8982	1,195	0,8982	1,196	0,8983	1,199	0,8984	1,201	0,8985	1,203	0,8985	1,205
1100	0,9107	1,206	0,9107	1,207	0,9108	1,210	0,9108	1,211	0,9109	1,213	0,9109	1,215
1200	0,9218	1,216	0,9218	1,217	0,9218	1,219	0,9219	1,221	0,9219	1,223	0,9219	1,224

Tafel II. Spez. Wärmekapazitäten der Luft von -50 bis $1200\,°C$ (Fortsetzung)

t °C	$p=450$ bar c_v kJ/kg grd	$p=450$ bar c_p kJ/kg grd	$p=500$ bar c_v kJ/kg grd	$p=500$ bar c_p kJ/kg grd	$p=550$ bar c_v kJ/kg grd	$p=550$ bar c_p kJ/kg grd	$p=600$ bar c_v kJ/kg grd	$p=600$ bar c_p kJ/kg grd	$p=650$ bar c_v kJ/kg grd	$p=650$ bar c_p kJ/kg grd	$p=700$ bar c_v kJ/kg grd	$p=700$ bar c_p kJ/kg grd
−50	0,8359	1,534	0,8414	1,513	0,8461	1,494	0,8498	1,477	0,8526	1,461	0,8546	1,447
0	0,7972	1,406	0,8018	1,400	0,8064	1,394	0,8110	1,389	0,8155	1,383	0,8199	1,378
50	0,7740	1,308	0,7772	1,309	0,7804	1,309	0,7835	1,308	0,7867	1,306	0,7898	1,304
100	0,7615	1,239	0,7641	1,244	0,7666	1,248	0,7690	1,250	0,7712	1,252	0,7735	1,252
150	0,7566	1,192	0,7587	1,198	0,7608	1,204	0,7627	1,208	0,7645	1,212	0,7662	1,214
200	0,7571	1,162	0,7589	1,169	0,7606	1,174	0,7622	1,179	0,7637	1,184	0,7651	1,187
250	0,7614	1,145	0,7630	1,151	0,7644	1,156	0,7657	1,161	0,7670	1,165	0,7681	1,169
300	0,7686	1,136	0,7698	1,141	0,7710	1,146	0,7721	1,150	0,7732	1,154	0,7742	1,158
350	0,7776	1,133	0,7786	1,138	0,7795	1,141	0,7805	1,145	0,7813	1,149	0,7822	1,152
400	0,7877	1,134	0,7885	1,138	0,7893	1,141	0,7900	1,145	0,7908	1,148	0,7915	1,151
450	0,7984	1,138	0,7990	1,141	0,7997	1,144	0,8003	1,147	0,8010	1,149	0,8016	1,152
500	0,8092	1,143	0,8098	1,146	0,8103	1,149	0,8109	1,151	0,8114	1,153	0,8120	1,155
550	0,8201	1,150	0,8205	1,152	0,8210	1,154	0,8215	1,156	0,8219	1,158	0,8224	1,160
600	0,8307	1,156	0,8311	1,158	0,8315	1,161	0,8318	1,162	0,8322	1,164	0,8326	1,166
700	0,8507	1,170	0,8509	1,172	0,8512	1,174	0,8515	1,175	0,8518	1,177	0,8521	1,178
800	0,8687	1,184	0,8689	1,185	0,8691	1,187	0,8693	1,188	0,8695	1,190	0,8697	1,191
900	0,8847	1,196	0,8848	1,197	0,8849	1,199	0,8851	1,200	0,8852	1,201	0,8854	1,203
1000	0,8987	1,207	0,8987	1,208	0,8989	1,210	0,8990	1,211	0,8991	1,212	0,8992	1,213
1100	0,9110	1,217	0,9111	1,218	0,9112	1,219	0,9112	1,221	0,9113	1,222	0,9114	1,223
1200	0,9220	1,226	0,9221	1,227	0,9221	1,228	0,9222	1,230	0,9223	1,231	0,9224	1,232

Tafel II. Spez. Wärmekapazitäten der Luft von −50 bis 1200 °C (Fortsetzung)

t °C	p = 800 bar c_v kJ/kg grd	p = 800 bar c_p kJ/kg grd	p = 900 bar c_v kJ/kg grd	p = 900 bar c_p kJ/kg grd	p = 1000 bar c_v kJ/kg grd	p = 1000 bar c_p kJ/kg grd	p = 1200 bar c_v kJ/kg grd	p = 1200 bar c_p kJ/kg grd	p = 1400 bar c_v kJ/kg grd	p = 1400 bar c_p kJ/kg grd	p = 1600 bar c_v kJ/kg grd	p = 1600 bar c_p kJ/kg grd
−50	0,8563	1,423	0,8557	1,405	0,8533	1,393						
0	0,8285	1,370	0,8367	1,363	0,8447	1,359	0,8608	1,354	0,8782	1,357	0,8982	1,366
50	0,7960	1,299	0,8022	1,295	0,8086	1,291	0,8219	1,285	0,8365	1,281	0,8532	1,279
100	0,7778	1,251	0,7821	1,249	0,7865	1,247	0,7956	1,242	0,8056	1,237	0,8169	1,233
150	0,7695	1,218	0,7727	1,219	0,7758	1,218	0,7821	1,216	0,7888	1,213	0,7964	1,209
200	0,7677	1,193	0,7702	1,196	0,7726	1,198	0,7772	1,199	0,7819	1,198	0,7871	1,196
250	0,7703	1,175	0,7724	1,180	0,7743	1,184	0,7779	1,188	0,7814	1,190	0,7851	1,190
300	0,7760	1,164	0,7777	1,170	0,7793	1,175	0,7822	1,181	0,7850	1,185	0,7878	1,186
350	0,7838	1,158	0,7852	1,164	0,7866	1,169	0,7890	1,177	0,7913	1,182	0,7934	1,185
400	0,7929	1,156	0,7941	1,161	0,7953	1,166	0,7973	1,175	0,7992	1,181	0,8010	1,186
450	0,8027	1,157	0,8038	1,162	0,8048	1,166	0,8066	1,174	0,8082	1,181	0,8097	1,187
500	0,8129	1,160	0,8139	1,164	0,8147	1,168	0,8163	1,176	0,8177	1,183	0,8190	1,189
550	0,8232	1,164	0,8240	1,168	0,8248	1,171	0,8262	1,179	0,8274	1,185	0,8285	1,192
600	0,8334	1,169	0,8341	1,172	0,8347	1,175	0,8359	1,182	0,8370	1,189	0,8380	1,195
700	0,8526	1,181	0,8532	1,183	0,8537	1,186	0,8546	1,191	0,8555	1,196	0,8563	1,202
800	0,8701	1,193	0,8706	1,195	0,8710	1,197	0,8717	1,201	0,8724	1,205	0,8731	1,210
900	0,8857	1,204	0,8861	1,206	0,8864	1,207	0,8870	1,210	0,8876	1,214	0,8881	1,218
1000	0,8995	1,215	0,8997	1,216	0,9000	1,218	0,9005	1,220	0,9010	1,223	0,9014	1,226
1100	0,9116	1,224	0,9118	1,226	0,9121	1,227	0,9125	1,229	0,9128	1,231	0,9132	1,233
1200	0,9225	1,233	0,9227	1,234	0,9228	1,235	0,9232	1,237	0,9235	1,239	0,9238	1,241

Tafel II. Spez. Wärmekapazitäten der Luft von −50 bis 1200 °C (Fortsetzung)

t °C	p = 1800 bar c_v kJ/kg grd	p = 1800 bar c_p kJ/kg grd	p = 2000 bar c_v kJ/kg grd	p = 2000 bar c_p kJ/kg grd	p = 2500 bar c_v kJ/kg grd	p = 2500 bar c_p kJ/kg grd	p = 3000 bar c_v kJ/kg grd	p = 3000 bar c_p kJ/kg grd	p = 3500 bar c_v kJ/kg grd	p = 3500 bar c_p kJ/kg grd	p = 4000 bar c_v kJ/kg grd	p = 4000 bar c_p kJ/kg grd
−50												
0	0,9219	1,382	0,9501	1,405								
50	0,8727	1,278	0,8956	1,279	0,9714	1,291						
100	0,8302	1,228	0,8459	1,222	0,8998	1,204	0,9839	1,185				
150	0,8050	1,204	0,8153	1,199	0,8512	1,177	0,9120	1,135				
200	0,7928	1,193	0,7995	1,190	0,8228	1,175	0,8635	1,138				
250	0,7890	1,189	0,7936	1,187	0,8087	1,180	0,8347	1,160	0,9005	1,090		
300	0,7906	1,187	0,7938	1,187	0,8040	1,186	0,8205	1,180	0,8572	1,166		
350	0,7957	1,187	0,7980	1,189	0,8051	1,191	0,8159	1,193	0,8369	1,202		
400	0,8028	1,189	0,8046	1,191	0,8098	1,196	0,8171	1,202	0,8299	1,218		
450	0,8112	1,191	0,8126	1,195	0,8166	1,201	0,8218	1,209	0,8300	1,226	0,8502	1,386
500	0,8202	1,194	0,8214	1,198	0,8246	1,206	0,8284	1,215	0,8340	1,232	0,8447	1,292
550	0,8296	1,197	0,8306	1,202	0,8332	1,211	0,8361	1,220	0,8401	1,236	0,8468	1,275
600	0,8390	1,201	0,8398	1,205	0,8420	1,216	0,8443	1,225	0,8473	1,239	0,8518	1,269
700	0,8570	1,208	0,8577	1,213	0,8593	1,224	0,8609	1,234	0,8627	1,246	0,8651	1,266
800	0,8737	1,215	0,8742	1,220	0,8754	1,232	0,8766	1,242	0,8779	1,253	0,8794	1,268
900	0,8886	1,222	0,8890	1,227	0,8900	1,238	0,8910	1,249	0,8919	1,259	0,8929	1,272
1000	0,9018	1,230	0,9022	1,234	0,9030	1,244	0,9038	1,255	0,9045	1,265	0,9052	1,276
1100	0,9136	1,236	0,9139	1,240	0,9146	1,249	0,9152	1,259	0,9158	1,269	0,9164	1,279
1200	0,9241	1,243	0,9244	1,246	0,9250	1,254	0,9255	1,264	0,9260	1,273	0,9265	1,283

Tafel III. Luft von 60 bis 450 °K

T °K	v dm³/kg	s kJ/kg grd	i kJ/kg	e kJ/kg	v dm³/kg	s kJ/kg grd	i kJ/kg	e kJ/kg	v dm³/kg	s kJ/kg grd	i kJ/kg	e kJ/kg
	\multicolumn{4}{c}{$p = 0{,}01$ bar}	\multicolumn{4}{c}{$p = 0{,}1$ bar}	\multicolumn{4}{c}{$p = 0{,}5$ bar}
60	17209	6,5779	59,792	−156,27								
65	18644	6,6583	64,816	−174,42								
70	20081	6,7327	69,838	−190,85	1995,1	6,0668	69,376	0,58969				
75	21530	6,8022	74,872	−205,83	2141,2	6,1371	74,476	− 14,588				
80	22969	6,8670	79,893	−219,49	2286,7	6,2027	79,556	− 28,402	448,32	5,7271	78,045	107,12
85	24407	6,9279	84,913	−232,01	2431,7	6,2641	84,621	− 41,035	478,55	5,7912	83,327	93,947
90	25830	6,9851	89,917	−243,48	2576,4	6,3219	89,676	− 52,630	508,49	5,8509	88,553	81,956
95	27275	7,0394	94,942	−254,12	2721,1	6,3765	94,724	− 63,313	538,21	5,9070	93,740	70,981
100	28706	7,0908	99,953	−263,92	2865,5	6,4282	99,766	− 73,174	567,76	5,9599	98,896	60,896
105	30144	7,1398	104,97	−273,01	3009,8	6,4774	104,80	− 82,301	597,18	6,0100	104,03	51,598
110	31583	7,1865	109,99	−281,45	3154,0	6,5242	109,84	− 90,763	626,50	6,0576	109,14	43,003
115	33015	7,2310	115,00	−289,28	3298,1	6,5689	114,87	− 98,619	655,73	6,1029	114,24	35,041
120	34457	7,2738	120,02	−296,57	3442,2	6,6117	119,90	−105,92	684,90	6,1462	119,32	27,652
125	35886	7,3147	125,03	−303,34	3586,1	6,6528	124,92	−112,72	714,00	6,1876	124,40	20,787
130	37328	7,3541	130,05	−309,67	3730,1	6,6922	129,95	−119,06	743,07	6,2274	129,47	14,400
135	38773	7,3920	135,07	−315,58	3874,1	6,7301	134,98	−124,96	772,08	6,2657	134,55	8,4305
140	40200	7,4284	140,08	−321,06	4017,8	6,7666	139,99	−130,46	801,06	6,3024	139,59	2,9064
145	41638	7,4636	145,09	−326,19	4161,7	6,8019	145,01	−135,60	830,02	6,3378	144,63	− 2,2508
150	43081	7,4976	150,12	−330,98	4305,6	6,8359	150,04	−140,38	858,96	6,3720	149,68	− 7,0622
155	44506	7,5304	155,12	−335,43	4449,3	6,8688	155,05	−144,85	887,88	6,4051	154,72	−11,549
160	45951	7,5623	160,14	−339,60	4593,2	6,9007	160,07	−149,01	916,78	6,4371	159,76	−15,731
165	47382	7,5932	165,15	−343,47	4736,9	6,9316	165,09	−152,90	945,67	6,4681	164,80	−19,628
170	48823	7,6231	170,17	−347,09	4880,7	6,9616	170,11	−156,51	974,54	6,4982	169,84	−23,256
175	50250	7,6522	175,18	−350,45	5024,3	6,9906	175,13	−159,88	1003,4	6,5273	174,87	−26,632
180	51686	7,6804	180,19	−353,57	5168,0	7,0189	180,15	−163,00	1032,2	6,5557	179,90	−29,770
185	53133	7,7080	185,22	−356,48	5311,9	7,0464	185,17	−165,91	1061,1	6,5833	184,94	−32,683
190	54570	7,7347	190,23	−359,18	5455,6	7,0732	190,18	−168,60	1089,9	6,6101	189,97	−35,384
195	56006	7,7608	195,25	−361,67	5599,3	7,0992	195,20	−171,10	1118,7	6,6362	194,99	−37,883
200	57439	7,7861	200,26	−363,97	5743,0	7,1247	200,22	−173,40	1147,5	6,6617	200,02	−40,191
210	60307	7,8351	210,28	−368,04	6030,4	7,1736	210,25	−177,47	1205,2	6,7107	210,08	−44,271
220	63186	7,8818	220,32	−371,46	6317,7	7,2203	220,29	−180,89	1262,8	6,7575	220,13	−47,693
230	66047	7,9263	230,34	−374,27	6605,0	7,2649	230,32	−183,71	1320,3	6,8022	230,18	−50,516
240	68918	7,9690	240,38	−376,54	6892,3	7,3076	240,36	−185,98	1377,9	6,8449	240,22	−52,790
250	71785	8,0100	250,41	−378,31	7179,6	7,3486	250,40	−187,75	1435,4	6,8859	250,27	−54,562
260	74660	8,0493	260,45	−379,62	7466,9	7,3880	260,44	−189,06	1493,0	6,9254	260,32	−55,870
270	77529	8,0872	270,48	−380,50	7754,3	7,4259	270,48	−189,94	1550,5	6,9633	270,37	−56,749
280	80392	8,1237	280,52	−380,98	8041,4	7,4624	280,52	−190,42	1608,0	6,9998	280,42	−57,231
290	83264	8,1590	290,56	−381,09	8328,7	7,4977	290,57	−190,53	1665,5	7,0351	290,48	−57,343
300	86141	8,1931	300,62	−380,86	8616,0	7,5317	300,62	−190,30	1723,0	7,0692	300,54	−57,111
310	89011	8,2260	310,67	−380,31	8903,4	7,5647	310,68	−189,74	1780,5	7,1022	310,60	−56,555
320	91901	8,2580	320,75	−379,45	9190,7	7,5967	320,74	−188,89	1838,0	7,1342	320,67	−55,698
330	94786	8,2891	330,83	−378,31	9478,2	7,6277	330,82	−187,74	1895,5	7,1652	330,74	−54,557
340	97634	8,3191	340,89	−376,90	9765,1	7,6577	340,89	−186,34	1953,0	7,1953	340,82	−53,148
350	100506	8,3483	350,97	−375,24	10052	7,6870	350,97	−184,68	2010,5	7,2245	350,91	−51,486
360	103377	8,3767	361,06	−373,34	10340	7,7154	361,06	−182,78	2068,0	7,2530	361,01	−49,585
370	106259	8,4044	371,17	−371,22	10627	7,7431	371,17	−180,65	2125,5	7,2807	371,11	−47,458
380	109139	8,4314	381,28	−368,87	10915	7,7700	381,28	−178,31	2183,0	7,3076	381,23	−45,116
390	112019	8,4577	391,41	−366,33	11202	7,7963	391,40	−175,76	2240,5	7,3339	391,35	−42,570
400	114854	8,4833	401,51	−363,60	11489	7,8220	401,53	−173,02	2297,9	7,3596	401,49	−39,829
410	117756	8,5084	411,68	−360,66	11776	7,8470	411,67	−170,10	2355,4	7,3846	411,63	−36,901
420	120604	8,5328	421,82	−357,57	12063	7,8715	421,83	−166,99	2412,9	7,4091	421,80	−33,796
430	123505	8,5568	432,02	−354,28	12351	7,8954	432,00	−163,72	2470,3	7,4331	431,97	−30,520
440	126343	8,5802	442,17	−350,86	12638	7,9189	442,19	−160,28	2527,8	7,4565	442,16	−27,081
450	129237	8,6031	452,39	−347,25	12925	7,9418	452,39	−156,68	2585,3	7,4794	452,36	−23,484

Tafel III. Luft von 60 bis 450 °K (Fortsetzung)

T °K	p = 0,75 bar v dm³/kg	s kJ/kg grd	i kJ/kg	e kJ/kg	p = 1 bar v dm³/kg	s kJ/kg grd	i kJ/kg	e kJ/kg	p = 2 bar v dm³/kg	s kJ/kg grd	i kJ/kg	e kJ/kg
80	295,07	5,6022	77,083	142,16								
85	315,75	5,6679	82,506	128,64	234,32	5,5784	81,675	153,61				
90	336,13	5,7290	87,844	116,39	249,93	5,6407	87,127	141,10	120,54	5,4186	84,191	202,16
95	356,29	5,7860	93,119	105,23	265,31	5,6988	92,495	129,74	128,79	5,4809	89,948	189,98
100	376,27	5,8396	98,348	95,002	280,51	5,7532	97,797	119,37	136,84	5,5385	95,562	179,00
105	396,12	5,8903	103,54	85,595	295,58	5,8044	103,05	109,85	144,74	5,5922	101,07	169,02
110	415,87	5,9384	108,70	76,916	310,54	5,8530	108,26	101,08	152,54	5,6427	106,49	159,90
115	435,53	5,9841	113,84	68,887	325,42	5,8990	113,45	92,987	160,24	5,6903	111,85	151,53
120	455,12	6,0277	118,97	61,446	340,23	5,9430	118,61	85,493	167,87	5,7355	117,16	143,82
125	474,65	6,0694	124,07	54,538	354,97	5,9849	123,75	78,542	175,45	5,7785	122,43	136,69
130	494,14	6,1093	129,17	48,116	369,68	6,0251	128,87	72,086	182,97	5,8196	127,66	130,10
135	513,58	6,1479	134,28	42,109	384,33	6,0639	134,01	66,039	190,45	5,8594	132,94	123,89
140	532,99	6,1847	139,34	36,570	398,95	6,1008	139,08	60,485	197,89	5,8967	138,06	118,28
145	552,38	6,2202	144,40	31,397	413,55	6,1364	144,16	55,297	205,31	5,9328	143,20	113,03
150	571,74	6,2545	149,46	26,571	428,13	6,1708	149,23	50,456	212,71	5,9676	148,34	108,13
155	591,09	6,2877	154,51	22,071	442,69	6,2041	154,30	45,944	220,09	6,0012	153,47	103,56
160	610,41	6,3198	159,57	17,878	457,23	6,2363	159,37	41,739	227,45	6,0337	158,59	99,314
165	629,73	6,3508	164,62	13,972	471,75	6,2674	164,44	37,823	234,80	6,0652	163,70	95,360
170	649,02	6,3810	169,67	10,335	486,27	6,2976	169,49	34,179	242,13	6,0957	168,81	91,684
175	668,31	6,4102	174,71	6,9527	500,76	6,3269	174,55	30,790	249,44	6,1252	173,90	88,267
180	687,58	6,4386	179,75	3,8091	515,25	6,3554	179,60	27,640	256,75	6,1539	178,99	85,094
185	706,85	6,4662	184,79	0,89105	529,73	6,3831	184,65	24,717	264,05	6,1817	184,07	82,152
190	726,10	6,4931	189,83	−1,8136	544,20	6,4100	189,69	22,008	271,34	6,2088	189,15	79,427
195	745,35	6,5193	194,87	−4,3162	558,66	6,4362	194,74	19,502	278,62	6,2352	194,22	76,906
200	764,59	6,5448	199,90	−6,6273	573,11	6,4617	199,78	17,188	285,89	6,2608	199,28	74,580
210	803,05	6,5939	209,96	−10,712	602,00	6,5109	209,85	13,098	300,42	6,3102	209,41	70,472
220	841,50	6,6407	220,02	−14,138	630,87	6,5577	219,92	9,6696	314,93	6,3572	219,52	67,029
230	879,92	6,6854	230,08	−16,963	659,72	6,6025	229,99	6,8421	329,42	6,4021	229,62	64,192
240	918,34	6,7282	240,14	−19,239	688,56	6,6453	240,05	4,5641	343,90	6,4451	239,71	61,907
250	956,73	6,7692	250,19	−21,012	717,39	6,6864	250,12	2,7903	358,36	6,4863	249,80	60,128
260	995,12	6,8087	260,25	−22,320	746,20	6,7258	260,18	1,4809	372,82	6,5258	259,89	58,816
270	1033,5	6,8466	270,31	−23,200	775,01	6,7638	270,24	0,60059	387,27	6,5639	269,97	57,934
280	1071,9	6,8832	280,36	−23,682	803,81	6,8004	280,30	0,11825	401,70	6,6006	280,05	57,450
290	1110,2	6,9185	290,42	−23,795	832,60	6,8357	290,37	0,00595	416,14	6,6359	290,13	57,338
300	1148,6	6,9526	300,49	−23,562	861,39	6,8698	300,43	0,23875	430,56	6,6701	300,22	57,571
310	1187,0	6,9856	310,55	−23,007	890,17	6,9029	310,50	0,79424	444,98	6,7032	310,30	58,127
320	1225,3	7,0176	320,62	−22,149	918,95	6,9348	320,58	1,6522	459,40	6,7352	320,39	58,987
330	1263,7	7,0486	330,70	−21,007	947,72	6,9659	330,66	2,7944	473,81	6,7663	330,48	60,130
340	1302,0	7,0787	340,78	−19,598	976,49	6,9960	340,74	4,2043	488,22	6,7964	340,58	61,542
350	1340,3	7,1080	350,87	−17,936	1005,3	7,0252	350,84	5,8668	502,63	6,8257	350,68	63,206
360	1378,7	7,1364	360,97	−16,035	1034,0	7,0537	360,94	7,7682	517,03	6,8542	360,80	65,109
370	1417,0	7,1641	371,08	−13,907	1062,8	7,0814	371,05	9,8961	531,43	6,8819	370,91	67,239
380	1455,4	7,1911	381,20	−11,565	1091,5	7,1084	381,16	12,239	545,83	6,9089	381,04	69,584
390	1493,7	7,2174	391,32	−9,0177	1120,3	7,1347	391,29	14,787	560,23	6,9352	391,18	72,133
400	1532,0	7,2430	401,46	−6,2759	1149,1	7,1603	401,43	17,529	574,62	6,9609	401,32	74,878
410	1570,3	7,2681	411,61	−3,3479	1177,8	7,1854	411,58	20,457	589,01	6,9860	411,48	77,808
420	1608,7	7,2926	421,77	−0,24205	1206,6	7,2099	421,75	23,564	603,40	7,0105	421,65	80,917
430	1647,0	7,3165	431,95	3,0342	1235,3	7,2339	431,93	26,841	617,79	7,0345	431,84	84,196
440	1685,3	7,3400	442,14	6,4740	1264,1	7,2573	442,12	30,281	632,18	7,0579	442,03	87,638
450	1723,6	7,3629	452,34	10,071	1292,8	7,2802	452,32	33,878	646,56	7,0809	452,25	91,237

Tafel III. Luft von 60 bis 450 °K (Fortsetzung)

T °K	p = 3 bar v dm³/kg	s kJ/kg grd	i kJ/kg	e kJ/kg	p = 4 bar v dm³/kg	s kJ/kg grd	i kJ/kg	e kJ/kg	p = 5 bar v dm³/kg	s kJ/kg grd	i kJ/kg	e kJ/kg
95	83,198	5,3448	87,315	226,55								
100	88,892	5,4059	93,269	214,91	64,870	5,3066	90,908	241,17	50,408	5,2250	88,464	262,22
105	94,427	5,4623	99,047	204,44	69,235	5,3658	96,980	230,17	54,087	5,2874	94,858	250,64
110	99,842	5,5148	104,69	194,94	73,469	5,4205	102,86	220,28	57,623	5,3445	100,99	240,32
115	105,16	5,5641	110,24	186,29	77,604	5,4715	108,60	211,32	61,053	5,3973	106,93	231,05
120	110,41	5,6106	115,70	178,35	81,660	5,5194	114,22	203,15	64,400	5,4466	112,72	222,63
125	115,59	5,6547	121,10	171,05	85,653	5,5646	119,76	195,66	67,681	5,4929	118,40	214,95
130	120,73	5,6966	126,44	164,31	89,595	5,6075	125,22	188,78	70,909	5,5367	123,98	207,92
135	125,81	5,7375	131,86	157,95	93,486	5,6493	130,77	182,26	74,087	5,5796	129,66	201,24
140	130,86	5,7752	137,04	152,27	97,344	5,6875	136,01	176,51	77,229	5,6182	134,97	195,42
145	135,89	5,8117	142,24	146,95	101,18	5,7244	141,27	171,13	80,347	5,6557	140,30	189,97
150	140,90	5,8469	147,44	141,99	104,99	5,7601	146,54	166,11	83,442	5,6918	145,63	184,89
155	145,89	5,8810	152,63	137,38	108,78	5,7945	151,79	161,44	86,516	5,7266	150,94	180,17
160	150,85	5,9138	157,80	133,08	112,55	5,8277	157,02	157,10	89,572	5,7602	156,23	175,78
165	155,81	5,9456	162,97	129,09	116,31	5,8598	162,23	153,07	92,610	5,7925	161,49	171,71
170	160,74	5,9763	168,11	125,38	120,05	5,8908	167,42	149,33	95,635	5,8238	166,73	167,94
175	165,67	6,0061	173,25	121,94	123,78	5,9208	172,60	145,86	98,646	5,8541	171,94	164,44
180	170,58	6,0350	178,38	118,74	127,50	5,9499	177,76	142,64	101,65	5,8834	177,14	161,20
185	175,49	6,0630	183,49	115,78	131,21	5,9781	182,91	139,66	104,64	5,9118	182,33	158,20
190	180,38	6,0903	188,60	113,04	134,91	6,0056	188,05	136,90	107,62	5,9394	187,50	155,42
195	185,27	6,1168	193,70	110,50	138,60	6,0322	193,18	134,35	110,59	5,9662	192,65	152,86
200	190,15	6,1426	198,79	108,16	142,28	6,0581	198,30	132,00	113,56	5,9922	197,80	150,49
210	199,89	6,1922	208,96	104,04	149,63	6,1080	208,51	127,85	119,47	6,0423	208,06	146,33
220	209,62	6,2394	219,11	100,58	156,96	6,1554	218,70	124,38	125,37	6,0899	218,29	142,85
230	219,32	6,2844	229,25	97,733	164,27	6,2006	228,87	121,53	131,24	6,1352	228,50	139,98
240	229,01	6,3275	239,37	95,441	171,57	6,2438	239,03	119,23	137,10	6,1786	238,69	137,67
250	238,69	6,3688	249,49	93,658	178,86	6,2852	249,17	117,44	142,95	6,2201	248,86	135,88
260	248,36	6,4085	259,60	92,342	186,13	6,3250	259,31	116,12	148,79	6,2600	259,02	134,56
270	258,02	6,4466	269,70	91,458	193,40	6,3632	269,43	115,23	154,62	6,2983	269,16	133,67
280	267,67	6,4834	279,80	90,974	200,66	6,4000	279,55	114,75	160,45	6,3351	279,31	133,18
290	277,32	6,5188	289,90	90,861	207,91	6,4355	289,67	114,64	166,26	6,3707	289,44	133,07
300	286,96	6,5530	300,00	91,095	215,15	6,4698	299,79	114,87	172,07	6,4051	299,57	133,30
310	296,59	6,5862	310,10	91,652	222,40	6,5029	309,90	115,43	177,88	6,4383	309,70	133,86
320	306,22	6,6182	320,20	92,512	229,63	6,5351	320,02	116,29	183,68	6,4704	319,83	134,73
330	315,85	6,6493	330,31	93,657	236,86	6,5662	330,14	117,44	189,48	6,5016	329,96	135,87
340	325,47	6,6795	340,42	95,070	244,09	6,5964	340,26	118,85	195,27	6,5318	340,09	137,29
350	335,09	6,7088	350,53	96,736	251,32	6,6258	350,38	120,52	201,06	6,5612	350,23	138,96
360	344,70	6,7373	360,65	98,641	258,54	6,6543	360,51	122,43	206,85	6,5898	360,37	140,87
370	354,32	6,7651	370,78	100,77	265,76	6,6821	370,65	124,56	212,63	6,6176	370,51	143,00
380	363,93	6,7921	380,92	103,12	272,98	6,7091	380,79	126,91	218,41	6,6447	380,67	145,36
390	373,54	6,8185	391,06	105,67	280,19	6,7355	390,94	129,46	224,19	6,6711	390,83	147,91
400	383,14	6,8442	401,21	108,42	287,41	6,7612	401,11	132,21	229,97	6,6968	401,00	150,66
410	392,75	6,8693	411,38	111,35	294,62	6,7863	411,28	135,14	235,74	6,7219	411,18	153,60
420	402,35	6,8938	421,56	114,46	301,83	6,8109	421,46	138,26	241,52	6,7465	421,37	156,71
430	411,95	6,9178	431,75	117,74	309,04	6,8349	431,66	141,54	247,29	6,7705	431,57	160,00
440	421,55	6,9412	441,95	121,19	316,24	6,8583	441,87	144,99	253,06	6,7940	441,79	163,45
450	431,15	6,9642	452,17	124,79	323,45	6,8813	452,09	148,59	258,83	6,8170	452,02	167,05

Tafel III. Luft von 60 bis 450 °K (Fortsetzung)

T °K	p = 6 bar v dm³/kg	s kJ/kg grd	i kJ/kg	e kJ/kg	p = 7 bar v dm³/kg	s kJ/kg grd	i kJ/kg	e kJ/kg	p = 8 bar v dm³/kg	s kJ/kg grd	i kJ/kg	e kJ/kg
105	43,955	5,2202	92,671	267,82	36,685	5,1604	90,408	282,78	31,196	5,1057	88,050	296,18
110	47,037	5,2798	99,079	257,05	39,453	5,2228	97,115	271,50	33,742	5,1713	95,092	284,34
115	50,003	5,3346	105,24	247,43	42,095	5,2797	103,51	261,52	36,148	5,2304	101,74	273,96
120	52,882	5,3854	111,20	238,76	44,643	5,3320	109,66	252,58	38,454	5,2844	108,09	264,73
125	55,691	5,4329	117,03	230,88	47,119	5,3808	115,64	244,50	40,682	5,3345	114,22	256,43
130	58,446	5,4777	122,73	223,69	49,537	5,4266	121,47	237,14	42,850	5,3813	120,19	248,90
135	61,149	5,5216	128,55	216,85	51,903	5,4716	127,43	230,14	44,964	5,4274	126,29	241,74
140	63,815	5,5607	133,92	210,96	54,231	5,5112	132,87	224,18	47,040	5,4675	131,81	235,69
145	66,457	5,5986	139,33	205,44	56,533	5,5496	138,34	218,58	49,087	5,5065	137,35	230,02
150	69,075	5,6352	144,72	200,30	58,810	5,5866	143,80	213,37	51,110	5,5439	142,88	224,74
155	71,671	5,6704	150,09	195,52	61,066	5,6222	149,24	208,54	53,111	5,5800	148,38	219,85
160	74,249	5,7043	155,43	191,09	63,303	5,6565	154,63	204,06	55,092	5,6146	153,83	215,33
165	76,810	5,7370	160,74	186,98	65,522	5,6895	160,00	199,91	57,056	5,6480	159,25	211,14
170	79,356	5,7686	166,03	183,17	67,727	5,7214	165,33	196,07	59,005	5,6801	164,63	207,27
175	81,889	5,7990	171,29	179,64	69,919	5,7521	170,63	192,52	60,941	5,7110	169,97	203,68
180	84,411	5,8286	176,53	176,38	72,099	5,7818	175,91	189,23	62,865	5,7410	175,28	200,37
185	86,923	5,8572	181,74	173,36	74,270	5,8106	181,16	186,18	64,780	5,7700	180,57	197,31
190	89,426	5,8849	186,95	170,56	76,431	5,8385	186,39	183,38	66,685	5,7980	185,84	194,48
195	91,921	5,9118	192,13	167,99	78,585	5,8656	191,61	180,78	68,583	5,8253	191,08	191,88
200	94,409	5,9380	197,30	165,61	80,731	5,8919	196,80	178,40	70,473	5,8517	196,30	189,48
210	99,366	5,9883	207,61	161,43	85,005	5,9424	207,16	174,19	74,235	5,9025	206,71	185,25
220	104,30	6,0361	217,88	157,93	89,259	5,9904	217,47	170,68	77,975	5,9507	217,06	181,73
230	109,22	6,0816	228,13	155,05	93,495	6,0361	227,75	167,80	81,699	5,9965	227,37	178,83
240	114,13	6,1251	238,34	152,74	97,716	6,0797	238,00	165,48	85,408	6,0403	237,65	176,50
250	119,02	6,1667	248,54	150,94	101,93	6,1215	248,23	163,67	89,104	6,0821	247,91	174,70
260	123,90	6,2067	258,72	149,62	106,12	6,1615	258,43	162,34	92,791	6,1222	258,14	173,37
270	128,78	6,2451	268,89	148,73	110,31	6,2000	268,62	161,45	96,468	6,1608	268,35	172,47
280	133,64	6,2820	279,06	148,24	114,50	6,2370	278,80	160,96	100,14	6,1979	278,55	171,98
290	138,50	6,3176	289,21	148,13	118,67	6,2727	288,98	160,85	103,80	6,2336	288,74	171,87
300	143,35	6,3521	299,36	148,36	122,84	6,3071	299,14	161,09	107,46	6,2682	298,92	172,10
310	148,20	6,3853	309,50	148,92	127,01	6,3405	309,30	161,65	111,11	6,3015	309,10	172,67
320	153,05	6,4175	319,64	149,78	131,17	6,3727	319,46	162,51	114,76	6,3338	319,27	173,53
330	157,89	6,4487	329,79	150,93	135,32	6,4039	329,61	163,66	118,40	6,3651	329,44	174,68
340	162,72	6,4790	339,93	152,35	139,47	6,4343	339,77	165,08	122,04	6,3954	339,60	176,11
350	167,55	6,5084	350,08	154,02	143,62	6,4637	349,92	166,75	125,67	6,4249	349,77	177,78
360	172,38	6,5370	360,23	155,93	147,77	6,4923	360,08	168,67	129,31	6,4536	359,94	179,69
370	177,21	6,5648	370,38	158,07	151,91	6,5202	370,25	170,81	132,94	6,4814	370,11	181,84
380	182,03	6,5919	380,54	160,42	156,05	6,5473	380,42	173,16	136,56	6,5086	380,29	184,19
390	186,86	6,6184	390,71	162,98	160,19	6,5737	390,59	175,72	140,19	6,5350	390,48	186,75
400	191,68	6,6441	400,89	165,73	164,32	6,5995	400,78	178,48	143,81	6,5608	400,67	189,51
410	196,49	6,6693	411,08	168,67	168,46	6,6247	410,97	181,42	147,43	6,5860	410,87	192,45
420	201,31	6,6938	421,27	171,79	172,59	6,6493	421,18	184,54	151,05	6,6106	421,08	195,58
430	206,12	6,7179	431,48	175,08	176,72	6,6733	431,39	187,82	154,67	6,6347	431,31	198,87
440	210,94	6,7414	441,70	178,53	180,85	6,6968	441,62	191,28	158,29	6,6582	441,54	202,32
450	215,75	6,7644	451,94	182,13	184,98	6,7199	451,86	194,89	161,90	6,6813	451,79	205,93

Tafel III. Luft von 60 bis 450 °K (Fortsetzung)

T °K	p = 9 bar v dm³/kg	s kJ/kg grd	i kJ/kg	e kJ/kg	p = 10 bar v dm³/kg	s kJ/kg grd	i kJ/kg	e kJ/kg	p = 12 bar v dm³/kg	s kJ/kg grd	i kJ/kg	e kJ/kg
110	29,275	5,1237	92,998	295,96	25,675	5,0789	90,819	306,67				
115	31,507	5,1852	99,919	285,15	27,777	5,1432	98,048	295,37	22,130	5,0658	94,106	313,73
120	33,629	5,2411	106,49	275,60	29,757	5,2011	104,85	285,50	23,916	5,1283	101,44	303,08
125	35,668	5,2926	112,79	267,07	31,648	5,2541	111,33	276,72	25,597	5,1845	108,33	293,75
130	37,643	5,3405	118,90	259,38	33,472	5,3031	117,59	268,84	27,200	5,2361	114,90	285,47
135	39,563	5,3876	125,14	252,04	35,239	5,3513	123,97	261,34	28,741	5,2865	121,57	277,62
140	41,443	5,4283	130,73	245,91	36,964	5,3927	129,65	255,11	30,237	5,3292	127,45	271,18
145	43,295	5,4678	136,36	240,16	38,658	5,4327	135,35	249,28	31,698	5,3704	133,32	265,18
150	45,120	5,5058	141,96	234,82	40,326	5,4711	141,03	243,86	33,131	5,4099	139,15	259,62
155	46,922	5,5422	147,52	229,87	41,970	5,5080	146,65	238,86	34,539	5,4477	144,91	254,50
160	48,705	5,5772	153,03	225,30	43,594	5,5434	152,22	234,24	35,926	5,4839	150,60	249,78
165	50,470	5,6109	158,50	221,07	45,201	5,5774	157,74	229,97	37,296	5,5185	156,23	245,42
170	52,221	5,6433	163,92	217,16	46,792	5,6101	163,22	226,03	38,649	5,5517	161,80	241,41
175	53,958	5,6745	169,31	213,55	48,371	5,6415	168,64	222,39	39,989	5,5837	167,31	237,71
180	55,683	5,7047	174,66	210,21	49,937	5,6719	174,04	219,02	41,317	5,6145	172,78	234,30
185	57,399	5,7338	179,98	207,13	51,493	5,7013	179,39	215,92	42,635	5,6443	178,21	231,16
190	59,105	5,7621	185,28	204,29	53,040	5,7297	184,72	213,06	43,943	5,6730	183,60	228,26
195	60,803	5,7895	190,55	201,66	54,579	5,7572	190,02	210,43	45,244	5,7009	188,96	225,60
200	62,494	5,8161	195,80	199,25	56,111	5,7840	195,30	208,00	46,537	5,7279	194,29	223,15
210	65,857	5,8671	206,26	195,01	59,156	5,8352	205,80	203,74	49,104	5,7796	204,89	218,85
220	69,200	5,9154	216,65	191,47	62,179	5,8837	216,24	200,19	51,649	5,8285	215,41	215,27
230	72,525	5,9614	227,00	188,57	65,185	5,9299	226,62	197,27	54,177	5,8750	225,86	212,33
240	75,835	6,0053	237,31	186,23	68,177	5,9739	236,96	194,93	56,691	5,9193	236,27	209,98
250	79,133	6,0473	247,59	184,42	71,156	6,0160	247,27	193,11	59,192	5,9616	246,63	208,15
260	82,420	6,0875	257,85	183,08	74,125	6,0563	257,55	191,77	61,682	6,0021	256,96	206,80
270	85,699	6,1261	268,08	182,19	77,084	6,0950	267,81	190,88	64,163	6,0410	267,27	205,90
280	88,970	6,1633	278,30	181,70	80,036	6,1323	278,05	190,39	66,637	6,0784	277,55	205,41
290	92,234	6,1991	288,51	181,58	82,981	6,1682	288,28	190,27	69,103	6,1144	287,81	205,30
300	95,492	6,2337	298,71	181,82	85,920	6,2028	298,49	190,51	71,564	6,1491	298,06	205,53
310	98,745	6,2671	308,90	182,38	88,854	6,2362	308,69	191,07	74,019	6,1827	308,29	206,10
320	101,99	6,2994	319,08	183,25	91,783	6,2686	318,89	191,94	76,470	6,2152	318,52	206,97
330	105,24	6,3308	329,26	184,40	94,708	6,3000	329,09	193,09	78,916	6,2466	328,73	208,13
340	108,48	6,3611	339,44	185,83	97,629	6,3304	339,28	194,52	81,359	6,2771	338,95	209,55
350	111,71	6,3906	349,62	187,50	100,55	6,3599	349,47	196,20	83,798	6,3067	349,16	211,24
360	114,95	6,4193	359,80	189,42	103,46	6,3887	359,66	198,12	86,235	6,3355	359,37	213,16
370	118,18	6,4472	369,98	191,56	106,37	6,4166	369,85	200,26	88,668	6,3634	369,58	215,31
380	121,41	6,4744	380,17	193,92	109,28	6,4438	380,05	202,62	91,099	6,3907	379,80	217,67
390	124,63	6,5009	390,36	196,49	112,19	6,4703	390,25	205,19	93,528	6,4172	390,02	220,24
400	127,86	6,5267	400,56	199,24	115,10	6,4961	400,46	207,95	95,955	6,4431	400,24	223,01
410	131,08	6,5519	410,77	202,19	118,00	6,5213	410,67	210,90	98,380	6,4684	410,47	225,96
420	134,30	6,5765	420,99	205,31	120,90	6,5460	420,90	214,02	100,80	6,4930	420,71	229,09
430	137,52	6,6006	431,22	208,60	123,80	6,5701	431,13	217,32	103,22	6,5172	430,96	232,39
440	140,74	6,6241	441,46	212,06	126,70	6,5936	441,38	220,77	105,64	6,5407	441,21	235,85
450	143,96	6,6472	451,71	215,67	129,60	6,6167	451,64	224,39	108,06	6,5638	451,48	239,47

Tafel III. Luft von 60 bis 450 °K (Fortsetzung)

T °K	p = 14 bar v dm³/kg	s kJ/kg grd	i kJ/kg	e kJ/kg	p = 16 bar v dm³/kg	s kJ/kg grd	i kJ/kg	e kJ/kg	p = 18 bar v dm³/kg	s kJ/kg grd	i kJ/kg	e kJ/kg
115	18,015	4,9937	89,801	330,23								
120	19,696	5,0619	97,809	318,58	16,473	4,9991	93,881	332,74	13,894	4,9376	89,525	346,12
125	21,243	5,1220	105,18	308,61	17,943	5,0641	101,85	321,96	15,336	5,0090	98,274	334,28
130	22,699	5,1764	112,11	299,87	19,300	5,1219	109,21	312,68	16,632	5,0708	106,15	324,34
135	24,086	5,2292	119,10	291,65	20,580	5,1772	116,53	304,07	17,837	5,1290	113,86	315,28
140	25,422	5,2735	125,20	284,97	21,801	5,2234	122,88	297,11	18,975	5,1773	120,49	308,01
145	26,720	5,3161	131,25	278,78	22,980	5,2673	129,14	290,71	20,064	5,2229	126,99	301,37
150	27,987	5,3567	137,24	273,07	24,124	5,3091	135,30	284,83	21,115	5,2659	133,33	295,31
155	29,228	5,3954	143,14	267,82	25,241	5,3488	141,36	279,45	22,137	5,3066	139,54	289,79
160	30,447	5,4323	148,96	262,99	26,335	5,3866	147,30	274,51	23,134	5,3452	145,62	284,74
165	31,647	5,4676	154,70	258,55	27,409	5,4226	153,15	269,99	24,111	5,3820	151,59	280,13
170	32,831	5,5014	160,36	254,47	28,467	5,4570	158,92	265,83	25,071	5,4170	157,47	275,90
175	34,002	5,5339	165,97	250,71	29,510	5,4900	164,61	262,01	26,016	5,4506	163,25	272,01
180	35,160	5,5652	171,52	247,25	30,541	5,5217	170,24	258,50	26,949	5,4828	168,97	268,45
185	36,307	5,5953	177,02	244,07	31,562	5,5523	175,82	255,28	27,870	5,5137	174,61	265,18
190	37,446	5,6244	182,47	241,14	32,572	5,5818	181,34	252,31	28,782	5,5436	180,21	262,18
195	38,576	5,6526	187,90	238,45	33,575	5,6102	186,82	249,59	29,686	5,5724	185,75	259,42
200	39,698	5,6799	193,28	235,97	34,570	5,6378	192,27	247,09	30,581	5,6002	191,25	256,90
210	41,924	5,7321	203,98	231,63	36,540	5,6904	203,06	242,71	32,353	5,6533	202,14	252,48
220	44,129	5,7814	214,58	228,02	38,489	5,7402	213,74	239,07	34,103	5,7034	212,91	248,81
230	46,315	5,8282	225,11	225,06	40,419	5,7873	224,35	236,09	35,834	5,7509	223,58	245,81
240	48,487	5,8727	235,57	222,69	42,335	5,8321	234,88	233,70	37,551	5,7960	234,18	243,41
250	50,646	5,9153	245,99	220,86	44,238	5,8749	245,35	231,86	39,255	5,8390	244,71	241,56
260	52,795	5,9560	256,38	219,51	46,131	5,9158	255,79	230,50	40,949	5,8801	255,19	240,19
270	54,935	5,9950	266,72	218,60	48,015	5,9550	266,18	229,59	42,633	5,9195	265,63	239,28
280	57,067	6,0326	277,04	218,11	49,890	5,9927	276,54	229,09	44,310	5,9573	276,03	238,78
290	59,192	6,0687	287,34	217,99	51,759	6,0290	286,87	228,98	45,979	5,9937	286,40	238,66
300	61,311	6,1036	297,62	218,23	53,622	6,0639	297,19	229,22	47,642	6,0288	296,75	238,90
310	63,424	6,1372	307,89	218,79	55,479	6,0977	307,48	229,78	49,300	6,0627	307,08	239,47
320	65,533	6,1698	318,14	219,67	57,332	6,1303	317,76	230,66	50,954	6,0954	317,39	240,35
330	67,638	6,2013	328,38	220,83	59,180	6,1619	328,03	231,82	52,603	6,1271	327,68	241,52
340	69,739	6,2319	338,62	222,26	61,025	6,1926	338,30	233,26	54,248	6,1578	337,97	242,96
350	71,836	6,2615	348,86	223,94	62,866	6,2223	348,55	234,95	55,890	6,1876	348,25	244,65
360	73,931	6,2904	359,09	225,87	64,704	6,2512	358,80	236,88	57,529	6,2165	358,52	246,58
370	76,023	6,3184	369,32	228,02	66,540	6,2792	369,05	239,04	59,165	6,2446	368,79	248,74
380	78,112	6,3457	379,55	230,39	68,373	6,3066	379,30	241,41	60,799	6,2720	379,06	251,12
390	80,199	6,3723	389,78	232,97	70,203	6,3332	389,55	243,99	62,430	6,2987	389,32	253,70
400	82,284	6,3982	400,02	235,74	72,032	6,3592	399,81	246,76	64,059	6,3247	399,59	256,48
410	84,367	6,4235	410,27	238,69	73,859	6,3845	410,07	249,72	65,686	6,3501	409,87	259,45
420	86,448	6,4482	420,52	241,83	75,684	6,4093	420,34	252,86	67,312	6,3748	420,15	262,59
430	88,528	6,4723	430,78	245,13	77,507	6,4334	430,61	256,17	68,936	6,3990	430,44	265,90
440	90,606	6,4959	441,05	248,60	79,329	6,4571	440,89	259,64	70,558	6,4227	440,73	269,38
450	92,683	6,5190	451,33	252,22	81,149	6,4802	451,19	263,26	72,180	6,4459	451,04	273,01

Tafel III. Luft von 60 bis 450 °K (Fortsetzung)

T °K	p = 20 bar				p = 22 bar				p = 24 bar			
	v dm³/kg	s kJ/kg grd	i kJ/kg	e kJ/kg	v dm³/kg	s kJ/kg grd	i kJ/kg	e kJ/kg	v dm³/kg	s kJ/kg grd	i kJ/kg	e kJ/kg
120	11,732	4,8745	84,512	359,28								
125	13,202	4,9550	94,375	345,93	11,396	4,9005	90,018	357,27	9,8073	4,8432	84,962	368,76
130	14,471	5,0220	102,90	335,17	12,671	4,9743	99,416	345,42	11,134	4,9267	95,607	355,32
135	15,626	5,0835	111,05	325,59	13,798	5,0398	108,08	335,22	12,255	4,9972	104,94	344,35
140	16,703	5,1342	118,02	317,95	14,833	5,0934	115,45	327,15	13,262	5,0542	112,77	335,76
145	17,724	5,1816	124,77	311,05	15,802	5,1428	122,49	319,95	14,193	5,1059	120,14	328,22
150	18,703	5,2260	131,32	304,80	16,725	5,1887	129,27	313,49	15,072	5,1535	127,16	321,52
155	19,650	5,2678	137,70	299,12	17,613	5,2317	135,83	307,65	15,912	5,1978	133,92	315,51
160	20,572	5,3074	143,93	293,96	18,473	5,2722	142,20	302,36	16,723	5,2393	140,46	310,09
165	21,472	5,3449	150,02	289,25	19,311	5,3105	148,43	297,54	17,509	5,2785	146,81	305,17
170	22,354	5,3806	156,00	284,94	20,130	5,3469	154,52	293,16	18,276	5,3156	153,02	300,70
175	23,221	5,4147	161,88	280,99	20,934	5,3816	160,50	289,14	19,027	5,3508	159,11	296,62
180	24,075	5,4473	167,68	277,38	21,724	5,4147	166,38	285,48	19,764	5,3845	165,08	292,89
185	24,918	5,4787	173,40	274,06	22,502	5,4465	172,19	282,12	20,489	5,4167	170,96	289,49
190	25,750	5,5089	179,06	271,02	23,270	5,4771	177,92	279,04	21,204	5,4477	176,76	286,37
195	26,575	5,5380	184,67	268,24	24,030	5,5066	183,59	276,22	21,909	5,4774	182,50	283,52
200	27,391	5,5662	190,23	265,69	24,781	5,5350	189,20	273,64	22,607	5,5062	188,17	280,92
210	29,004	5,6198	201,22	261,22	26,264	5,5891	200,29	269,14	23,982	5,5608	199,36	276,37
220	30,595	5,6703	212,07	257,53	27,725	5,6400	211,23	265,41	25,335	5,6121	210,39	272,62
230	32,167	5,7181	222,82	254,51	29,168	5,6881	222,06	262,37	26,669	5,6605	221,29	269,55
240	33,725	5,7634	233,48	252,10	30,595	5,7338	232,78	259,95	27,987	5,7065	232,08	267,11
250	35,270	5,8067	244,07	250,13	32,009	5,7772	243,43	258,07	29,293	5,7502	242,79	265,22
260	36,804	5,8480	254,60	248,86	33,413	5,8187	254,01	256,69	30,588	5,7919	253,42	263,84
270	38,329	5,8875	265,09	247,94	34,808	5,8585	264,54	255,77	31,874	5,8318	263,99	262,91
280	39,846	5,9255	275,53	247,44	36,194	5,8966	275,02	255,27	33,152	5,8701	274,52	262,41
290	41,356	5,9620	285,94	247,32	37,574	5,9332	285,47	255,15	34,423	5,9068	285,00	262,29
300	42,860	5,9972	296,32	247,56	38,948	5,9686	295,88	255,39	35,688	5,9423	295,45	262,53
310	44,358	6,0312	306,67	248,13	40,316	6,0026	306,27	255,96	36,947	5,9764	305,86	263,11
320	45,852	6,0640	317,01	249,01	41,679	6,0355	316,63	256,85	38,202	6,0094	316,26	263,99
330	47,342	6,0958	327,33	250,18	43,038	6,0674	326,98	258,02	39,453	6,0413	326,63	265,17
340	48,828	6,1266	337,64	251,63	44,394	6,0982	337,32	259,46	40,699	6,0723	336,99	266,62
350	50,310	6,1564	347,94	253,32	45,746	6,1281	347,64	261,16	41,943	6,1022	347,33	268,32
360	51,790	6,1854	358,24	255,26	47,095	6,1572	357,95	263,11	43,183	6,1314	357,67	270,27
370	53,266	6,2136	368,52	257,43	48,441	6,1854	368,26	265,28	44,420	6,1597	368,00	272,44
380	54,740	6,2410	378,81	259,81	49,784	6,2129	378,56	267,66	45,655	6,1872	378,32	274,83
390	56,212	6,2677	389,09	262,39	51,126	6,2397	388,87	270,25	46,888	6,2140	388,64	277,43
400	57,682	6,2938	399,38	265,18	52,465	6,2658	399,17	273,04	48,118	6,2401	398,95	280,22
410	59,150	6,3192	409,67	268,14	53,802	6,2912	409,47	276,01	49,347	6,2656	409,27	283,19
420	60,616	6,3440	419,96	271,29	55,138	6,3160	419,78	279,16	50,574	6,2905	419,60	286,35
430	62,080	6,3682	430,26	274,61	56,472	6,3403	430,09	282,48	51,799	6,3148	429,92	289,67
440	63,543	6,3919	440,57	278,09	57,804	6,3640	440,41	285,97	53,022	6,3385	440,26	293,16
450	65,005	6,4151	450,89	281,72	59,135	6,3872	450,74	289,61	54,245	6,3618	450,60	296,80

Tafel III. Luft von 60 bis 450 °K (Fortsetzung)

T °K	p = 26 bar				p = 28 bar				p = 30 bar			
	v dm³/kg	s kJ/kg grd	i kJ/kg	e kJ/kg	v dm³/kg	s kJ/kg grd	i kJ/kg	e kJ/kg	v dm³/kg	s kJ/kg grd	i kJ/kg	e kJ/kg
125	8,3310	4,7784	78,683	381,13								
130	9,7869	4,8780	91,360	365,12	8,5705	4,8263	86,473	375,13	7,4252	4,7684	80,548	385,88
135	10,927	4,9550	101,56	353,12	9,7617	4,9126	97,895	361,69	8,7206	4,8690	93,857	370,21
140	11,920	5,0161	109,96	343,91	10,756	4,9787	106,99	351,72	9,7314	4,9415	103,83	359,27
145	12,824	5,0705	117,70	335,99	11,642	5,0361	115,17	343,35	10,609	5,0026	112,52	350,38
150	13,668	5,1200	125,00	329,03	12,460	5,0877	122,78	336,09	11,408	5,0565	120,48	342,79
155	14,470	5,1657	131,97	322,83	13,230	5,1350	129,98	329,68	12,153	5,1055	127,94	336,15
160	15,239	5,2083	138,68	317,26	13,966	5,1788	136,87	323,96	12,861	5,1505	135,04	330,26
165	15,984	5,2483	145,18	312,23	14,675	5,2197	143,53	318,81	13,540	5,1925	141,85	324,99
170	16,707	5,2861	151,51	307,67	15,362	5,2583	149,99	314,16	14,195	5,2318	148,44	320,24
175	17,414	5,3220	157,70	303,52	16,031	5,2948	156,28	309,94	14,832	5,2690	154,85	315,94
180	18,106	5,3562	163,77	299,74	16,685	5,3295	162,45	306,09	15,454	5,3043	161,12	312,03
185	18,786	5,3889	169,73	296,28	17,327	5,3627	168,49	302,59	16,063	5,3379	167,25	308,48
190	19,456	5,4202	175,61	293,13	17,958	5,3944	174,44	299,40	16,660	5,3700	173,28	305,24
195	20,116	5,4503	181,41	290,24	18,579	5,4249	180,31	296,48	17,248	5,4009	179,21	302,30
200	20,768	5,4793	187,14	287,61	19,192	5,4542	186,10	293,82	17,827	5,4305	185,06	299,61
210	22,052	5,5345	198,44	283,03	20,398	5,5099	197,51	289,19	18,965	5,4867	196,57	294,93
220	23,312	5,5862	209,55	279,24	21,580	5,5620	208,71	285,38	20,079	5,5392	207,87	291,09
230	24,555	5,6350	220,52	276,16	22,744	5,6111	219,76	282,27	21,174	5,5887	218,99	287,96
240	25,782	5,6812	231,38	273,70	23,892	5,6576	230,68	279,80	22,254	5,6355	229,98	285,47
250	26,996	5,7251	242,14	271,80	25,027	5,7017	241,50	277,89	23,321	5,6799	240,86	283,56
260	28,199	5,7670	252,83	270,41	26,151	5,7439	252,24	276,49	24,377	5,7222	251,65	282,15
270	29,393	5,8071	263,45	269,48	27,266	5,7841	262,90	275,56	25,424	5,7626	262,36	281,22
280	30,579	5,8455	274,01	268,98	28,373	5,8227	273,51	275,05	26,463	5,8013	273,00	280,71
290	31,758	5,8824	284,53	268,86	29,474	5,8597	284,06	274,93	27,495	5,8385	283,60	280,59
300	32,931	5,9180	295,01	269,10	30,568	5,8954	294,58	275,18	28,520	5,8742	294,14	280,83
310	34,098	5,9522	305,46	269,68	31,656	5,9297	305,06	275,75	29,540	5,9087	304,66	281,41
320	35,261	5,9853	315,88	270,56	32,740	5,9629	315,51	276,64	30,556	5,9420	315,13	282,30
330	36,419	6,0173	326,28	271,74	33,820	5,9950	325,93	277,83	31,567	5,9741	325,59	283,49
340	37,574	6,0483	336,66	273,19	34,895	6,0261	336,34	279,28	32,575	6,0053	336,02	284,94
350	38,725	6,0784	347,03	274,90	35,968	6,0562	346,73	280,99	33,579	6,0355	346,43	286,66
360	39,873	6,1075	357,39	276,85	37,037	6,0854	357,11	282,95	34,580	6,0647	356,82	288,62
370	41,019	6,1359	367,73	279,03	38,104	6,1138	367,47	285,13	35,578	6,0932	367,21	290,80
380	42,162	6,1635	378,07	281,42	39,168	6,1414	377,83	287,53	36,574	6,1209	377,58	293,21
390	43,302	6,1903	388,41	284,02	40,230	6,1683	388,18	290,13	37,567	6,1478	387,95	295,81
400	44,441	6,2165	398,74	286,82	41,289	6,1945	398,53	292,93	38,558	6,1740	398,32	298,62
410	45,577	6,2420	409,08	289,80	42,347	6,2201	408,88	295,91	39,548	6,1996	408,68	301,61
420	46,712	6,2669	419,41	292,96	43,403	6,2450	419,23	299,08	40,535	6,2246	419,05	304,77
430	47,845	6,2912	429,75	296,29	44,457	6,2694	429,58	302,41	41,521	6,2490	429,42	308,11
440	48,977	6,3150	440,10	299,78	45,510	6,2932	439,94	305,91	42,506	6,2729	439,79	311,61
450	50,107	6,3383	450,45	303,43	46,561	6,3165	450,31	309,56	43,489	6,2962	450,16	315,27

Tafel III. Luft von 60 bis 450 °K (Fortsetzung)

T °K	p = 32 bar				p = 34 bar				p = 36 bar			
	v dm³/kg	s kJ/kg grd	i kJ/kg	e kJ/kg	v dm³/kg	s kJ/kg grd	i kJ/kg	e kJ/kg	v dm³/kg	s kJ/kg grd	i kJ/kg	e kJ/kg
130	6,2580	4,6964	72,557	398,64					6,0260	4,7162	77,638	398,01
135	7,7711	4,8231	89,312	378,88	6,8836	4,7732	84,040	387,99	7,2415	4,8265	92,772	381,38
140	8,8183	4,9041	100,44	366,67	7,9943	4,8659	96,776	374,01	8,1485	4,9036	103,75	370,14
145	9,6962	4,9695	109,75	357,15	8,8818	4,9366	106,83	363,72	8,9244	4,9669	113,09	361,23
150	10,482	5,0261	118,10	349,17	9,6599	4,9963	115,64	355,31	9,6243	5,0220	121,49	353,75
155	11,208	5,0769	125,85	342,28	10,371	5,0492	123,70	348,14	10,274	5,0716	129,30	347,27
160	11,892	5,1234	133,16	336,21	11,036	5,0971	131,25	341,87	10,887	5,1169	136,66	341,57
165	12,546	5,1664	140,15	330,81	11,668	5,1412	138,42	336,32	11,472	5,1590	143,70	336,50
170	13,174	5,2066	146,88	325,96	12,273	5,1823	145,30	331,36				
175	13,784	5,2444	153,41	321,58	12,858	5,2209	151,96	326,90	12,036	5,1983	150,49	331,95
180	14,377	5,2803	159,78	317,61	13,427	5,2574	158,43	322,87	12,583	5,2354	157,07	327,85
185	14,957	5,3144	166,00	314,01	13,981	5,2920	164,74	319,21	13,115	5,2705	163,48	324,13
190	15,525	5,3469	172,10	310,73	14,524	5,3249	170,93	315,89	13,635	5,3039	169,74	320,77
195	16,084	5,3781	178,11	307,74	15,057	5,3565	177,00	312,87	14,145	5,3359	175,89	317,71
200	16,634	5,4081	184,02	305,03	15,581	5,3868	182,98	310,13	14,646	5,3665	181,94	314,94
210	17,712	5,4648	195,64	300,31	16,607	5,4440	194,71	305,36	15,625	5,4242	193,77	310,13
220	18,767	5,5178	207,03	296,43	17,609	5,4974	206,18	301,46	16,581	5,4780	205,34	306,19
230	19,802	5,5676	218,23	293,29	18,592	5,5475	217,46	298,29	17,517	5,5285	216,70	303,00
240	20,822	5,6146	229,28	290,78	19,559	5,5949	228,58	295,77	18,437	5,5761	227,89	300,47
250	21,830	5,6592	240,22	288,86	20,514	5,6398	239,58	293,83	19,345	5,6213	238,94	298,52
260	22,826	5,7017	251,05	287,44	21,457	5,6825	250,47	292,41	20,241	5,6642	249,88	297,10
270	23,813	5,7423	261,81	286,50	22,391	5,7232	261,27	291,47	21,128	5,7051	260,73	296,15
280	24,791	5,7812	272,50	285,99	23,317	5,7622	272,00	290,95	22,007	5,7443	271,50	295,63
290	25,763	5,8185	283,13	285,87	24,236	5,7997	282,66	290,83	22,880	5,7818	282,20	295,51
300	26,729	5,8544	293,71	286,12	25,149	5,8357	293,28	291,08	23,746	5,8179	292,85	295,76
310	27,690	5,8890	304,25	286,70	26,057	5,8703	303,85	291,66	24,606	5,8527	303,45	296,34
320	28,645	5,9223	314,76	287,59	26,960	5,9038	314,39	292,56	25,462	5,8863	314,02	297,24
330	29,597	5,9546	325,24	288,78	27,859	5,9361	324,89	293,75	26,314	5,9187	324,55	298,43
340	30,544	5,9858	335,69	290,24	28,753	5,9674	335,37	295,21	27,162	5,9500	335,05	299,90
350	31,489	6,0160	346,13	291,96	29,645	5,9977	345,83	296,94	28,006	5,9804	345,53	301,63
360	32,430	6,0454	356,54	293,92	30,533	6,0271	356,26	298,90	28,848	6,0098	355,98	303,60
370	33,368	6,0739	366,95	296,11	31,419	6,0557	366,69	301,10	29,686	6,0385	366,43	305,79
380	34,304	6,1016	377,34	298,52	32,302	6,0834	377,10	303,51	30,523	6,0663	376,86	308,21
390	35,238	6,1286	387,73	301,13	33,183	6,1105	387,50	306,12	31,357	6,0933	387,28	310,83
400	36,169	6,1549	398,11	303,94	34,061	6,1368	397,90	308,94	32,188	6,1197	397,69	313,65
410	37,099	6,1805	408,49	306,93	34,938	6,1624	408,29	311,93	33,018	6,1454	408,10	316,65
420	38,026	6,2055	418,87	310,10	35,813	6,1875	418,69	315,11	33,846	6,1705	418,51	319,83
430	38,953	6,2299	429,25	313,45	36,687	6,2119	429,08	318,46	34,673	6,1950	428,91	323,18
440	39,877	6,2538	439,63	316,95	37,558	6,2358	439,48	321,97	35,498	6,2189	439,32	326,69
450	40,800	6,2771	450,02	320,61	38,429	6,2592	449,88	325,63	36,321	6,2423	449,73	330,36

Tafel III. Luft von 60 bis 450 °K (Fortsetzung)

T °K	\multicolumn{4}{c	}{$p = 38$ bar}	\multicolumn{4}{c	}{$p = 40$ bar}	\multicolumn{4}{c}{$p = 42$ bar}
	v dm³/kg	s kJ/kg grd	i kJ/kg	e kJ/kg	v dm³/kg	s kJ/kg grd	i kJ/kg	e kJ/kg	v dm³/kg	s kJ/kg grd	i kJ/kg	e kJ/kg
135	5,1530	4,6457	69,242	409,92	4,1736	4,5446	56,524	426,35	3,0122	4,3790	34,881	452,43
140	6,5453	4,7850	88,343	388,90	5,8937	4,7406	83,377	396,72	5,2768	4,6923	77,727	404,99
145	7,4828	4,8702	100,48	376,47	6,8741	4,8363	96,997	382,76	6,3141	4,8015	93,273	389,06
150	8,2614	4,9377	110,42	366,98	7,6600	4,9086	107,65	372,60	7,1116	4,8794	104,75	378,10
155	8,9535	4,9954	119,22	359,15	8,3473	4,9691	116,88	364,37	7,7967	4,9432	114,47	369,45
160	9,5899	5,0467	127,30	352,44	8,9733	5,0224	125,26	357,42	8,4144	4,9985	123,18	362,22
165	10,187	5,0933	134,88	346,58	9,5571	5,0704	133,06	351,38	8,9867	5,0480	131,22	356,00
170	10,755	5,1364	142,09	341,39	10,110	5,1145	140,45	346,06	9,5260	5,0932	138,79	350,54
175	11,301	5,1765	149,01	336,75	10,639	5,1554	147,51	341,33	10,040	5,1350	146,00	345,71
180	11,828	5,2142	155,70	332,57	11,149	5,1938	154,32	337,08	10,535	5,1740	152,93	341,38
185	12,340	5,2499	162,20	328,81	11,643	5,2300	160,93	333,25	11,014	5,2108	159,64	337,50
190	12,840	5,2837	168,56	325,40	12,125	5,2643	167,36	329,80	11,479	5,2456	166,17	333,99
195	13,330	5,3161	174,78	322,30	12,596	5,2971	173,66	326,67	11,934	5,2787	172,54	330,82
200	13,810	5,3470	180,89	319,50	13,058	5,3283	179,84	323,83	12,379	5,3104	178,79	327,95
210	14,748	5,4053	192,84	314,65	13,959	5,3872	191,90	318,93	13,246	5,3698	190,97	323,01
220	15,662	5,4596	204,50	310,67	14,835	5,4419	203,66	314,93	14,088	5,4249	202,82	318,97
230	16,556	5,5104	215,93	307,46	15,691	5,4931	215,17	311,69	14,910	5,4765	214,41	315,72
240	17,434	5,5583	227,19	304,91	16,532	5,5413	226,49	309,13	15,716	5,5249	225,80	313,14
250	18,300	5,6037	238,30	302,95	17,359	5,5869	237,66	307,16	16,509	5,5708	237,03	311,16
260	19,154	5,6468	249,29	301,52	18,176	5,6302	248,71	305,72	17,291	5,6143	248,12	309,71
270	19,999	5,6879	260,18	300,57	18,983	5,6715	259,64	304,76	18,064	5,6557	259,11	308,75
280	20,836	5,7272	270,99	300,05	19,782	5,7109	270,50	304,24	18,829	5,6954	270,00	308,23
290	21,666	5,7649	281,74	299,93	20,574	5,7487	281,27	304,12	19,587	5,7333	280,81	308,11
300	22,490	5,8011	292,42	300,18	21,360	5,7851	291,99	304,37	20,338	5,7698	291,56	308,36
310	23,309	5,8360	303,05	300,76	22,141	5,8200	302,66	304,96	21,085	5,8048	302,26	308,95
320	24,122	5,8696	313,65	301,67	22,917	5,8538	313,28	305,86	21,827	5,8386	312,91	309,85
330	24,932	5,9021	324,20	302,86	23,689	5,8863	323,86	307,06	22,564	5,8713	323,51	311,06
340	25,738	5,9335	334,73	304,33	24,457	5,9178	334,41	308,54	23,298	5,9028	334,09	312,53
350	26,541	5,9640	345,23	306,06	25,222	5,9483	344,93	310,27	24,029	5,9334	344,63	314,27
360	27,340	5,9935	355,71	308,04	25,983	5,9779	355,43	312,25	24,756	5,9630	355,15	316,25
370	28,137	6,0221	366,17	310,24	26,742	6,0066	365,91	314,45	25,481	5,9918	365,65	318,46
380	28,931	6,0500	376,62	312,66	27,499	6,0345	376,38	316,88	26,203	6,0198	376,14	320,89
390	29,723	6,0771	387,05	315,28	28,253	6,0617	386,83	319,51	26,923	6,0470	386,61	323,52
400	30,513	6,1035	397,48	318,10	29,005	6,0881	397,28	322,33	27,641	6,0735	397,07	326,35
410	31,300	6,1293	407,91	321,11	29,755	6,1139	407,71	325,34	28,357	6,0993	407,52	329,37
420	32,087	6,1544	418,33	324,29	30,503	6,1390	418,15	328,53	29,071	6,1244	417,97	332,56
430	32,871	6,1789	428,75	327,65	31,250	6,1636	428,58	331,89	29,783	6,1490	428,42	335,92
440	33,654	6,2028	439,17	331,17	31,995	6,1876	439,02	335,41	30,494	6,1730	438,86	339,45
450	34,436	6,2263	449,59	334,84	32,739	6,2110	449,45	339,09	31,204	6,1965	449,31	343,13

Tafel III. Luft von 60 bis 450 °K (Fortsetzung)

T °K	p = 44 bar				p = 46 bar				p = 48 bar			
	v dm³/kg	s kJ/kg grd	i kJ/kg	e kJ/kg	v dm³/kg	s kJ/kg grd	i kJ/kg	e kJ/kg	v dm³/kg	s kJ/kg grd	i kJ/kg	e kJ/kg
135	2,4523	4,2709	20,834	469,51	2,2493	4,2218	14,671	477,50	2,1380	4,1909	10,931	482,68
140	4,6871	4,6386	71,208	413,94	4,1210	4,5781	63,622	423,78	3,5861	4,5104	54,915	434,58
145	5,7962	4,7657	89,284	395,40	5,3158	4,7285	85,005	401,84	4,8694	4,6899	80,419	408,39
150	6,6091	4,8501	101,72	383,52	6,1471	4,8205	98,563	388,88	5,7211	4,7906	95,265	394,20
155	7,2942	4,9174	111,98	374,39	6,8339	4,8917	109,42	379,21	6,4109	4,8662	106,78	383,94
160	7,9054	4,9750	121,05	366,86	7,4401	4,9517	118,87	371,37	7,0131	4,9288	116,64	375,76
165	8,4678	5,0260	129,34	360,44	7,9939	5,0045	127,44	364,74	7,5596	4,9833	125,50	368,90
170	8,9953	5,0724	137,11	354,85	8,5109	5,0521	135,41	359,00	8,0672	5,0322	133,69	363,00
175	9,4965	5,1151	144,47	349,91	9,0004	5,0957	142,93	353,95	8,5461	5,0768	141,38	357,84
180	9,9772	5,1549	151,53	345,50	9,4686	5,1363	150,13	349,46	9,0029	5,1181	148,71	353,27
185	10,442	5,1922	158,35	341,56	9,9198	5,1742	157,05	345,45	9,4422	5,1567	155,75	349,19
190	10,892	5,2275	164,97	338,00	10,357	5,2100	163,76	341,85	9,8673	5,1930	162,56	345,54
195	11,332	5,2611	171,42	334,80	10,783	5,2440	170,30	338,60	10,281	5,2274	169,17	342,25
200	11,762	5,2930	177,74	331,90	11,199	5,2763	176,68	335,67	10,684	5,2601	175,63	339,28
210	12,598	5,3530	190,03	326,90	12,007	5,3369	189,10	330,62	11,466	5,3213	188,17	334,19
220	13,409	5,4086	201,98	322,83	12,790	5,3929	201,14	326,52	12,223	5,3777	200,30	330,06
230	14,200	5,4605	213,65	319,55	13,552	5,4451	212,89	323,22	12,959	5,4303	212,13	326,73
240	14,975	5,5093	225,11	316,96	14,299	5,4942	224,42	320,61	13,679	5,4797	223,73	324,11
250	15,737	5,5553	236,39	314,97	15,032	5,5405	235,76	318,61	14,386	5,5262	235,13	322,10
260	16,488	5,5991	247,54	313,52	15,754	5,5844	246,96	317,15	15,082	5,5703	246,38	320,63
270	17,229	5,6407	258,57	312,55	16,467	5,6262	258,03	316,18	15,769	5,6123	257,50	319,66
280	17,963	5,6805	269,50	312,03	17,172	5,6661	269,01	315,66	16,448	5,6524	268,52	319,13
290	18,689	5,7185	280,35	311,91	17,870	5,7044	279,90	315,54	17,120	5,6907	279,44	319,01
300	19,410	5,7551	291,14	312,16	18,562	5,7410	290,71	315,79	17,786	5,7275	290,29	319,26
310	20,125	5,7903	301,86	312,75	19,249	5,7763	301,47	316,38	18,447	5,7629	301,08	319,85
320	20,836	5,8242	312,54	313,66	19,931	5,8103	312,17	317,29	19,103	5,7969	311,81	320,77
330	21,542	5,8569	323,17	314,86	20,609	5,8431	322,83	318,50	19,755	5,8298	322,49	321,98
340	22,245	5,8885	333,77	316,34	21,284	5,8748	333,45	319,98	20,403	5,8616	333,14	323,47
350	22,944	5,9191	344,34	318,08	21,955	5,9055	344,04	321,73	21,048	5,8923	343,75	325,21
360	23,641	5,9488	354,88	320,07	22,623	5,9352	354,60	323,72	21,689	5,9222	354,33	327,21
370	24,334	5,9777	365,40	322,28	23,288	5,9641	365,14	325,93	22,329	5,9511	364,89	329,43
380	25,025	6,0057	375,90	324,71	23,950	5,9922	375,66	328,37	22,965	5,9792	375,42	331,87
390	25,714	6,0329	386,39	327,35	24,611	6,0194	386,16	331,01	23,600	6,0065	385,94	334,51
400	26,401	6,0594	396,86	330,19	25,269	6,0460	396,66	333,85	24,232	6,0331	396,45	337,36
410	27,086	6,0853	407,33	333,21	25,926	6,0719	407,14	336,87	24,862	6,0590	406,95	340,39
420	27,769	6,1105	417,79	336,40	26,580	6,0971	417,62	340,08	25,491	6,0843	417,44	343,59
430	28,450	6,1351	428,25	339,77	27,233	6,1218	428,09	343,45	26,118	6,1090	427,93	346,97
440	29,130	6,1592	438,71	343,30	27,885	6,1459	438,56	346,98	26,744	6,1331	438,41	350,51
450	29,809	6,1827	449,17	346,99	28,535	6,1694	449,03	350,67	27,368	6,1567	448,89	354,20

Tafel III. Luft von 60 bis 450 °K (Fortsetzung)

T °K	p = 50 bar				p = 55 bar				p = 60 bar			
	v dm³/kg	s kJ/kg grd	i kJ/kg	e kJ/kg	v dm³/kg	s kJ/kg grd	i kJ/kg	e kJ/kg	v dm³/kg	s kJ/kg grd	i kJ/kg	e kJ/kg
135	2,0638	4,1681	8,2818	486,58	1,9472	4,1283	3,8974	493,69	1,8744	4,1002	1,0694	498,93
140	3,1209	4,4405	45,793	445,61	2,4811	4,3182	30,038	465,11	2,2273	4,2546	22,309	475,69
145	4,4551	4,6497	75,522	415,07	3,5625	4,5439	62,179	432,21	2,9254	4,4442	49,334	448,09
150	5,3277	4,7604	91,831	399,48	4,4709	4,6832	82,701	412,58	3,7777	4,6052	73,049	425,42
155	6,0211	4,8406	104,06	388,59	5,1719	4,7769	96,972	399,87	4,4742	4,7134	89,541	410,72
160	6,6202	4,9061	114,37	380,03	5,7646	4,8501	108,50	390,30	5,0581	4,7951	102,41	400,04
165	7,1602	4,9625	123,53	372,94	6,2907	4,9116	118,49	382,56	5,5715	4,8622	113,30	391,60
170	7,6593	5,0127	131,94	366,88	6,7719	4,9655	127,51	376,06	6,0371	4,9200	122,98	384,63
175	8,1286	5,0584	139,82	361,60	7,2204	5,0138	135,85	370,47	6,4681	4,9712	131,81	378,70
180	8,5750	5,1005	147,28	356,94	7,6443	5,0580	143,69	365,58	6,8731	5,0176	140,05	373,57
185	9,0034	5,1397	154,44	352,79	8,0490	5,0989	151,14	361,26	7,2579	5,0603	147,82	369,06
190	9,4172	5,1765	161,34	349,09	8,4382	5,1370	158,30	357,41	7,6265	5,0999	155,25	365,07
195	9,8190	5,2113	168,05	345,76	8,8148	5,1730	165,22	353,98	7,9821	5,1370	162,39	361,52
200	10,211	5,2444	174,58	342,76	9,1809	5,2070	171,94	350,89	8,3267	5,1720	169,30	358,35
210	10,969	5,3061	187,23	337,62	9,8876	5,2703	184,90	345,63	8,9899	5,2368	182,59	352,95
220	11,702	5,3631	199,47	333,45	10,568	5,3283	197,38	341,37	9,6259	5,2960	195,32	348,62
230	12,414	5,4160	211,38	330,10	11,227	5,3822	209,50	337,97	10,241	5,3508	207,64	345,16
240	13,110	5,4657	223,04	327,46	11,870	5,4326	221,33	335,29	10,840	5,4019	219,64	342,44
250	13,793	5,5124	234,50	325,44	12,500	5,4800	232,94	333,24	11,425	5,4499	231,40	340,36
260	14,465	5,5568	245,80	323,97	13,119	5,5248	244,37	331,75	12,000	5,4952	242,96	338,86
270	15,127	5,5989	256,97	322,99	13,729	5,5674	255,65	330,77	12,566	5,5382	254,35	337,86
280	15,782	5,6391	268,02	322,46	14,331	5,6079	266,81	330,23	13,123	5,5791	265,60	337,32
290	16,430	5,6776	278,99	322,34	14,926	5,6467	277,86	330,11	13,674	5,6182	276,75	337,20
300	17,072	5,7145	289,87	322,59	15,515	5,6839	288,82	330,36	14,219	5,6557	287,79	337,45
310	17,708	5,7499	300,69	323,19	16,099	5,7196	299,71	330,96	14,759	5,6916	298,75	338,06
320	18,340	5,7841	311,44	324,10	16,678	5,7540	310,54	331,88	15,295	5,7262	309,65	338,98
330	18,968	5,8171	322,15	325,32	17,254	5,7871	321,31	333,11	15,826	5,7596	320,48	340,21
340	19,592	5,8489	332,82	326,81	17,826	5,8191	332,04	334,60	16,354	5,7918	331,27	341,72
350	20,213	5,8797	343,45	328,56	18,394	5,8501	342,73	336,36	16,879	5,8229	342,01	343,49
360	20,831	5,9096	354,05	330,55	18,959	5,8801	353,38	338,37	17,401	5,8530	352,71	345,50
370	21,446	5,9386	364,63	332,78	19,522	5,9092	364,00	340,61	17,920	5,8823	363,38	347,75
380	22,059	5,9667	375,19	335,22	20,083	5,9375	374,60	343,06	18,436	5,9107	374,02	350,21
390	22,669	5,9941	385,72	337,88	20,641	5,9650	385,18	345,72	18,951	5,9382	384,64	352,88
400	23,278	6,0207	396,25	340,72	21,197	5,9917	395,74	348,58	19,463	5,9651	395,24	355,75
410	23,884	6,0467	406,76	343,75	21,751	6,0178	406,29	351,62	19,974	5,9912	405,83	358,80
420	24,489	6,0720	417,27	346,96	22,303	6,0432	416,83	354,84	20,483	6,0167	416,40	362,04
430	25,092	6,0967	427,76	350,34	22,854	6,0679	427,36	358,23	20,990	6,0416	426,96	365,44
440	25,694	6,1208	438,26	353,89	23,404	6,0921	437,89	361,79	21,496	6,0658	437,52	369,00
450	26,294	6,1444	448,76	357,59	23,952	6,1158	448,41	365,49	22,000	6,0895	448,07	372,72

Tafel III. Luft von 60 bis 450 °K (Fortsetzung)

T °K	p = 65 bar v dm³/kg	s kJ/kg grd	i kJ/kg	e kJ/kg	p = 70 bar v dm³/kg	s kJ/kg grd	i kJ/kg	e kJ/kg	p = 75 bar v dm³/kg	s kJ/kg grd	i kJ/kg	e kJ/kg
135	1,8220	4,0783	−0,97296	503,22	1,7811	4,0600	−2,5409	506,92	1,7477	4,0442	−3,7910	510,22
140	2,0878	4,2132	17,589	482,90	1,9959	4,1825	14,309	488,47	1,9290	4,1580	11,865	493,08
145	2,5565	4,3710	40,079	459,93	2,3428	4,3202	33,932	468,43	2,2038	4,2823	29,581	474,98
150	3,2421	4,5304	63,582	437,50	2,8601	4,4655	55,365	447,99	2,6015	4,4135	48,932	456,53
155	3,9046	4,6511	81,980	421,10	3,4489	4,5918	74,612	430,84	3,0956	4,5376	67,846	439,69
160	4,4725	4,7414	96,194	409,30	3,9884	4,6895	89,999	418,06	3,5917	4,6402	83,994	426,28
165	4,9714	4,8143	108,02	400,14	4,4688	4,7679	102,73	408,21	4,0477	4,7233	97,501	415,82
170	5,4220	4,8761	118,38	392,68	4,9033	4,8338	113,76	400,26	4,4641	4,7930	109,17	407,41
175	5,8371	4,9304	127,73	386,40	5,3031	4,8911	123,64	393,63	4,8482	4,8533	119,56	400,44
180	6,2255	4,9791	136,38	381,01	5,6763	4,9421	132,70	387,97	5,2066	4,9067	129,03	394,53
185	6,5931	5,0235	144,49	376,31	6,0284	4,9884	141,15	383,08	5,5444	4,9549	137,83	389,43
190	6,9441	5,0646	152,19	372,17	6,3638	5,0310	149,13	378,79	5,8656	4,9989	146,09	384,99
195	7,2816	5,1029	159,56	368,51	6,6854	5,0706	156,74	375,01	6,1731	5,0397	153,94	381,09
200	7,6079	5,1389	166,68	365,24	6,9958	5,1076	164,06	371,65	6,4692	5,0778	161,46	377,64
210	8,2339	5,2053	180,28	359,71	7,5894	5,1756	177,99	365,99	7,0343	5,1474	175,73	371,84
220	8,8323	5,2658	193,27	355,29	8,1552	5,2372	191,24	361,48	7,5715	5,2102	189,23	367,24
230	9,4097	5,3214	205,80	351,77	8,7000	5,2939	203,97	357,90	8,0877	5,2678	202,17	363,61
240	9,9707	5,3733	217,97	349,01	9,2283	5,3464	216,32	355,10	8,5874	5,3211	214,69	360,77
250	10,519	5,4219	229,88	346,91	9,7435	5,3956	228,37	352,97	9,0740	5,3709	226,88	358,62
260	11,055	5,4677	241,56	345,39	10,248	5,4419	240,18	351,44	9,5499	5,4177	238,82	357,07
270	11,583	5,5111	253,06	344,38	10,743	5,4857	251,79	350,42	10,017	5,4619	250,54	356,04
280	12,103	5,5524	264,41	343,84	11,231	5,5274	263,24	349,87	10,476	5,5039	262,09	355,49
290	12,617	5,5918	275,64	343,71	11,712	5,5671	274,56	349,74	10,929	5,5439	273,49	355,36
300	13,124	5,6295	286,77	343,97	12,187	5,6051	285,76	350,00	11,377	5,5822	284,77	355,62
310	13,627	5,6657	297,81	344,58	12,658	5,6415	296,87	350,62	11,819	5,6188	295,95	356,23
320	14,125	5,7005	308,77	345,51	13,124	5,6765	307,90	351,55	12,257	5,6540	307,04	357,18
330	14,620	5,7340	319,66	346,75	13,586	5,7102	318,85	352,80	12,692	5,6879	318,06	358,43
340	15,110	5,7664	330,50	348,26	14,045	5,7428	329,75	354,32	13,123	5,7206	329,01	359,96
350	15,598	5,7977	341,29	350,04	14,501	5,7742	340,59	356,11	13,550	5,7522	339,90	361,75
360	16,082	5,8280	352,05	352,06	14,953	5,8046	351,39	358,14	13,975	5,7828	350,75	363,79
370	16,564	5,8573	362,76	354,32	15,403	5,8341	362,15	360,40	14,398	5,8124	361,55	366,07
380	17,044	5,8858	373,45	356,79	15,851	5,8627	372,88	362,89	14,818	5,8411	372,32	368,56
390	17,522	5,9135	384,11	359,47	16,297	5,8905	383,58	365,58	15,236	5,8690	383,06	371,26
400	17,997	5,9405	394,75	362,35	16,741	5,9175	394,26	368,47	15,653	5,8961	393,77	374,16
410	18,471	5,9667	405,37	365,42	17,183	5,9439	404,91	371,54	16,067	5,9225	404,46	377,24
420	18,943	5,9922	415,97	368,66	17,623	5,9695	415,55	374,79	16,480	5,9482	415,14	380,51
430	19,413	6,0172	426,57	372,07	18,062	5,9945	426,18	378,21	16,891	5,9733	425,80	383,94
440	19,882	6,0415	437,16	375,64	18,499	6,0189	436,80	381,80	17,301	5,9978	436,45	387,53
450	20,350	6,0653	447,74	379,37	18,935	6,0428	447,41	385,54	17,710	6,0217	447,08	391,28

Tafel III. Luft von 60 bis 450 °K (Fortsetzung)

T °K	$p = 80$ bar				$p = 85$ bar				$p = 90$ bar			
	v dm³/kg	s kJ/kg grd	i kJ/kg	e kJ/kg	v dm³/kg	s kJ/kg grd	i kJ/kg	e kJ/kg	v dm³/kg	s kJ/kg grd	i kJ/kg	e kJ/kg
135	1,7195	4,0302	−4,8131	513,23	1,6950	4,0176	−5,6633	516,02	1,6735	4,0061	−6,3791	518,63
140	1,8772	4,1377	9,9636	497,05	1,8353	4,1201	8,4388	500,57	1,8003	4,1047	7,1890	503,76
145	2,1046	4,2524	26,310	480,34	2,0295	4,2276	23,750	484,92	1,9699	4,2065	21,690	488,94
150	2,4231	4,3725	44,028	463,45	2,2937	4,3392	40,218	469,22	2,1953	4,3115	37,178	474,18
155	2,8296	4,4903	62,002	447,46	2,6309	4,4503	57,149	454,16	2,4801	4,4163	53,169	459,95
160	3,2710	4,5943	78,371	433,86	3,0152	4,5528	73,289	440,76	2,8125	4,5158	68,830	446,95
165	3,6962	4,6810	92,452	422,96	3,4044	4,6414	87,681	429,62	3,1634	4,6047	83,273	435,78
170	4,0916	4,7540	104,67	414,15	3,7759	4,7169	100,34	420,50	3,5086	4,6820	96,214	426,45
175	4,4590	4,8170	115,54	406,86	4,1252	4,7823	111,61	412,93	3,8385	4,7493	107,83	418,65
180	4,8027	4,8726	125,41	400,71	4,4537	4,8400	121,85	406,55	4,1514	4,8088	118,39	412,07
185	5,1268	4,9226	134,53	395,42	4,7643	4,8917	131,29	401,08	4,4484	4,8621	128,11	406,43
190	5,4346	4,9682	143,08	390,83	5,0595	4,9388	140,10	396,34	4,7314	4,9105	137,18	401,56
195	5,7291	5,0102	151,16	386,81	5,3419	4,9820	148,42	392,21	5,0022	4,9549	145,72	397,32
200	6,0124	5,0493	158,89	383,27	5,6133	5,0221	156,34	388,57	5,2625	4,9960	153,84	393,59
210	6,5520	5,1206	173,48	377,33	6,1297	5,0950	171,27	382,51	5,7575	5,0704	169,09	387,39
220	7,0637	5,1846	187,24	372,65	6,6185	5,1602	185,29	377,73	6,2255	5,1368	183,36	382,53
230	7,5545	5,2431	200,39	368,95	7,0865	5,2196	198,64	373,98	6,6730	5,1971	196,92	378,72
240	8,0289	5,2971	213,08	366,08	7,5383	5,2743	211,50	371,06	7,1044	5,2526	209,95	375,77
250	8,4903	5,3475	225,42	363,90	7,9773	5,3252	223,98	368,86	7,5232	5,3041	222,57	373,54
260	8,9411	5,3947	237,48	362,33	8,4057	5,3730	236,16	367,28	7,9315	5,3523	234,86	371,94
270	9,3830	5,4394	249,31	361,29	8,8254	5,4181	248,09	366,23	8,3313	5,3978	246,90	370,89
280	9,8175	5,4817	260,95	360,74	9,2378	5,4607	259,83	365,67	8,7239	5,4408	258,73	370,32
290	10,246	5,5221	272,44	360,61	9,6439	5,5013	271,40	365,54	9,1103	5,4817	270,39	370,19
300	10,668	5,5606	283,80	360,87	10,045	5,5401	282,84	365,80	9,4914	5,5207	281,89	370,45
310	11,086	5,5974	295,04	361,49	10,441	5,5772	294,15	366,43	9,8679	5,5580	293,27	371,08
320	11,500	5,6329	306,20	362,44	10,833	5,6128	305,37	367,38	10,240	5,5938	304,55	372,04
330	11,910	5,6669	317,27	363,69	11,221	5,6471	316,50	368,64	10,609	5,6282	315,74	373,31
340	12,316	5,6998	328,27	365,23	11,606	5,6801	327,55	370,19	10,975	5,6614	326,85	374,86
350	12,720	5,7315	339,22	367,03	11,988	5,7120	338,55	372,00	11,337	5,6934	337,89	376,68
360	13,121	5,7622	350,11	369,08	12,367	5,7428	349,49	374,06	11,697	5,7244	348,87	378,75
370	13,519	5,7919	360,96	371,37	12,744	5,7726	360,38	376,35	12,055	5,7543	359,80	381,05
380	13,915	5,8207	371,77	373,87	13,118	5,8015	371,23	378,86	12,411	5,7833	370,69	383,57
390	14,309	5,8487	382,55	376,58	13,491	5,8296	382,04	381,58	12,764	5,8115	381,55	386,30
400	14,701	5,8760	393,30	379,49	13,862	5,8569	392,83	384,50	13,116	5,8389	392,36	389,23
410	15,091	5,9024	404,02	382,58	14,231	5,8835	403,59	387,60	13,466	5,8656	403,16	392,34
420	15,480	5,9282	414,73	385,86	14,598	5,9094	414,32	390,88	13,814	5,8915	413,93	395,63
430	15,867	5,9534	425,42	389,30	14,964	5,9346	425,04	394,34	14,161	5,9168	424,68	399,09
440	16,253	5,9779	436,10	392,90	15,329	5,9592	435,75	397,95	14,507	5,9415	435,41	402,71
450	16,638	6,0019	446,76	396,66	15,692	5,9833	446,44	401,72	14,851	5,9656	446,13	406,49

Tafel III. Luft von 60 bis 450 °K (Fortsetzung)

T °K	p = 95 bar				p = 100 bar				p = 105 bar			
	v dm³/kg	s kJ/kg grd	i kJ/kg	e kJ/kg	v dm³/kg	s kJ/kg grd	i kJ/kg	e kJ/kg	v dm³/kg	s kJ/kg grd	i kJ/kg	e kJ/kg
135	1,6542	3,9954	−6,9867	521,09	1,6368	3,9855	−7,5052	523,43	1,6209	3,9761	−7,9488	525,68
140	1,7703	4,0909	6,1481	506,70	1,7441	4,0784	5,2704	509,44	1,7209	4,0669	4,5236	512,01
145	1,9211	4,1881	19,999	492,54	1,8802	4,1718	18,589	495,82	1,8451	4,1572	17,400	498,85
150	2,1174	4,2877	34,695	478,53	2,0540	4,2670	32,632	482,43	2,0010	4,2487	30,895	485,98
155	2,3627	4,3874	49,887	465,02	2,2688	4,3622	47,148	469,52	2,1919	4,3401	44,836	473,58
160	2,6514	4,4832	64,986	452,49	2,5218	4,4546	61,694	457,45	2,4160	4,4292	58,871	461,93
165	2,9651	4,5712	79,282	441,43	2,8017	4,5409	75,722	446,60	2,6663	4,5136	72,576	451,33
170	3,2828	4,6493	92,359	432,00	3,0921	4,6191	88,803	437,17	2,9310	4,5911	85,561	441,97
175	3,5922	4,7181	104,22	424,04	3,3805	4,6887	100,81	429,11	3,1985	4,6612	97,637	433,87
180	3,8888	4,7791	115,04	417,29	3,6605	4,7509	111,84	422,23	3,4617	4,7241	108,81	426,90
185	4,1722	4,8338	125,02	411,51	3,9300	4,8068	122,04	416,32	3,7173	4,7810	119,19	420,89
190	4,4430	4,8834	134,33	406,51	4,1889	4,8575	131,55	411,22	3,9643	4,8327	128,88	415,69
195	4,7027	4,9289	143,08	402,16	4,4378	4,9040	140,50	406,77	4,2025	4,8801	138,00	411,15
200	4,9526	4,9710	151,38	398,35	4,6775	4,9469	148,98	402,87	4,4325	4,9238	146,64	407,19
210	5,4276	5,0469	166,94	392,03	5,1338	5,0243	164,84	396,43	4,8710	5,0026	162,78	400,62
220	5,8765	5,1145	181,46	387,08	5,5650	5,0930	179,60	391,40	5,2856	5,0724	177,78	395,52
230	6,3052	5,1756	195,22	383,21	5,9765	5,1551	193,56	387,48	5,6812	5,1353	191,92	391,54
240	6,7182	5,2318	208,42	380,22	6,3726	5,2119	206,91	384,45	6,0618	5,1928	205,44	388,48
250	7,1187	5,2839	221,17	377,97	6,7564	5,2646	219,81	382,18	6,4303	5,2460	218,47	386,18
260	7,5089	5,3326	233,59	376,35	7,1301	5,3137	232,34	380,54	6,7889	5,2956	231,12	384,53
270	7,8907	5,3784	245,73	375,29	7,4956	5,3599	244,59	379,47	7,1394	5,3422	243,46	383,45
280	8,2654	5,4218	257,65	374,72	7,8540	5,4036	256,60	378,89	7,4831	5,3862	255,56	382,87
290	8,6340	5,4630	269,39	374,59	8,2066	5,4451	268,41	378,76	7,8209	5,4279	267,45	382,74
300	8,9975	5,5022	280,97	374,85	8,5540	5,4846	280,06	379,03	8,1537	5,4677	279,17	383,01
310	9,3564	5,5397	292,41	375,49	8,8970	5,5223	291,57	379,67	8,4822	5,5056	290,74	383,64
320	9,7113	5,5757	303,75	376,45	9,2360	5,5585	302,96	380,64	8,8068	5,5420	302,19	384,62
330	10,063	5,6103	314,99	377,72	9,5716	5,5932	314,26	381,92	9,1281	5,5769	313,54	385,90
340	10,411	5,6436	326,15	379,28	9,9042	5,6267	325,47	383,48	9,4463	5,6105	324,80	387,48
350	10,756	5,6758	337,24	381,11	10,234	5,6590	336,60	385,32	9,7619	5,6429	335,98	389,32
360	11,099	5,7068	348,27	383,19	10,561	5,6902	347,67	387,40	10,075	5,6742	347,09	391,41
370	11,440	5,7369	359,24	385,50	10,886	5,7203	358,69	389,72	10,386	5,7045	358,14	393,74
380	11,778	5,7661	370,17	388,03	11,209	5,7496	369,65	392,26	10,695	5,7338	369,14	396,29
390	12,114	5,7943	381,06	390,76	11,530	5,7780	380,58	395,00	11,002	5,7623	380,10	399,04
400	12,449	5,8218	391,91	393,70	11,849	5,8055	391,46	397,95	11,307	5,7900	391,02	401,99
410	12,782	5,8486	402,73	396,82	12,167	5,8323	402,32	401,08	11,610	5,8168	401,91	405,14
420	13,113	5,8746	413,53	400,12	12,483	5,8584	413,15	404,39	11,913	5,8430	412,77	408,45
430	13,443	5,8999	424,31	403,59	12,798	5,8839	423,96	407,87	12,213	5,8685	423,61	411,94
440	13,772	5,9247	435,08	407,23	13,111	5,9087	434,75	411,51	12,513	5,8934	434,42	415,59
450	14,100	5,9488	445,82	411,01	13,423	5,9329	445,52	415,31	12,811	5,9177	445,22	419,40

Tafel III. Luft von 60 bis 450 °K (Fortsetzung)

T °K	p = 110 bar				p = 115 bar				p = 120 bar			
	v dm³/kg	s kJ/kg grd	i kJ/kg	e kJ/kg	v dm³/kg	s kJ/kg grd	i kJ/kg	e kJ/kg	v dm³/kg	s kJ/kg grd	i kJ/kg	e kJ/kg
135	1,6063	3,9674	−8,3283	527,83	1,5927	3,9590	−8,6525	529,90	1,5802	3,9511	−8,9280	531,91
140	1,7001	4,0562	3,8838	514,45	1,6813	4,0462	3,3330	516,77	1,6641	4,0368	2,8575	518,99
145	1,8146	4,1439	16,389	501,67	1,7876	4,1317	15,521	504,31	1,7635	4,1205	14,773	506,81
150	1,9560	4,2323	29,417	489,24	1,9171	4,2173	28,149	492,27	1,8830	4,2037	27,053	495,10
155	2,1275	4,3204	42,863	477,28	2,0727	4,3027	41,164	480,69	2,0253	4,2866	39,690	483,86
160	2,3281	4,4066	56,439	466,02	2,2539	4,3863	54,331	469,77	2,1905	4,3679	52,492	473,24
165	2,5532	4,4889	69,806	455,68	2,4576	4,4665	67,368	459,68	2,3760	4,4462	65,219	463,40
170	2,7942	4,5655	82,630	446,44	2,6776	4,5419	79,995	450,59	2,5774	4,5203	77,631	454,45
175	3,0417	4,6355	94,698	438,34	2,9062	4,6115	91,999	442,53	2,7887	4,5893	89,533	446,47
180	3,2883	4,6989	105,96	431,32	3,1368	4,6752	103,29	435,49	3,0040	4,6529	100,82	439,43
185	3,5301	4,7565	116,46	425,23	3,3650	4,7333	113,89	429,35	3,2190	4,7113	111,47	433,26
190	3,7652	4,8090	126,31	419,95	3,5884	4,7864	123,85	424,00	3,4310	4,7649	121,51	427,87
195	3,9930	4,8572	135,58	415,34	3,8059	4,8352	133,25	419,33	3,6386	4,8143	131,02	423,14
200	4,2136	4,9017	144,37	411,30	4,0173	4,8804	142,17	415,23	3,8410	4,8600	140,05	418,99
210	4,6350	4,9818	160,78	404,63	4,4224	4,9617	158,82	408,46	4,2302	4,9423	156,93	412,14
220	5,0340	5,0526	175,99	399,45	4,8066	5,0335	174,25	403,21	4,6003	5,0150	172,55	406,81
230	5,4147	5,1163	190,32	395,42	5,1734	5,0980	188,76	399,13	4,9541	5,0803	187,23	402,68
240	5,7809	5,1745	204,00	392,32	5,5262	5,1568	202,58	396,00	5,2944	5,1398	201,20	399,52
250	6,1354	5,2282	217,16	390,00	5,8676	5,2111	215,87	393,65	5,6236	5,1946	214,62	397,15
260	6,4801	5,2783	229,92	388,34	6,1995	5,2616	228,75	391,97	5,9436	5,2455	227,60	395,46
270	6,8169	5,3252	242,36	387,25	6,5237	5,3089	241,28	390,88	6,2561	5,2931	240,23	394,36
280	7,1470	5,3695	254,54	386,66	6,8412	5,3535	253,55	390,29	6,5620	5,3381	252,57	393,76
290	7,4714	5,4115	266,51	386,53	7,1532	5,3957	265,59	390,15	6,8625	5,3806	264,69	393,63
300	7,7908	5,4515	278,29	386,80	7,4604	5,4359	277,44	390,43	7,1584	5,4210	276,61	393,90
310	8,1060	5,4896	289,93	387,44	7,7634	5,4743	289,14	391,07	7,4501	5,4595	288,36	394,55
320	8,4175	5,5262	301,44	388,42	8,0627	5,5110	300,70	392,06	7,7382	5,4964	299,98	395,54
330	8,7256	5,5613	312,84	389,71	8,3588	5,5462	312,15	393,35	8,0232	5,5318	311,48	396,84
340	9,0308	5,5950	324,14	391,29	8,6520	5,5801	323,50	394,94	8,3053	5,5658	322,87	398,43
350	9,3333	5,6275	335,37	393,14	8,9426	5,6128	334,77	396,79	8,5850	5,5986	334,18	400,30
360	9,6334	5,6590	346,52	395,24	9,2308	5,6443	345,96	398,90	8,8623	5,6302	345,41	402,41
370	9,9314	5,6893	357,61	397,57	9,5170	5,6748	357,09	401,24	9,1375	5,6608	356,58	404,76
380	10,227	5,7188	368,65	400,13	9,8012	5,7043	368,16	403,81	9,4109	5,6904	367,68	407,33
390	10,522	5,7473	379,64	402,89	10,084	5,7330	379,19	406,58	9,6825	5,7192	378,74	410,11
400	10,814	5,7751	390,59	405,86	10,364	5,7608	390,17	409,55	9,9526	5,7470	389,76	413,09
410	11,105	5,8020	401,51	409,01	10,644	5,7878	401,12	412,71	10,221	5,7742	400,73	416,26
420	11,394	5,8283	412,40	412,33	10,922	5,8141	412,04	416,05	10,488	5,8005	411,68	419,61
430	11,683	5,8538	423,26	415,83	11,198	5,8397	422,93	419,55	10,754	5,8262	422,60	423,12
440	11,969	5,8788	434,11	419,49	11,473	5,8647	433,79	423,22	11,019	5,8513	433,49	426,80
450	12,255	5,9031	444,93	423,31	11,748	5,8891	444,64	427,04	11,283	5,8757	444,36	430,63

Tafel III. Luft von 60 bis 450 °K (Fortsetzung)

T °K	p = 125 bar				p = 130 bar				p = 135 bar			
	v dm³/kg	s kJ/kg grd	i kJ/kg	e kJ/kg	v dm³/kg	s kJ/kg grd	i kJ/kg	e kJ/kg	v dm³/kg	s kJ/kg grd	i kJ/kg	e kJ/kg
135	1,5684	3,9436	−9,1606	533,85	1,5573	3,9363	−9,3547	535,74	1,5469	3,9294	−9,5142	537,58
140	1,6482	4,0280	2,4464	521,13	1,6335	4,0196	2,0910	523,20	1,6199	4,0116	1,7844	525,20
145	1,7418	4,1099	14,125	509,19	1,7220	4,1001	13,562	511,47	1,7039	4,0908	13,073	513,66
150	1,8528	4,1911	26,103	497,77	1,8258	4,1795	25,274	500,30	1,8014	4,1686	24,550	502,71
155	1,9839	4,2718	38,405	486,83	1,9474	4,2582	37,279	489,62	1,9148	4,2456	36,289	492,27
160	2,1355	4,3510	50,879	476,48	2,0873	4,3355	49,458	479,52	2,0446	4,3212	48,200	482,39
165	2,3055	4,4276	63,317	466,86	2,2440	4,4105	61,629	470,11	2,1899	4,3946	60,126	473,16
170	2,4907	4,5004	75,512	458,07	2,4150	4,4820	73,611	461,47	2,3485	4,4649	71,903	464,68
175	2,6863	4,5687	87,287	450,18	2,5965	4,5495	85,245	453,67	2,5174	4,5316	83,391	456,97
180	2,8873	4,6320	98,528	443,16	2,7844	4,6124	96,419	446,70	2,6931	4,5940	94,480	450,06
185	3,0897	4,6905	109,20	436,99	2,9748	4,6708	107,08	440,53	2,8724	4,6523	105,11	443,90
190	3,2907	4,7444	119,30	431,56	3,1651	4,7249	117,22	435,08	3,0526	4,7065	115,27	438,45
195	3,4884	4,7942	128,90	426,79	3,3535	4,7751	126,87	430,28	3,2319	4,7568	124,96	433,63
200	3,6821	4,8404	138,02	422,60	3,5387	4,8217	136,08	426,06	3,4089	4,8037	134,22	429,37
210	4,0561	4,9237	155,09	415,66	3,8979	4,9058	153,32	419,05	3,7538	4,8886	151,61	422,31
220	4,4127	4,9973	170,90	410,27	4,2416	4,9802	169,29	413,60	4,0851	4,9637	167,74	416,81
230	4,7541	5,0633	185,74	406,10	4,5712	5,0469	184,29	409,39	4,4036	5,0310	182,88	412,55
240	5,0827	5,1234	199,85	402,90	4,8887	5,1075	198,54	406,16	4,7105	5,0922	197,25	409,30
250	5,4005	5,1786	213,39	400,52	5,1959	5,1632	212,19	403,75	5,0076	5,1484	211,02	406,87
260	5,7094	5,2300	226,47	398,81	5,4944	5,2150	225,38	402,03	5,2964	5,2005	224,30	405,14
270	6,0109	5,2780	239,20	397,70	5,7858	5,2633	238,19	400,91	5,5783	5,2491	237,10	404,01
280	6,3062	5,3232	251,62	397,10	6,0710	5,3088	250,69	400,31	5,8541	5,2949	249,78	403,40
290	6,5961	5,3659	263,81	396,96	6,3509	5,3518	262,95	400,17	6,1248	5,3382	262,11	403,27
300	6,8813	5,4065	275,79	397,24	6,6264	5,3926	274,99	400,45	6,3912	5,3792	274,21	403,55
310	7,1626	5,4453	287,60	397,89	6,8980	5,4316	286,86	401,11	6,6537	5,4183	286,14	404,20
320	7,4404	5,4823	299,27	398,89	7,1662	5,4688	298,58	402,10	6,9129	5,4557	297,91	405,21
330	7,7151	5,5179	310,82	400,19	7,4313	5,5044	310,17	403,42	7,1691	5,4915	309,54	406,52
340	7,9870	5,5520	322,26	401,79	7,6937	5,5387	321,66	405,02	7,4227	5,5259	321,07	408,13
350	8,2565	5,5849	333,61	403,66	7,9538	5,5717	333,05	406,90	7,6740	5,5590	332,50	410,02
360	8,5237	5,6167	344,88	405,78	8,2116	5,6036	344,35	409,03	7,9231	5,5910	343,84	412,15
370	8,7889	5,6474	356,08	408,14	8,4675	5,6344	355,59	411,39	8,1703	5,6218	355,11	414,52
380	9,0522	5,6771	367,22	410,72	8,7215	5,6642	366,76	413,98	8,4157	5,6517	366,32	417,12
390	9,3139	5,7059	378,31	413,51	8,9739	5,6931	377,88	416,78	8,6595	5,6807	377,47	419,92
400	9,5740	5,7338	389,35	416,50	9,2248	5,7211	388,96	419,77	8,9019	5,7088	388,57	422,93
410	9,8326	5,7610	400,36	419,67	9,4743	5,7483	399,99	422,95	9,1428	5,7361	399,63	426,12
420	10,090	5,7875	411,33	423,02	9,7225	5,7748	410,99	426,31	9,3825	5,7627	410,65	429,49
430	10,346	5,8132	422,27	426,55	9,9695	5,8007	421,96	429,85	9,6210	5,7886	421,65	433,02
440	10,601	5,8383	433,19	430,23	10,215	5,8258	432,90	433,54	9,8584	5,8138	432,61	436,73
450	10,855	5,8628	444,09	434,07	10,460	5,8504	443,82	437,39	10,095	5,8384	443,55	440,58

Tafel III. Luft von 60 bis 450 °K (Fortsetzung)

T °K	p = 140 bar				p = 145 bar				p = 150 bar			
	v dm³/kg	s kJ/kg grd	i kJ/kg	e kJ/kg	v dm³/kg	s kJ/kg grd	i kJ/kg	e kJ/kg	v dm³/kg	s kJ/kg grd	i kJ/kg	e kJ/kg
135	1,5371	3,9227	−9,6424	539,37	1,5277	3,9163	−9,7420	541,12	1,5189	3,9101	−9,8155	542,83
140	1,6071	4,0039	1,5209	527,13	1,5951	3,9966	1,2958	529,02	1,5838	3,9896	1,1051	530,86
145	1,6871	4,0820	12,646	515,76	1,6716	4,0737	12,275	517,80	1,6571	4,0657	11,952	519,77
150	1,7792	4,1584	23,916	505,01	1,7589	4,1488	23,359	507,23	1,7402	4,1397	22,870	509,36
155	1,8854	4,2338	35,416	494,78	1,8589	4,2228	34,644	497,19	1,8347	4,2125	33,961	499,49
160	2,0066	4,3079	47,084	485,10	1,9724	4,2955	46,091	487,69	1,9415	4,2839	45,205	490,16
165	2,1419	4,3799	58,783	476,06	2,0989	4,3662	57,580	478,80	2,0602	4,3534	56,501	481,43
170	2,2896	4,4491	70,367	467,71	2,2370	4,4343	68,981	470,59	2,1898	4,4204	67,730	473,34
175	2,4472	4,5148	81,706	460,11	2,3846	4,4992	80,175	463,08	2,3283	4,4845	78,782	465,92
180	2,6119	4,5768	92,700	453,25	2,5392	4,5606	91,067	456,29	2,4739	4,5453	89,570	459,20
185	2,7808	4,6348	103,28	447,12	2,6985	4,6182	101,59	450,20	2,6244	4,6026	100,03	453,14
190	2,9514	4,6889	113,43	441,67	2,8602	4,6723	111,72	444,76	2,7777	4,6565	110,13	447,72
195	3,1220	4,7394	123,15	436,84	3,0225	4,7228	121,45	439,92	2,9322	4,7070	119,85	442,88
200	3,2912	4,7865	132,46	432,56	3,1842	4,7701	130,79	435,63	3,0867	4,7544	129,21	438,59
210	3,6223	4,8720	149,97	425,45	3,5020	4,8560	148,40	428,48	3,3917	4,8407	146,89	431,40
220	3,9417	4,9477	166,24	419,90	3,8100	4,9323	164,78	422,89	3,6887	4,9174	163,39	425,78
230	4,2494	5,0156	181,51	415,61	4,1074	5,0008	180,18	418,56	3,9763	4,9864	178,90	421,42
240	4,5464	5,0773	196,00	412,33	4,3949	5,0629	194,79	415,25	4,2547	5,0490	193,61	418,09
250	4,8340	5,1340	209,88	409,88	4,6735	5,1200	208,77	412,79	4,5248	5,1065	207,69	415,60
260	5,1137	5,1864	223,26	408,14	4,9445	5,1729	222,24	411,03	4,7876	5,1597	221,25	413,84
270	5,3865	5,2354	236,24	407,00	5,2090	5,2222	235,30	409,89	5,0441	5,2093	234,39	412,68
280	5,6536	5,2815	248,90	406,39	5,4678	5,2685	248,03	409,28	5,2951	5,2558	247,19	412,07
290	5,9157	5,3249	261,29	406,25	5,7217	5,3122	260,49	409,14	5,5414	5,2998	259,71	411,93
300	6,1735	5,3662	273,45	406,53	5,9715	5,3536	272,71	409,42	5,7837	5,3414	271,99	412,21
310	6,4276	5,4055	285,43	407,19	6,2177	5,3930	284,74	410,08	6,0224	5,3810	284,07	412,88
320	6,6784	5,4430	297,25	408,20	6,4606	5,4307	296,61	411,09	6,2579	5,4188	295,98	413,89
330	6,9263	5,4789	308,93	409,52	6,7007	5,4668	308,33	412,42	6,4907	5,4551	307,75	415,23
340	7,1716	5,5135	320,50	411,14	6,9383	5,5015	319,94	414,04	6,7211	5,4898	319,40	416,85
350	7,4147	5,5467	331,96	413,03	7,1737	5,5348	331,44	415,94	6,9493	5,5233	330,94	418,75
360	7,6556	5,5788	343,34	415,17	7,4071	5,5670	342,86	418,09	7,1755	5,5555	342,38	420,91
370	7,8947	5,6097	354,65	417,55	7,6386	5,5980	354,19	420,47	7,3999	5,5867	353,75	423,30
380	8,1321	5,6397	365,88	420,15	7,8684	5,6281	365,46	423,08	7,6226	5,6168	365,05	425,92
390	8,3679	5,6687	377,06	422,96	8,0967	5,6572	376,67	425,90	7,8439	5,6460	376,29	428,74
400	8,6022	5,6969	388,19	425,97	8,3236	5,6854	387,83	428,92	8,0638	5,6743	387,47	431,77
410	8,8352	5,7243	399,28	429,17	8,5491	5,7129	398,94	432,12	8,2824	5,7018	398,61	434,98
420	9,0670	5,7509	410,33	432,55	8,7735	5,7396	410,01	435,51	8,4998	5,7285	409,70	438,37
430	9,2976	5,7769	421,35	436,09	8,9968	5,7655	421,05	439,06	8,7162	5,7546	420,77	441,93
440	9,5272	5,8021	432,33	439,80	9,2190	5,7908	432,06	442,78	8,9315	5,7799	431,80	445,66
450	9,7557	5,8268	443,30	443,67	9,4402	5,8155	443,05	446,65	9,1458	5,8047	442,81	449,54

Tafel III. Luft von 60 bis 450 °K (Fortsetzung)

T °K	p = 155 bar v dm³/kg	s kJ/kg grd	i kJ/kg	e kJ/kg	p = 160 bar v dm³/kg	s kJ/kg grd	i kJ/kg	e kJ/kg	p = 165 bar v dm³/kg	s kJ/kg grd	i kJ/kg	e kJ/kg
135	1,5105	3,9042	−9,8650	544,50	1,5024	3,8984	−9,8924	546,14	1,4947	3,8928	−9,8992	547,74
140	1,5731	3,9828	0,94567	532,65	1,5630	3,9763	0,81463	534,40	1,5533	3,9699	0,70966	536,12
145	1,6436	4,0581	11,672	521,69	1,6309	4,0508	11,431	523,55	1,6189	4,0437	11,224	525,37
150	1,7228	4,1311	22,441	511,42	1,7067	4,1229	22,065	513,41	1,6917	4,1150	21,736	515,34
155	1,8125	4,2027	33,356	501,71	1,7920	4,1934	32,820	503,84	1,7730	4,1846	32,345	505,90
160	1,9133	4,2729	44,414	492,53	1,8875	4,2625	43,708	494,81	1,8638	4,2527	43,076	497,00
165	2,0252	4,3413	55,531	483,93	1,9933	4,3299	54,658	486,34	1,9640	4,3192	53,871	488,65
170	2,1471	4,4074	66,598	475,96	2,1084	4,3951	65,573	478,48	2,0730	4,3835	64,643	480,89
175	2,2776	4,4707	77,514	468,64	2,2316	4,4576	76,358	471,24	2,1897	4,4453	75,303	473,74
180	2,4150	4,5309	88,196	461,98	2,3615	4,5172	86,936	464,65	2,3128	4,5043	85,779	467,21
185	2,5573	4,5878	98,583	455,96	2,4964	4,5737	97,248	458,68	2,4409	4,5604	96,014	461,29
190	2,7029	4,6414	108,64	450,56	2,6347	4,6271	107,26	453,30	2,5725	4,6135	105,97	455,94
195	2,8500	4,6919	118,35	445,74	2,7750	4,6774	116,94	448,49	2,7063	4,6637	115,63	451,14
200	2,9976	4,7393	127,71	441,44	2,9161	4,7249	126,30	444,19	2,8414	4,7110	124,98	446,84
210	3,2905	4,8259	145,46	434,23	3,1973	4,8117	144,09	436,96	3,1114	4,7980	142,79	439,61
220	3,5769	4,9031	162,04	428,57	3,4735	4,8892	160,75	431,28	3,3778	4,8758	159,51	433,91
230	3,8550	4,9725	177,65	424,19	3,7425	4,9590	176,45	426,87	3,6381	4,9459	175,29	429,47
240	4,1247	5,0355	192,47	420,83	4,0040	5,0224	191,36	423,49	3,8916	5,0097	190,29	426,08
250	4,3867	5,0934	206,64	418,33	4,2582	5,0806	205,62	420,98	4,1384	5,0683	204,62	423,55
260	4,6417	5,1469	220,28	416,55	4,5058	5,1345	219,34	419,19	4,3790	5,1224	218,43	421,75
270	4,8907	5,1968	233,50	415,39	4,7476	5,1847	232,63	418,02	4,6140	5,1729	231,79	420,58
280	5,1343	5,2436	246,37	414,78	4,9844	5,2317	245,57	417,40	4,8441	5,2201	244,79	419,95
290	5,3735	5,2877	258,95	414,64	5,2166	5,2761	258,21	417,26	5,0700	5,2647	257,49	419,81
300	5,6086	5,3296	271,28	414,92	5,4451	5,3181	270,60	417,55	5,2920	5,3069	269,93	420,10
310	5,8403	5,3693	283,41	415,59	5,6701	5,3580	282,78	418,22	5,5108	5,3470	282,16	420,77
320	6,0689	5,4073	295,37	416,61	5,8922	5,3961	294,78	419,24	5,7267	5,3852	294,20	421,80
330	6,2948	5,4436	307,18	417,94	6,1116	5,4326	306,63	420,58	5,9400	5,4218	306,09	423,14
340	6,5184	5,4785	318,87	419,58	6,3287	5,4676	318,35	422,22	6,1511	5,4569	317,85	424,79
350	6,7397	5,5121	330,44	421,48	6,5438	5,5012	329,96	424,13	6,3600	5,4907	329,50	426,71
360	6,9592	5,5444	341,92	423,65	6,7569	5,5337	341,47	426,30	6,5672	5,5232	341,04	428,88
370	7,1769	5,5757	353,32	426,04	6,9683	5,5650	352,90	428,71	6,7727	5,5546	352,50	431,29
380	7,3930	5,6059	364,65	428,67	7,1782	5,5953	364,26	431,33	6,9766	5,5849	363,88	433,93
390	7,6077	5,6351	375,91	431,50	7,3866	5,6246	375,55	434,17	7,1792	5,6143	375,20	436,77
400	7,8210	5,6635	387,12	434,53	7,5937	5,6530	386,78	437,21	7,3805	5,6428	386,45	439,82
410	8,0331	5,6911	398,28	437,75	7,7996	5,6806	397,97	440,44	7,5806	5,6705	397,66	443,05
420	8,2440	5,7179	409,40	441,15	8,0044	5,7075	409,11	443,84	7,7796	5,6974	408,83	446,46
430	8,4539	5,7439	420,49	444,72	8,2082	5,7336	420,22	447,42	7,9776	5,7236	419,96	450,05
440	8,6627	5,7694	431,54	448,45	8,4110	5,7591	431,29	451,16	8,1747	5,7491	431,05	453,79
450	8,8707	5,7941	442,57	452,34	8,6128	5,7839	442,34	455,05	8,3708	5,7740	442,12	457,69

Tafel III. Luft von 60 bis 450 °K (Fortsetzung)

T °K	$p = 170$ bar				$p = 175$ bar				$p = 180$ bar			
	v dm³/kg	s kJ/kg grd	i kJ/kg	e kJ/kg	v dm³/kg	s kJ/kg grd	i kJ/kg	e kJ/kg	v dm³/kg	s kJ/kg grd	i kJ/kg	e kJ/kg
135	1,4874	3,8873	−9,8872	549,32								
140	1,5442	3,9638	0,62876	537,80	1,5354	3,9579	0,57019	539,44	1,5271	3,9522	0,53247	541,06
145	1,6075	4,0370	11,048	527,15	1,5967	4,0304	10,901	528,88	1,5865	4,0241	10,779	530,58
150	1,6776	4,1075	21,448	517,23	1,6643	4,1002	21,199	519,06	1,6517	4,0933	20,984	520,85
155	1,7554	4,1762	31,926	507,91	1,7389	4,1682	31,555	509,85	1,7235	4,1605	31,228	511,74
160	1,8419	4,2434	42,511	499,12	1,8215	4,2345	42,006	501,18	1,8026	4,2260	41,556	503,17
165	1,9371	4,3089	53,162	490,89	1,9123	4,2992	52,522	493,04	1,8893	4,2900	51,946	495,13
170	2,0406	4,3725	63,799	483,22	2,0108	4,3620	63,032	485,47	1,9832	4,3520	62,336	487,65
175	2,1514	4,4336	74,340	476,15	2,1161	4,4225	73,461	478,48	2,0836	4,4119	72,657	480,73
180	2,2683	4,4920	84,717	469,68	2,2274	4,4804	83,741	472,07	2,1897	4,4693	82,844	474,38
185	2,3901	4,5477	94,874	463,80	2,3434	4,5356	93,821	466,23	2,3004	4,5241	92,849	468,58
190	2,5155	4,6005	104,78	458,49	2,4631	4,5881	103,66	460,95	2,4148	4,5763	102,63	463,33
195	2,6433	4,6505	114,40	453,70	2,5853	4,6379	113,25	456,18	2,5318	4,6259	112,18	458,58
200	2,7726	4,6978	123,73	449,42	2,7091	4,6851	122,56	451,90	2,6505	4,6729	121,47	454,32
210	3,0321	4,7848	141,56	442,17	2,9586	4,7721	140,39	444,66	2,8904	4,7598	139,28	447,08
220	3,2891	4,8628	158,33	436,46	3,2066	4,8503	157,20	438,94	3,1299	4,8382	156,12	441,34
230	3,5410	4,9333	174,18	432,00	3,4505	4,9210	173,11	434,46	3,3661	4,9091	172,08	436,86
240	3,7869	4,9974	189,25	428,59	3,6891	4,9855	188,25	431,03	3,5976	4,9739	187,28	433,41
250	4,0266	5,0563	203,66	426,05	3,9219	5,0446	202,73	428,48	3,8239	5,0333	201,83	430,85
260	4,2604	5,1107	217,54	424,24	4,1493	5,0993	216,68	426,66	4,0452	5,0882	215,84	429,02
270	4,4890	5,1614	230,97	423,06	4,3717	5,1503	230,17	425,48	4,2617	5,1394	229,40	427,83
280	4,7128	5,2089	244,03	422,43	4,5896	5,1980	243,29	424,85	4,4739	5,1873	242,58	427,20
290	4,9325	5,2537	256,78	422,29	4,8035	5,2429	256,10	424,70	4,6822	5,2325	255,44	427,06
300	5,1486	5,2960	269,28	422,58	5,0138	5,2854	268,64	424,99	4,8871	5,2751	268,03	427,35
310	5,3614	5,3363	281,55	423,26	5,2211	5,3258	280,96	425,67	5,0890	5,3157	280,39	428,03
320	5,5715	5,3746	293,64	424,28	5,4255	5,3644	293,09	426,71	5,2882	5,3543	292,56	429,06
330	5,7790	5,4114	305,57	425,64	5,6275	5,4012	305,06	428,06	5,4850	5,3913	304,57	430,42
340	5,9843	5,4466	317,36	427,28	5,8274	5,4365	316,89	429,71	5,6796	5,4267	316,43	432,08
350	6,1875	5,4804	329,04	429,21	6,0253	5,4704	328,60	431,64	5,8724	5,4607	328,17	434,02
360	6,3890	5,5130	340,62	431,39	6,2214	5,5031	340,20	433,83	6,0634	5,4935	339,81	436,21
370	6,5889	5,5445	352,10	433,80	6,4159	5,5347	351,72	436,25	6,2529	5,5251	351,35	438,64
380	6,7873	5,5749	363,51	436,45	6,6090	5,5652	363,15	438,90	6,4410	5,5557	362,81	441,29
390	6,9843	5,6044	374,85	439,30	6,8008	5,5947	374,52	441,76	6,6278	5,5853	374,20	444,15
400	7,1800	5,6330	386,14	442,35	6,9913	5,6233	385,83	444,82	6,8134	5,6139	385,53	447,22
410	7,3747	5,6607	397,37	445,59	7,1808	5,6511	397,08	448,06	6,9979	5,6418	396,80	450,47
420	7,5682	5,6876	408,55	449,01	7,3691	5,6781	408,29	451,49	7,1813	5,6688	408,03	453,90
430	7,7608	5,7139	419,70	452,60	7,5566	5,7044	419,46	455,08	7,3639	5,6952	419,22	457,50
440	7,9524	5,7394	430,82	456,35	7,7431	5,7300	430,59	458,84	7,5456	5,7208	430,37	461,27
450	8,1432	5,7643	441,90	460,26	7,9288	5,7550	441,69	462,75	7,7264	5,7458	441,49	465,19

Tafel III. Luft von 60 bis 450 °K (Fortsetzung)

T °K	p = 185 bar				p = 190 bar				p = 195 bar			
	v dm³/kg	s kJ/kg grd	i kJ/kg	e kJ/kg	v dm³/kg	s kJ/kg grd	i kJ/kg	e kJ/kg	v dm³/kg	s kJ/kg grd	i kJ/kg	e kJ/kg
140	1,5191	3,9466	0,51430	542,65	1,5114	3,9412	0,51454	544,21	1,5040	3,9359	0,53221	545,74
145	1,5767	4,0180	10,681	532,25	1,5674	4,0120	10,605	533,89	1,5585	4,0062	10,549	535,50
150	1,6398	4,0866	20,799	522,60	1,6286	4,0801	20,643	524,32	1,6178	4,0738	20,512	526,00
155	1,7090	4,1531	30,941	513,58	1,6953	4,1460	30,691	515,38	1,6823	4,1391	30,473	517,13
160	1,7849	4,2179	41,155	505,11	1,7683	4,2102	40,798	506,99	1,7526	4,2027	40,482	508,83
165	1,8678	4,2812	51,427	497,16	1,8478	4,2727	50,960	499,13	1,8291	4,2646	50,541	501,05
170	1,9576	4,3425	61,704	489,76	1,9338	4,3334	61,131	491,80	1,9115	4,3247	60,611	493,80
175	2,0535	4,4018	71,922	482,91	2,0256	4,3921	71,251	485,02	1,9995	4,3828	70,637	487,07
180	2,1549	4,4586	82,020	476,61	2,1226	4,4485	81,263	478,78	2,0925	4,4388	80,566	480,88
185	2,2607	4,5131	91,950	470,86	2,2239	4,5025	91,120	473,07	2,1896	4,4924	90,353	475,21
190	2,3701	4,5649	101,68	465,64	2,3287	4,5541	100,79	467,88	2,2902	4,5437	99,963	470,05
195	2,4822	4,6143	111,18	460,91	2,4363	4,6032	110,24	463,18	2,3936	4,5926	109,37	465,38
200	2,5962	4,6612	120,44	456,66	2,5458	4,6500	119,47	458,94	2,4989	4,6391	118,57	461,15
210	2,8271	4,7480	138,23	449,43	2,7682	4,7367	137,24	451,72	2,7132	4,7257	136,31	453,95
220	3,0584	4,8265	155,09	443,69	2,9916	4,8151	154,11	445,97	2,9292	4,8042	153,18	448,20
230	3,2871	4,8976	171,09	439,19	3,2132	4,8865	170,15	441,47	3,1439	4,8756	169,24	443,68
240	3,5118	4,9626	186,35	435,73	3,4314	4,9516	185,45	438,00	3,3559	4,9409	184,59	440,21
250	3,7319	5,0222	200,96	433,16	3,6455	5,0115	200,12	435,41	3,5642	5,0010	199,31	437,61
260	3,9473	5,0774	215,04	431,32	3,8552	5,0669	214,25	433,57	3,7684	5,0567	213,49	435,76
270	4,1581	5,1288	228,65	430,13	4,0607	5,1185	227,92	432,37	3,9687	5,1085	227,22	434,56
280	4,3649	5,1769	241,88	429,49	4,2622	5,1668	241,21	431,73	4,1653	5,1570	240,55	433,92
290	4,5679	5,2223	254,79	429,35	4,4602	5,2123	254,17	431,59	4,3585	5,2026	253,56	433,77
300	4,7677	5,2651	267,43	429,64	4,6550	5,2553	266,85	431,88	4,5485	5,2458	266,29	434,07
310	4,9645	5,3058	279,84	430,33	4,8469	5,2961	279,30	432,57	4,7358	5,2867	278,78	434,76
320	5,1586	5,3446	292,05	431,36	5,0363	5,3350	291,55	433,61	4,9207	5,3257	291,06	435,80
330	5,3505	5,3816	304,09	432,73	5,2234	5,3722	303,62	434,98	5,1033	5,3630	303,17	437,17
340	5,5402	5,4171	315,99	434,39	5,4085	5,4078	315,55	436,64	5,2839	5,3987	315,13	438,85
350	5,7281	5,4512	327,76	436,33	5,5918	5,4420	327,35	438,59	5,4628	5,4330	326,96	440,79
360	5,9143	5,4841	339,42	438,53	5,7734	5,4749	339,05	440,79	5,6400	5,4660	338,68	443,00
370	6,0990	5,5158	350,99	440,96	5,9535	5,5067	350,64	443,23	5,8158	5,4978	350,30	445,45
380	6,2823	5,5464	362,47	443,62	6,1323	5,5374	362,15	445,89	5,9902	5,5286	361,84	448,12
390	6,4644	5,5761	373,89	446,49	6,3098	5,5671	373,59	448,77	6,1635	5,5584	373,30	451,00
400	6,6453	5,6048	385,24	449,56	6,4863	5,5959	384,96	451,85	6,3357	5,5872	384,69	454,08
410	6,8251	5,6327	396,54	452,82	6,6616	5,6239	396,28	455,11	6,5068	5,6152	396,03	457,35
420	7,0039	5,6598	407,78	456,26	6,8360	5,6510	407,54	458,55	6,6770	5,6424	407,31	460,80
430	7,1818	5,6862	418,99	459,86	7,0095	5,6774	418,77	462,17	6,8463	5,6689	418,56	464,42
440	7,3589	5,7119	430,16	463,64	7,1822	5,7031	429,96	465,95	7,0148	5,6946	429,76	468,20
450	7,5351	5,7369	441,30	467,56	7,3541	5,7282	441,11	469,88	7,1825	5,7197	440,94	472,14

Tafel III. Luft von 60 bis 450 °K (Fortsetzung)

T °K	p = 200 bar				p = 210 bar				p = 220 bar			
	v dm³/kg	s kJ/kg grd	i kJ/kg	e kJ/kg	v dm³/kg	s kJ/kg grd	i kJ/kg	e kJ/kg	v dm³/kg	s kJ/kg grd	i kJ/kg	e kJ/kg
140	1,4970	3,9308	0,56643	547,25								
145	1,5499	4,0006	10,512	537,08	1,5339	3,9899	10,491	540,16	1,5190	3,9796	10,532	543,16
150	1,6076	4,0677	20,405	527,64	1,5885	4,0561	20,255	530,85	1,5709	4,0450	20,179	533,95
155	1,6701	4,1325	30,285	518,85	1,6473	4,1199	29,991	522,19	1,6265	4,1080	29,789	525,40
160	1,7379	4,1955	40,203	510,62	1,7107	4,1818	39,743	514,10	1,6862	4,1691	39,399	517,43
165	1,8114	4,2568	50,165	502,92	1,7792	4,2421	49,530	506,53	1,7503	4,2283	49,030	509,98
170	1,8907	4,3163	60,140	495,73	1,8527	4,3006	59,329	499,47	1,8189	4,2859	58,672	503,04
175	1,9752	4,3740	70,077	489,07	1,9310	4,3572	69,101	492,92	1,8918	4,3417	68,294	496,59
180	2,0644	4,4295	79,927	482,93	2,0136	4,4119	78,801	486,87	1,9686	4,3956	77,855	490,62
185	2,1577	4,4827	89,645	477,30	2,0999	4,4644	88,388	481,32	2,0490	4,4474	87,319	485,14
190	2,2544	4,5337	99,198	472,17	2,1895	4,5148	97,830	476,25	2,1323	4,4972	96,656	480,13
195	2,3537	4,5823	108,56	467,52	2,2817	4,5630	107,11	471,64	2,2182	4,5449	105,84	475,56
200	2,4551	4,6287	117,73	463,31	2,3759	4,6090	116,20	467,46	2,3061	4,5906	114,86	471,42
210	2,6618	4,7151	135,42	456,12	2,5686	4,6949	133,81	460,31	2,4864	4,6761	132,38	464,31
220	2,8707	4,7936	152,29	450,37	2,7642	4,7733	150,65	454,57	2,6700	4,7543	149,18	458,58
230	3,0789	4,8651	168,38	445,85	2,9602	4,8450	166,77	450,04	2,8547	4,8260	165,30	454,05
240	3,2848	4,9306	183,76	442,37	3,1548	4,9107	182,21	446,54	3,0389	4,8919	180,78	450,55
250	3,4875	4,9909	198,53	439,76	3,3469	4,9713	197,05	443,92	3,2212	4,9527	195,69	447,92
260	3,6865	5,0467	212,76	437,91	3,5361	5,0275	211,37	442,06	3,4012	5,0092	210,08	446,04
270	3,8819	5,0987	226,54	436,70	3,7221	5,0798	225,24	440,84	3,5785	5,0618	224,02	444,82
280	4,0737	5,1473	239,92	436,06	3,9049	5,1288	238,71	440,20	3,7530	5,1111	237,57	444,17
290	4,2622	5,1932	252,97	435,91	4,0848	5,1749	251,84	440,05	3,9249	5,1574	250,79	444,02
300	4,4478	5,2364	265,74	436,21	4,2619	5,2185	264,69	440,35	4,0942	5,2013	263,71	444,32
310	4,6307	5,2775	278,27	436,90	4,4365	5,2598	277,30	441,04	4,2612	5,2428	276,39	445,02
320	4,8112	5,3167	290,59	437,95	4,6088	5,2991	289,69	442,10	4,4261	5,2824	288,85	446,08
330	4,9895	5,3540	302,74	439,32	4,7791	5,3367	301,90	443,48	4,5890	5,3201	301,12	447,47
340	5,1659	5,3898	314,73	441,00	4,9475	5,3727	313,95	445,16	4,7502	5,3563	313,13	449,16
350	5,3405	5,4242	326,59	442,95	5,1143	5,4072	325,87	447,13	4,9097	5,3910	325,20	451,13
360	5,5136	5,4573	338,33	445,16	5,2796	5,4405	337,66	449,35	5,0679	5,4244	337,04	453,36
370	5,6852	5,4892	349,98	447,61	5,4435	5,4725	349,36	451,81	5,2247	5,4565	348,78	455,83
380	5,8556	5,5200	361,53	450,29	5,6062	5,5034	360,96	454,49	5,3803	5,4876	360,43	458,53
390	6,0247	5,5498	373,02	453,18	5,7677	5,5334	372,48	457,39	5,5349	5,5176	371,99	461,44
400	6,1928	5,5787	384,43	456,26	5,9282	5,5624	383,94	460,49	5,6885	5,5467	383,48	464,55
410	6,3599	5,6068	395,79	459,54	6,0878	5,5905	395,33	463,78	5,8411	5,5749	394,92	467,84
420	6,5261	5,6340	407,09	462,99	6,2464	5,6178	406,67	467,24	5,9929	5,6024	406,29	471,32
430	6,6914	5,6605	418,35	466,62	6,4043	5,6444	417,97	470,88	6,1440	5,6290	417,62	474,97
440	6,8559	5,6863	429,58	470,41	6,5614	5,6703	429,23	474,68	6,2943	5,6550	428,91	478,78
450	7,0197	5,7115	440,77	474,35	6,7178	5,6955	440,45	478,63	6,4439	5,6802	440,16	482,74

Tafel III. Luft von 60 bis 450 °K (Fortsetzung)

T °K	\multicolumn{4}{c	}{$p = 230$ bar}	\multicolumn{4}{c	}{$p = 240$ bar}	\multicolumn{4}{c}{$p = 250$ bar}
	v dm³/kg	s kJ/kg grd	i kJ/kg	e kJ/kg	v dm³/kg	s kJ/kg grd	i kJ/kg	e kJ/kg	v dm³/kg	s kJ/kg grd	i kJ/kg	e kJ/kg
145	1,5052	3,9699	10,632	546,06	1,4924	3,9606	10,784	548,89				
150	1,5546	4,0345	20,169	536,97	1,5395	4,0245	20,217	539,89	1,5255	4,0150	20,316	542,75
155	1,6075	4,0968	29,668	528,51	1,5899	4,0862	29,616	531,53	1,5736	4,0760	29,625	534,46
160	1,6639	4,1571	39,152	520,65	1,6435	4,1457	38,990	523,75	1,6247	4,1349	38,901	526,77
165	1,7242	4,2155	48,646	513,30	1,7005	4,2034	48,362	516,51	1,6788	4,1919	48,165	519,60
170	1,7885	4,2722	58,147	506,46	1,7611	4,2594	57,737	509,75	1,7360	4,2472	57,425	512,93
175	1,8567	4,3272	67,632	500,10	1,8252	4,3136	67,096	503,48	1,7965	4,3008	66,670	506,73
180	1,9286	4,3803	77,066	494,22	1,8926	4,3661	76,412	497,67	1,8601	4,3527	75,877	500,99
185	2,0037	4,4316	86,415	488,80	1,9631	4,4167	85,653	492,32	1,9264	4,4028	85,018	495,70
190	2,0816	4,4808	95,650	483,84	2,0362	4,4655	94,794	487,41	1,9953	4,4511	94,069	490,84
195	2,1619	4,5281	104,75	479,32	2,1116	4,5124	103,81	482,93	2,0663	4,4975	103,01	486,40
200	2,2442	4,5734	113,70	475,21	2,1889	4,5573	112,69	478,85	2,1392	4,5421	111,82	482,35
210	2,4133	4,6584	131,12	468,14	2,3480	4,6418	130,00	471,82	2,2893	4,6261	129,03	475,36
220	2,5861	4,7364	147,87	462,43	2,5110	4,7195	146,70	466,13	2,4434	4,7035	145,66	469,70
230	2,7605	4,8080	163,98	457,90	2,6760	4,7910	162,79	461,61	2,5998	4,7749	161,72	465,18
240	2,9350	4,8740	179,48	454,39	2,8415	4,8570	178,30	458,10	2,7570	4,8409	177,23	461,67
250	3,1083	4,9350	194,43	451,75	3,0064	4,9182	193,28	455,45	2,9141	4,9021	192,23	459,03
260	3,2798	4,9917	208,88	449,87	3,1699	4,9751	207,78	453,56	3,0703	4,9592	206,76	457,13
270	3,4490	5,0446	222,89	448,65	3,3317	5,0281	221,84	452,33	3,2250	5,0124	220,88	455,90
280	3,6158	5,0941	236,52	447,99	3,4913	5,0779	235,53	451,68	3,3779	5,0624	234,62	455,24
290	3,7803	5,1408	249,80	447,84	3,6489	5,1248	248,88	451,53	3,5291	5,1094	248,02	455,09
300	3,9424	5,1848	262,79	448,14	3,8043	5,1690	261,94	451,83	3,6783	5,1539	261,14	455,39
310	4,1024	5,2266	275,53	448,84	3,9578	5,2110	274,74	452,53	3,8258	5,1961	273,99	456,10
320	4,2603	5,2663	288,06	449,91	4,1094	5,2510	287,32	453,60	3,9715	5,2362	286,63	457,17
330	4,4165	5,3043	300,38	451,31	4,2593	5,2891	299,70	455,01	4,1155	5,2744	299,06	458,58
340	4,5710	5,3406	312,55	453,01	4,4076	5,3255	311,92	456,71	4,2581	5,3111	311,33	460,29
350	4,7239	5,3754	324,57	454,99	4,5545	5,3605	323,99	458,70	4,3993	5,3462	323,44	462,29
360	4,8755	5,4089	336,46	457,22	4,7000	5,3942	335,92	460,95	4,5393	5,3799	335,43	464,55
370	5,0258	5,4412	348,25	459,70	4,8443	5,4266	347,75	463,44	4,6781	5,4125	347,29	467,04
380	5,1750	5,4724	359,93	462,41	4,9876	5,4578	359,48	466,15	4,8158	5,4438	359,06	469,77
390	5,3232	5,5025	371,54	465,33	5,1298	5,4881	371,12	469,08	4,9526	5,4742	370,74	472,70
400	5,4704	5,5317	383,07	468,45	5,2711	5,5174	382,69	472,21	5,0885	5,5035	382,34	475,84
410	5,6167	5,5600	394,53	471,76	5,4116	5,5457	394,18	475,53	5,2236	5,5320	393,87	479,17
420	5,7622	5,5875	405,94	475,24	5,5513	5,5733	405,62	479,02	5,3579	5,5597	405,34	482,67
430	5,9069	5,6143	417,30	478,90	5,6903	5,6001	417,01	482,69	5,4916	5,5865	416,76	486,35
440	6,0510	5,6403	428,62	482,72	5,8286	5,6262	428,36	486,52	5,6246	5,6127	428,13	490,19
450	6,1944	5,6656	439,90	486,69	5,9663	5,6516	439,66	490,50	5,7570	5,6381	439,46	494,18

Tafel III. Luft von 60 bis 450 °K (Fortsetzung)

T °K	$p = 260$ bar				$p = 270$ bar				$p = 280$ bar			
	v dm³/kg	s kJ/kg grd	i kJ/kg	e kJ/kg	v dm³/kg	s kJ/kg grd	i kJ/kg	e kJ/kg	v dm³/kg	s kJ/kg grd	i kJ/kg	e kJ/kg
150	1,5123	4,0058	20,463	545,53	1,5000	3,9971	20,654	548,25	1,4884	3,9887	20,886	550,90
155	1,5585	4,0663	29,687	537,32	1,5442	4,0570	29,797	540,11	1,5309	4,0481	29,950	542,84
160	1,6072	4,1247	38,875	529,70	1,5910	4,1149	38,906	532,55	1,5758	4,1055	38,987	535,34
165	1,6587	4,1811	48,043	522,61	1,6402	4,1708	47,987	525,53	1,6229	4,1609	47,990	528,38
170	1,7131	4,2358	57,200	516,01	1,6920	4,2249	57,051	519,00	1,6724	4,2145	56,970	521,91
175	1,7704	4,2888	66,341	509,88	1,7464	4,2773	66,097	512,93	1,7243	4,2664	65,928	515,90
180	1,8305	4,3401	75,447	504,20	1,8034	4,3281	75,110	507,31	1,7785	4,3167	74,856	510,33
185	1,8932	4,3897	84,495	498,97	1,8629	4,3772	84,070	502,13	1,8350	4,3654	83,734	505,19
190	1,9583	4,4375	93,460	494,15	1,9245	4,4246	92,956	497,36	1,8936	4,4124	92,544	500,46
195	2,0254	4,4835	102,32	489,75	1,9881	4,4703	101,75	492,99	1,9540	4,4577	101,27	496,13
200	2,0942	4,5278	111,07	485,73	2,0533	4,5143	110,43	489,00	2,0160	4,5014	109,89	492,17
210	2,2362	4,6113	128,18	478,78	2,1880	4,5972	127,44	482,09	2,1440	4,5839	126,80	485,30
220	2,3822	4,6883	144,74	473,14	2,3267	4,6740	143,93	476,48	2,2759	4,6603	143,22	479,71
230	2,5307	4,7596	160,76	468,64	2,4679	4,7450	159,91	471,99	2,4105	4,7311	159,16	475,23
240	2,6804	4,8255	176,26	465,13	2,6105	4,8109	175,39	468,48	2,5467	4,7969	174,61	471,73
250	2,8302	4,8868	191,27	462,48	2,7536	4,8722	190,40	465,83	2,6835	4,8582	189,62	469,08
260	2,9795	4,9439	205,83	460,58	2,8965	4,9294	204,98	463,93	2,8204	4,9154	204,21	467,18
270	3,1276	4,9974	219,98	459,34	3,0385	4,9829	219,17	462,69	2,9567	4,9690	218,42	465,94
280	3,2744	5,0475	233,77	458,68	3,1794	5,0332	232,99	462,02	3,0920	5,0194	232,28	465,27
290	3,4195	5,0947	247,23	458,53	3,3189	5,0806	246,49	461,87	3,2263	5,0670	245,81	465,12
300	3,5629	5,1394	260,39	458,84	3,4569	5,1254	259,70	462,18	3,3592	5,1119	259,07	465,43
310	3,7047	5,1817	273,30	459,55	3,5935	5,1679	272,66	462,89	3,4908	5,1545	272,07	466,14
320	3,8449	5,2220	285,99	460,63	3,7285	5,2083	285,39	463,98	3,6211	5,1951	284,84	467,23
330	3,9836	5,2604	298,47	462,04	3,8622	5,2468	297,93	465,40	3,7500	5,2338	297,42	468,65
340	4,1209	5,2971	310,78	463,76	3,9945	5,2837	310,28	467,12	3,8778	5,2708	309,82	470,39
350	4,2569	5,3324	322,94	465,76	4,1256	5,3191	322,48	469,13	4,0043	5,3063	322,06	472,40
360	4,3916	5,3663	334,97	468,03	4,2556	5,3531	334,55	471,40	4,1298	5,3404	334,16	474,68
370	4,5253	5,3989	346,88	470,53	4,3845	5,3858	346,49	473,92	4,2542	5,3732	346,14	477,20
380	4,6580	5,4304	358,68	473,27	4,5124	5,4174	358,33	476,66	4,3777	5,4049	358,02	479,95
390	4,7897	5,4608	370,39	476,21	4,6394	5,4479	370,08	479,61	4,5004	5,4355	369,80	482,92
400	4,9206	5,4902	382,02	479,36	4,7656	5,4774	381,74	482,77	4,6222	5,4651	381,49	486,08
410	5,0506	5,5188	393,59	482,69	4,8910	5,5061	393,33	486,11	4,7433	5,4938	393,11	489,43
420	5,1800	5,5465	405,09	486,21	5,0158	5,5338	404,86	489,63	4,8638	5,5216	404,67	492,96
430	5,3087	5,5734	416,53	489,89	5,1399	5,5608	416,33	493,33	4,9836	5,5487	416,17	496,66
440	5,4368	5,5996	427,93	493,74	5,2634	5,5871	427,76	497,18	5,1028	5,5750	427,61	500,53
450	5,5643	5,6252	439,29	497,74	5,3863	5,6127	439,14	501,20	5,2215	5,6006	439,02	504,55

Tafel III. Luft von 60 bis 450 °K (Fortsetzung)

T °K	$p = 290$ bar				$p = 300$ bar				$p = 310$ bar			
	v dm³/kg	s kJ/kg grd	i kJ/kg	e kJ/kg	v dm³/kg	s kJ/kg grd	i kJ/kg	e kJ/kg	v dm³/kg	s kJ/kg grd	i kJ/kg	e kJ/kg
155	1,5184	4,0395	30,143	545,51	1,5065	4,0312	30,373	548,12	1,4953	4,0233	30,637	550,68
160	1,5616	4,0965	39,112	538,06	1,5482	4,0878	39,278	540,73	1,5355	4,0794	39,480	543,35
165	1,6068	4,1514	48,044	531,16	1,5917	4,1424	48,146	533,87	1,5775	4,1336	48,289	536,53
170	1,6542	4,2046	56,948	524,74	1,6372	4,1951	56,981	527,51	1,6213	4,1860	57,061	530,21
175	1,7038	4,2561	65,828	518,79	1,6847	4,2462	65,787	521,60	1,6668	4,2367	65,800	524,35
180	1,7555	4,3059	74,675	513,27	1,7342	4,2956	74,561	516,13	1,7143	4,2857	74,507	518,93
185	1,8094	4,3542	83,477	508,17	1,7856	4,3434	83,292	511,08	1,7635	4,3332	83,171	513,91
190	1,8651	4,4008	92,216	503,48	1,8389	4,3897	91,964	506,42	1,8145	4,3791	91,779	509,29
195	1,9227	4,4458	100,88	499,18	1,8938	4,4344	100,56	502,15	1,8670	4,4235	100,32	505,04
200	1,9817	4,4891	109,44	495,25	1,9501	4,4775	109,07	498,24	1,9209	4,4663	108,78	501,16
210	2,1037	4,5712	126,25	488,42	2,0665	4,5590	125,79	491,45	2,0323	4,5475	125,41	494,41
220	2,2295	4,6473	142,61	482,85	2,1867	4,6348	142,08	485,91	2,1473	4,6229	141,62	488,88
230	2,3580	4,7179	158,49	478,39	2,3096	4,7052	157,91	481,46	2,2650	4,6931	157,41	484,45
240	2,4881	4,7836	173,92	474,89	2,4342	4,7708	173,31	477,97	2,3844	4,7585	172,78	480,97
250	2,6192	4,8448	188,92	472,24	2,5598	4,8319	188,30	475,32	2,5050	4,8196	187,75	478,33
260	2,7504	4,9020	203,52	470,34	2,6858	4,8892	202,89	473,42	2,6261	4,8768	202,34	476,43
270	2,8813	4,9557	217,74	469,10	2,8117	4,9429	217,13	472,18	2,7472	4,9306	216,58	475,18
280	3,0115	5,0062	231,62	468,43	2,9370	4,9935	231,03	471,51	2,8680	4,9812	230,49	474,51
290	3,1408	5,0538	245,19	468,28	3,0616	5,0412	244,63	471,36	2,9882	5,0290	244,12	474,36
300	3,2689	5,0989	258,49	468,59	3,1853	5,0864	257,95	471,66	3,1076	5,0743	257,47	474,67
310	3,3959	5,1417	271,53	469,30	3,3079	5,1292	271,03	472,38	3,2261	5,1172	270,57	475,39
320	3,5217	5,1823	284,34	470,40	3,4294	5,1700	283,88	473,48	3,3436	5,1581	283,46	476,49
330	3,6462	5,2212	296,96	471,82	3,5498	5,2090	296,53	474,91	3,4602	5,1972	296,14	477,92
340	3,7696	5,2583	309,39	473,56	3,6692	5,2462	309,00	476,66	3,5757	5,2345	308,65	479,67
350	3,8919	5,2939	321,67	475,59	3,7875	5,2819	321,32	478,68	3,6902	5,2703	321,00	481,70
360	4,0132	5,3281	333,81	477,87	3,9048	5,3162	333,49	480,98	3,8038	5,3047	333,21	484,00
370	4,1334	5,3610	345,83	480,40	4,0212	5,3492	345,54	483,51	3,9166	5,3378	345,29	486,55
380	4,2528	5,3928	357,73	483,16	4,1367	5,3811	357,48	486,28	4,0285	5,3697	357,26	489,32
390	4,3714	5,4234	369,54	486,13	4,2514	5,4118	369,32	489,25	4,1396	5,4006	369,13	492,30
400	4,4892	5,4531	381,27	489,30	4,3654	5,4416	381,07	492,43	4,2500	5,4304	380,91	495,49
410	4,6062	5,4819	392,92	492,66	4,4787	5,4704	392,75	495,80	4,3598	5,4593	392,61	498,86
420	4,7227	5,5098	404,50	496,20	4,5914	5,4984	404,36	499,35	4,4689	5,4873	404,24	502,42
430	4,8385	5,5369	416,02	499,91	4,7035	5,5256	415,91	503,07	4,5775	5,5146	415,81	506,14
440	4,9537	5,5633	427,50	503,78	4,8150	5,5520	427,40	506,95	4,6856	5,5410	427,33	510,03
450	5,0685	5,5890	438,92	507,81	4,9260	5,5777	438,85	510,98	4,7931	5,5668	438,80	514,07

Tafel III. Luft von 60 bis 450 °K (Fortsetzung)

T °K	p = 320 bar				p = 330 bar				p = 340 bar			
	v dm³/kg	s kJ/kg grd	i kJ/kg	e kJ/kg	v dm³/kg	s kJ/kg grd	i kJ/kg	e kJ/kg	v dm³/kg	s kJ/kg grd	i kJ/kg	e kJ/kg
160	1,5235	4,0713	39,717	545,91	1,5122	4,0635	39,984	548,43	1,5014	4,0560	40,281	550,91
165	1,5641	4,1252	48,470	539,14	1,5514	4,1171	48,686	541,70	1,5394	4,1092	48,933	544,22
170	1,6063	4,1772	57,184	532,86	1,5921	4,1688	57,347	535,46	1,5788	4,1606	57,545	538,01
175	1,6501	4,2275	65,863	527,04	1,6344	4,2188	65,969	529,68	1,6196	4,2103	66,115	532,26
180	1,6957	4,2762	74,506	521,66	1,6783	4,2671	74,554	524,33	1,6619	4,2584	74,646	526,94
185	1,7430	4,3234	83,108	516,67	1,7237	4,3140	83,098	519,38	1,7057	4,3049	83,136	522,03
190	1,7918	4,3690	91,657	512,08	1,7706	4,3593	91,591	514,82	1,7508	4,3499	91,576	517,50
195	1,8421	4,4131	100,14	507,87	1,8190	4,4031	100,02	510,63	1,7973	4,3935	99,958	513,33
200	1,8938	4,4556	108,55	504,01	1,8685	4,4454	108,38	506,79	1,8449	4,4355	108,27	509,52
210	2,0005	4,5364	125,09	497,29	1,9709	4,5257	124,84	500,11	1,9434	4,5155	124,65	502,86
220	2,1108	4,6115	141,24	491,79	2,0768	4,6005	140,93	494,63	2,0452	4,5900	140,68	497,41
230	2,2236	4,6815	156,98	487,37	2,1852	4,6703	156,62	490,22	2,1495	4,6596	156,32	493,01
240	2,3383	4,7467	172,32	483,89	2,2955	4,7354	171,92	486,76	2,2556	4,7245	171,58	489,56
250	2,4542	4,8077	187,26	481,26	2,4070	4,7963	186,84	484,12	2,3630	4,7854	186,48	486,93
260	2,5707	4,8649	201,84	479,36	2,5192	4,8535	201,41	482,23	2,4711	4,8425	201,04	485,03
270	2,6873	4,9187	216,09	478,11	2,6317	4,9072	215,65	480,98	2,5797	4,8962	215,27	483,79
280	2,8039	4,9694	230,01	477,44	2,7441	4,9579	229,59	480,31	2,6883	4,9469	229,21	483,12
290	2,9199	5,0172	243,65	477,29	2,8562	5,0058	243,24	480,16	2,7968	4,9948	242,88	482,96
300	3,0353	5,0626	257,03	477,60	2,9679	5,0512	256,64	480,47	2,9048	5,0403	256,29	483,27
310	3,1499	5,1056	270,16	478,32	3,0788	5,0944	269,79	481,19	3,0123	5,0835	269,46	484,00
320	3,2637	5,1466	283,08	479,42	3,1890	5,1355	282,73	482,29	3,1190	5,1247	282,43	485,10
330	3,3765	5,1858	295,79	480,86	3,2983	5,1747	295,48	483,74	3,2251	5,1640	295,20	486,55
340	3,4884	5,2232	308,33	482,62	3,4068	5,2122	308,05	485,49	3,3304	5,2016	307,80	488,31
350	3,5994	5,2591	320,71	484,65	3,5145	5,2482	320,46	487,54	3,4349	5,2376	320,24	490,36
360	3,7096	5,2936	332,95	486,96	3,6214	5,2828	332,73	489,85	3,5386	5,2723	332,53	492,67
370	3,8189	5,3268	345,06	489,51	3,7274	5,3160	344,87	492,40	3,6416	5,3056	344,70	495,23
380	3,9274	5,3588	357,06	492,29	3,8327	5,3481	356,89	495,19	3,7439	5,3378	356,75	498,02
390	4,0351	5,3897	368,96	495,28	3,9373	5,3791	368,82	498,19	3,8455	5,3688	368,70	501,03
400	4,1422	5,4196	380,77	498,47	4,0412	5,4090	380,65	501,39	3,9465	5,3988	380,56	504,24
410	4,2487	5,4485	392,49	501,85	4,1445	5,4381	392,40	504,78	4,0468	5,4279	392,34	507,63
420	4,3545	5,4766	404,15	505,42	4,2473	5,4662	404,09	508,35	4,1466	5,4561	404,04	511,21
430	4,4598	5,5039	415,75	509,15	4,3495	5,4935	415,70	512,09	4,2459	5,4835	415,68	514,96
440	4,5645	5,5304	427,29	513,05	4,4511	5,5201	427,26	515,99	4,3447	5,5101	427,26	518,87
450	4,6688	5,5562	438,78	517,10	4,5524	5,5460	438,78	520,05	4,4430	5,5360	438,79	522,93

Tafel III. Luft von 60 bis 450 °K (Fortsetzung)

T °K	p = 350 bar				p = 360 bar				p = 370 bar			
	v dm³/kg	s kJ/kg grd	i kJ/kg	e kJ/kg	v dm³/kg	s kJ/kg grd	i kJ/kg	e kJ/kg	v dm³/kg	s kJ/kg grd	i kJ/kg	e kJ/kg
160	1,4911	4,0486	40,605	553,34								
165	1,5279	4,1016	49,209	546,69	1,5171	4,0942	49,513	549,12	1,5067	4,0870	49,841	551,51
170	1,5661	4,1527	57,775	540,52	1,5541	4,1451	58,036	542,98	1,5426	4,1377	58,323	545,40
175	1,6056	4,2021	66,298	534,80	1,5923	4,1942	66,514	537,29	1,5797	4,1866	66,760	539,75
180	1,6465	4,2499	74,779	529,51	1,6319	4,2418	74,949	532,04	1,6180	4,2339	75,152	534,51
185	1,6887	4,2962	83,218	524,63	1,6726	4,2877	83,340	527,18	1,6575	4,2796	83,499	529,68
190	1,7312	4,3409	91,608	520,12	1,7146	4,3322	91,684	522,70	1,6980	4,3239	91,799	525,22
195	1,7769	4,3842	99,943	515,98	1,7578	4,3753	99,973	518,58	1,7398	4,3667	100,05	521,13
200	1,8228	4,4261	108,21	512,18	1,8021	4,4170	108,20	514,80	1,7825	4,4082	108,23	517,37
210	1,9176	4,5056	124,52	505,56	1,8934	4,4962	124,43	508,21	1,8707	4,4870	124,39	510,81
220	2,0156	4,5799	140,48	500,13	1,9879	4,5701	140,33	502,79	1,9620	4,5607	140,24	505,41
230	2,1161	4,6492	156,07	495,75	2,0849	4,6393	155,88	498,43	2,0555	4,6296	155,74	501,05
240	2,2184	4,7140	171,30	492,30	2,1835	4,7039	171,07	494,99	2,1508	4,6942	170,89	497,62
250	2,3219	4,7748	186,17	489,67	2,2835	4,7645	185,92	492,37	2,2474	4,7547	185,72	495,01
260	2,4263	4,8318	200,71	487,78	2,3843	4,8215	200,44	490,48	2,3449	4,8116	200,22	493,12
270	2,5312	4,8855	214,94	486,53	2,4857	4,8752	214,66	489,23	2,4430	4,8652	214,43	491,88
280	2,6362	4,9362	228,88	485,87	2,5873	4,9259	228,60	488,56	2,5414	4,9159	228,37	491,21
290	2,7411	4,9842	242,56	485,71	2,6889	4,9739	242,28	488,41	2,6399	4,9639	242,04	491,05
300	2,8457	5,0297	255,98	486,02	2,7903	5,0194	255,71	488,72	2,7382	5,0094	255,48	491,36
310	2,9499	5,0730	269,17	486,75	2,8913	5,0627	268,92	489,45	2,8362	5,0528	268,71	492,09
320	3,0535	5,1142	282,16	487,85	2,9918	5,1040	281,93	490,55	2,9339	5,0941	281,73	493,20
330	3,1564	5,1536	294,95	489,30	3,0918	5,1435	294,74	492,00	3,0310	5,1336	294,56	494,65
340	3,2586	5,1912	307,58	491,07	3,1911	5,1812	307,39	493,77	3,1276	5,1714	307,23	496,42
350	3,3601	5,2274	320,04	493,12	3,2898	5,2174	319,87	495,83	3,2235	5,2077	319,74	498,48
360	3,4609	5,2621	332,36	495,44	3,3878	5,2522	332,22	498,15	3,3189	5,2425	332,10	500,81
370	3,5610	5,2955	344,56	498,01	3,4852	5,2857	344,44	500,72	3,4136	5,2761	344,35	503,39
380	3,6605	5,3277	356,63	500,80	3,5819	5,3179	356,54	503,53	3,5078	5,3084	356,47	506,20
390	3,7592	5,3588	368,61	503,81	3,6780	5,3491	368,54	506,54	3,6013	5,3397	368,49	509,22
400	3,8574	5,3889	380,49	507,03	3,7735	5,3792	380,45	509,76	3,6943	5,3699	380,42	512,45
410	3,9550	5,4180	392,29	510,43	3,8684	5,4084	392,27	513,17	3,7868	5,3991	392,27	515,86
420	4,0520	5,4463	404,02	514,02	3,9628	5,4368	404,02	516,76	3,8787	5,4275	404,03	519,46
430	4,1485	5,4737	415,68	517,77	4,0568	5,4642	415,70	520,53	3,9702	5,4550	415,74	523,23
440	4,2446	5,5004	427,28	521,69	4,1502	5,4910	427,32	524,45	4,0612	5,4818	427,38	527,16
450	4,3401	5,5264	438,83	525,76	4,2432	5,5170	438,89	528,53	4,1517	5,5078	438,97	531,24

Tafel III. Luft von 60 bis 450 °K (Fortsetzung)

T °K	$p = 380$ bar				$p = 390$ bar				$p = 400$ bar			
	v dm³/kg	s kJ/kg grd	i kJ/kg	e kJ/kg	v dm³/kg	s kJ/kg grd	i kJ/kg	e kJ/kg	v dm³/kg	s kJ/kg grd	i kJ/kg	e kJ/kg
165	1,4968	4,0801	50,194	553,87	1,4873	4,0733	50,568	556,20				
170	1,5317	4,1305	58,636	547,79	1,5213	4,1235	58,973	550,15	1,5113	4,1167	59,331	552,47
175	1,5677	4,1792	67,035	542,16	1,5563	4,1719	67,335	544,54	1,5454	4,1649	67,659	546,88
180	1,6049	4,2262	75,386	536,95	1,5924	4,2188	75,649	539,35	1,5804	4,2116	75,939	541,72
185	1,6431	4,2717	83,692	532,14	1,6294	4,2641	83,917	534,57	1,6164	4,2567	84,170	536,95
190	1,6824	4,3158	91,951	527,71	1,6675	4,3079	92,136	530,15	1,6534	4,3003	92,353	532,56
195	1,7227	4,3584	100,16	523,63	1,7066	4,3504	100,30	526,09	1,6912	4,3426	100,48	528,52
200	1,7640	4,3997	108,31	519,89	1,7466	4,3914	108,42	522,37	1,7300	4,3835	108,56	524,81
210	1,8493	4,4782	124,40	513,36	1,8291	4,4696	124,44	515,86	1,8100	4,4614	124,53	518,33
220	1,9375	4,5516	140,19	507,98	1,9144	4,5428	140,18	510,51	1,8926	4,5343	140,21	512,99
230	2,0280	4,6203	155,64	503,64	2,0020	4,6114	155,59	506,17	1,9774	4,6027	155,58	508,67
240	2,1201	4,6847	170,76	500,21	2,0912	4,6756	170,68	502,76	2,0639	4,6667	170,63	505,26
250	2,2136	4,7451	185,56	497,60	2,1817	4,7359	185,44	500,15	2,1516	4,7269	185,37	502,66
260	2,3079	4,8019	200,05	495,72	2,2731	4,7926	199,91	498,27	2,2402	4,7836	199,82	500,78
270	2,4029	4,8555	214,24	494,47	2,3651	4,8461	214,10	497,03	2,3294	4,8371	213,99	499,54
280	2,4982	4,9062	228,17	493,81	2,4575	4,8968	228,02	496,36	2,4192	4,8877	227,90	498,87
290	2,5937	4,9542	241,85	493,65	2,5502	4,9448	241,69	496,21	2,5091	4,9356	241,57	498,72
300	2,6891	4,9998	255,30	493,96	2,6428	4,9904	255,14	496,52	2,5991	4,9812	255,02	499,03
310	2,7843	5,0432	268,53	494,69	2,7353	5,0338	268,38	497,25	2,6890	5,0247	268,27	499,76
320	2,8792	5,0845	281,56	495,80	2,8276	5,0752	281,43	498,36	2,7788	5,0661	281,32	500,87
330	2,9736	5,1241	294,41	497,26	2,9194	5,1148	294,29	499,81	2,8682	5,1057	294,20	502,33
340	3,0676	5,1619	307,09	499,03	3,0109	5,1527	306,99	501,59	2,9572	5,1437	306,91	504,11
350	3,1610	5,1983	319,62	501,09	3,1018	5,1891	319,54	503,66	3,0459	5,1801	319,48	506,18
360	3,2538	5,2332	332,01	503,43	3,1923	5,2240	331,95	505,99	3,1340	5,2151	331,91	508,51
370	3,3461	5,2668	344,28	506,01	3,2822	5,2577	344,23	508,58	3,2216	5,2488	344,21	511,10
380	3,4378	5,2992	356,42	508,82	3,3716	5,2901	356,40	511,39	3,3088	5,2813	356,40	513,93
390	3,5289	5,3304	368,47	511,85	3,4604	5,3215	368,46	514,43	3,3955	5,3127	368,48	516,97
400	3,6195	5,3607	380,42	515,08	3,5487	5,3518	380,43	517,67	3,4816	5,3431	380,47	520,21
410	3,7096	5,3900	392,28	518,50	3,6366	5,3811	392,32	521,09	3,5673	5,3725	392,37	523,64
420	3,7992	5,4184	404,07	522,11	3,7239	5,4096	404,13	524,70	3,6525	5,4010	404,20	527,26
430	3,8883	5,4460	415,79	525,88	3,8108	5,4372	415,87	528,48	3,7373	5,4287	415,96	531,04
440	3,9770	5,4728	427,45	529,81	3,8973	5,4641	427,55	532,42	3,8217	5,4555	427,66	534,99
450	4,0652	5,4989	439,06	533,91	3,9834	5,4902	439,17	536,52	3,9057	5,4817	439,30	539,09

Tafel III. Luft von 60 bis 450 °K (Fortsetzung)

T °K	$p = 410$ bar				$p = 420$ bar				$p = 430$ bar			
	v dm³/kg	s kJ/kg grd	i kJ/kg	e kJ/kg	v dm³/kg	s kJ/kg grd	i kJ/kg	e kJ/kg	v dm³/kg	s kJ/kg grd	i kJ/kg	e kJ/kg
170	1,5017	4,1100	59,711	554,76	1,4926	4,1036	60,110	557,02				
175	1,5349	4,1581	68,006	549,19	1,5249	4,1515	68,373	551,48	1,5153	4,1450	68,760	553,73
180	1,5690	4,2046	76,252	544,05	1,5581	4,1978	76,589	546,35	1,5477	4,1911	76,946	548,62
185	1,6040	4,2495	84,450	539,31	1,5922	4,2425	84,754	541,62	1,5809	4,2357	85,082	543,91
190	1,6399	4,2930	92,598	534,93	1,6271	4,2858	91,870	537,27	1,6148	4,2788	93,168	539,57
195	1,6767	4,3350	100,70	530,91	1,6628	4,3277	100,94	533,26	1,6496	4,3206	101,20	535,58
200	1,7143	4,3758	108,74	527,21	1,6993	4,3683	108,95	529,58	1,6851	4,3610	109,18	531,91
210	1,7918	4,4534	124,64	520,76	1,7746	4,4456	124,79	523,15	1,7582	4,4380	124,97	525,50
220	1,8720	4,5261	140,27	515,43	1,8524	4,5181	140,37	517,84	1,8338	4,5103	140,51	520,21
230	1,9542	4,5942	155,60	511,13	1,9322	4,5860	155,66	513,55	1,9113	4,5781	155,75	515,93
240	2,0381	4,6581	170,62	507,73	2,0136	4,6498	170,65	510,15	1,9904	4,6417	170,71	512,54
250	2,1231	4,7182	185,34	505,13	2,0962	4,7098	185,34	507,56	2,0706	4,7016	185,37	509,96
260	2,2091	4,7748	199,76	503,25	2,1797	4,7663	199,75	505,69	2,1518	4,7580	199,76	508,08
270	2,2957	4,8282	213,92	502,01	2,2638	4,8197	213,89	504,45	2,2336	4,8113	213,89	506,85
280	2,3829	4,8788	227,82	501,35	2,3485	4,8702	227,78	503,78	2,3159	4,8618	227,77	506,18
290	2,4703	4,9268	241,49	501,19	2,4335	4,9181	241,44	503,63	2,3986	4,9097	241,42	506,03
300	2,5578	4,9724	254,94	501,50	2,5186	4,9637	254,89	503,94	2,4814	4,9553	254,87	506,34
310	2,6452	5,0158	268,19	502,23	2,6037	5,0072	268,14	504,67	2,5643	4,9988	268,12	507,07
320	2,7326	5,0573	281,25	503,34	2,6888	5,0487	281,21	505,78	2,6472	5,0403	281,19	508,18
330	2,8197	5,0969	294,14	504,80	2,7736	5,0884	294,10	507,24	2,7299	5,0800	294,09	509,64
340	2,9064	5,1349	306,86	506,58	2,8582	5,1264	306,84	509,02	2,8124	5,1180	306,84	511,42
350	2,9928	5,1714	319,44	508,65	2,9424	5,1629	319,43	511,10	2,8945	5,1546	319,44	513,50
360	3,0787	5,2065	331,89	511,00	3,0263	5,1980	331,89	513,44	2,9764	5,1897	331,92	515,85
370	3,1642	5,2402	344,21	513,59	3,1097	5,2318	344,23	516,04	3,0578	5,2236	344,27	518,45
380	3,2493	5,2728	356,41	516,42	3,1927	5,2644	356,45	518,87	3,1389	5,2562	356,51	521,28
390	3,3338	5,3042	368,51	519,46	3,2753	5,2959	368,57	521,92	3,2196	5,2877	368,64	524,33
400	3,4179	5,3346	380,52	522,71	3,3574	5,3263	380,59	525,17	3,2998	5,3182	380,68	527,59
410	3,5016	5,3640	392,45	526,15	3,4391	5,3558	392,53	528,61	3,3797	5,3477	392,64	531,04
420	3,5848	5,3926	404,29	529,77	3,5204	5,3844	404,40	532,24	3,4591	5,3764	404,52	534,67
430	3,6676	5,4203	416,07	533,56	3,6013	5,4121	416,19	536,03	3,5381	5,4042	416,33	538,47
440	3,7500	5,4472	427,78	537,51	3,6818	5,4391	427,92	539,99	3,6168	5,4312	428,08	542,44
450	3,8320	5,4734	439,44	541,62	3,7619	5,4653	439,60	544,11	3,6951	5,4574	439,77	546,56

Tafel III. Luft von 60 bis 450 °K (Fortsetzung)

T °K	$p = 440$ bar				$p = 450$ bar				$p = 460$ bar			
	v dm³/kg	s kJ/kg grd	i kJ/kg	e kJ/kg	v dm³/kg	s kJ/kg grd	i kJ/kg	e kJ/kg	v dm³/kg	s kJ/kg grd	i kJ/kg	e kJ/kg
175	1,5061	4,1387	69,165	555,95	1,4972	4,1325	69,587	558,15	1,4886	4,1265	70,026	560,33
180	1,5377	4,1846	77,324	550,87	1,5280	4,1783	77,719	553,08	1,5188	4,1722	78,132	555,27
185	1,5700	4,2291	85,431	546,17	1,5596	4,2226	85,800	548,40	1,5496	4,2163	86,188	550,61
190	1,6031	4,2720	93,488	541,85	1,5919	4,2654	93,830	544,09	1,5811	4,2590	94,192	546,31
195	1,6369	4,3136	101,49	537,87	1,6248	4,3069	101,81	540,13	1,6132	4,3003	102,14	542,36
200	1,6715	4,3539	109,45	534,22	1,6585	4,3470	109,73	536,49	1,6460	4,3403	110,04	538,73
210	1,7426	4,4307	125,18	527,83	1,7277	4,4236	125,42	530,12	1,7135	4,4166	125,68	532,38
220	1,8161	4,5027	140,67	522,55	1,7992	4,4954	140,86	524,86	1,7831	4,4882	141,08	527,14
230	1,8915	4,5703	155,88	518,28	1,8726	4,5628	156,03	520,60	1,8545	4,5555	156,21	522,89
240	1,9684	4,6339	170,80	514,90	1,9474	4,6262	170,93	517,23	1,9274	4,6188	171,08	519,52
250	2,0464	4,6936	185,44	512,32	2,0233	4,6859	185,54	514,65	2,0013	4,6784	185,67	516,95
260	2,1253	4,7500	199,81	510,45	2,1001	4,7422	199,89	512,78	2,0761	4,7346	200,00	515,08
270	2,2049	4,8032	213,92	509,21	2,1776	4,7954	213,98	511,55	2,1516	4,7877	214,07	513,85
280	2,2850	4,8537	227,79	508,55	2,2556	4,8458	227,84	510,88	2,2276	4,8380	227,92	513,19
290	2,3655	4,9016	241,44	508,39	2,3340	4,8936	241,48	510,73	2,3040	4,8859	241,55	513,03
300	2,4461	4,9472	254,88	508,71	2,4126	4,9392	254,92	511,04	2,3806	4,9314	254,98	513,34
310	2,5269	4,9906	268,13	509,44	2,4913	4,9826	268,16	511,77	2,4574	4,9748	268,23	514,07
320	2,6077	5,0321	281,20	510,55	2,5700	5,0241	281,24	512,88	2,5342	5,0164	281,30	515,19
330	2,6883	5,0718	294,11	512,01	2,6487	5,0639	294,15	514,35	2,6110	5,0561	294,22	516,65
340	2,7688	5,1099	306,86	513,79	2,7273	5,1020	306,91	516,13	2,6877	5,0942	306,99	518,43
350	2,8490	5,1465	319,48	515,87	2,8056	5,1386	319,54	518,21	2,7642	5,1308	319,62	520,52
360	2,9289	5,1816	331,96	518,22	2,8837	5,1738	332,03	520,56	2,8405	5,1661	332,12	522,87
370	3,0085	5,2155	344,33	520,82	2,9614	5,2077	344,41	523,17	2,9165	5,2000	344,51	525,48
380	3,0877	5,2482	356,58	523,66	3,0388	5,2404	356,67	526,01	2,9922	5,2327	356,79	528,32
390	3,1665	5,2798	368,73	526,72	3,1159	5,2720	368,84	529,07	3,0676	5,2644	368,97	531,38
400	3,2450	5,3103	380,79	529,98	3,1926	5,3026	380,91	532,33	3,1427	5,2950	381,05	534,65
410	3,3230	5,3399	392,76	533,43	3,2690	5,3322	392,90	535,79	3,2174	5,3246	393,06	538,11
420	3,4007	5,3685	404,66	537,07	3,3450	5,3609	404,81	539,43	3,2918	5,3534	404,98	541,76
430	3,4780	5,3964	416,49	540,87	3,4206	5,3887	416,66	543,24	3,3658	5,3813	416,84	545,58
440	3,5549	5,4234	428,25	544,85	3,4959	5,4158	428,43	547,22	3,4395	5,4084	428,63	549,56
450	3,6315	5,4497	439,95	548,97	3,5708	5,4421	440,15	551,35	3,5128	5,4348	440,37	553,69

Tafel III. Luft von 60 bis 450 °K (Fortsetzung)

T °K	$p = 470$ bar				$p = 480$ bar				$p = 490$ bar			
	v dm³/kg	s kJ/kg grd	i kJ/kg	e kJ/kg	v dm³/kg	s kJ/kg grd	i kJ/kg	e kJ/kg	v dm³/kg	s kJ/kg grd	i kJ/kg	e kJ/kg
180	1,5099	4,1661	78,562	557,44	1,5013	4,1602	79,007	559,58	1,4930	4,1545	79,466	561,70
185	1,5400	4,2101	86,594	552,79	1,5307	4,2041	87,016	554,94	1,5218	4,1982	87,453	557,08
190	1,5707	4,2527	94,573	548,50	1,5608	4,2466	94,972	550,67	1,5512	4,2406	95,387	552,82
195	1,6021	4,2939	102,50	544,56	1,5914	4,2876	102,88	546,74	1,5811	4,2815	103,27	548,90
200	1,6341	4,3338	110,38	540,95	1,6227	4,3274	110,73	543,14	1,6117	4,3212	111,10	545,31
210	1,6999	4,4098	125,96	534,62	1,6868	4,4032	126,27	536,83	1,6743	4,3968	126,60	539,01
220	1,7677	4,4813	141,32	529,39	1,7530	4,4745	141,58	531,61	1,7389	4,4678	141,87	533,81
230	1,8373	4,5484	156,42	525,15	1,8209	4,5414	156,65	527,38	1,8051	4,5347	156,91	529,59
240	1,9083	4,6115	171,25	521,79	1,8901	4,6045	171,46	524,03	1,8726	4,5976	171,68	526,24
250	1,9804	4,6710	185,82	519,22	1,9604	4,6638	186,00	521,46	1,9412	4,6569	186,21	523,68
260	2,0533	4,7271	200,13	517,36	2,0315	4,7199	200,29	519,60	2,0106	4,7128	200,48	521,82
270	2,1268	4,7802	214,19	516,13	2,1032	4,7729	214,34	518,37	2,0806	4,7658	214,51	520,59
280	2,2009	4,8305	228,03	515,46	2,1755	4,8232	228,16	517,71	2,1512	4,8160	228,32	519,93
290	2,2754	4,8783	241,65	515,31	2,2481	4,8710	241,77	517,56	2,2221	4,8638	241,92	519,78
300	2,3501	4,9238	255,07	515,62	2,3211	4,9164	255,19	517,87	2,2933	4,9092	255,33	520,09
310	2,4250	4,9673	268,32	516,35	2,3942	4,9598	268,43	518,60	2,3647	4,9526	268,57	520,82
320	2,5000	5,0088	281,39	517,46	2,4674	5,0014	281,50	519,71	2,4362	4,9941	281,64	521,93
330	2,5750	5,0485	294,31	518,93	2,5407	5,0411	294,42	521,17	2,5078	5,0339	294,55	523,39
340	2,6499	5,0866	307,08	520,71	2,6139	5,0792	307,19	522,96	2,5794	5,0720	307,33	525,18
350	2,7247	5,1233	319,72	522,79	2,6870	5,1159	319,84	525,04	2,6509	5,1087	319,98	527,26
360	2,7993	5,1585	332,23	525,15	2,7599	5,1512	332,36	527,40	2,7222	5,1440	332,50	529,62
370	2,8736	5,1925	344,63	527,76	2,8327	5,1852	344,76	530,01	2,7934	5,1780	344,92	532,23
380	2,9477	5,2253	356,92	530,60	2,9051	5,2180	357,06	532,86	2,8644	5,2108	357,23	535,08
390	3,0215	5,2569	369,11	533,67	2,9774	5,2497	369,27	535,93	2,9351	5,2425	369,44	538,16
400	3,0950	5,2876	381,21	536,94	3,0493	5,2803	381,38	539,20	3,0056	5,2732	381,56	541,43
410	3,1681	5,3173	393,22	540,41	3,1209	5,3100	393,41	542,67	3,0757	5,3030	393,61	544,91
420	3,2409	5,3460	405,16	544,06	3,1922	5,3388	405,36	546,33	3,1456	5,3318	405,57	548,57
430	3,3134	5,3740	417,04	547,88	3,2632	5,3668	417,25	550,15	3,2152	5,3598	417,47	552,40
440	3,3856	5,4011	428,84	551,86	3,3339	5,3940	429,07	554,14	3,2845	5,3870	429,30	556,39
450	3,4574	5,4275	440,59	556,00	3,4043	5,4204	440,83	558,29	3,3535	5,4135	441,08	560,54

Tafel III. Luft von 60 bis 450 °K (Fortsetzung)

T °K	p = 500 bar				p = 550 bar				p = 600 bar			
	v dm³/kg	s kJ/kg grd	i kJ/kg	e kJ/kg	v dm³/kg	s kJ/kg grd	i kJ/kg	e kJ/kg	v dm³/kg	s kJ/kg grd	i kJ/kg	e kJ/kg
185	1,5132	4,1925	87,905	559,19								
190	1,5419	4,2347	95,819	554,94	1,5002	4,2071	98,180	565,25				
195	1,5712	4,2755	103,68	551,03	1,5267	4,2475	105,95	561,39	1,4887	4,2220	108,52	571,30
200	1,6011	4,3151	111,49	547,45	1,5535	4,2865	113,67	557,85	1,5132	4,2607	116,16	567,79
210	1,6623	4,3905	126,95	541,17	1,6085	4,3611	128,94	551,65	1,5632	4,3345	131,29	561,65
220	1,7253	4,4614	142,18	535,98	1,6650	4,4312	144,00	546,52	1,6145	4,4039	146,21	556,57
230	1,7900	4,5281	157,18	531,77	1,7229	4,4972	158,85	542,34	1,6670	4,4694	160,93	552,43
240	1,8559	4,5908	171,93	528,43	1,7819	4,5594	173,48	539,03	1,7204	4,5311	175,44	549,15
250	1,9229	4,6500	186,43	525,87	1,8418	4,6182	187,88	536,49	1,7746	4,5895	189,74	546,62
260	1,9906	4,7059	200,69	524,02	1,9024	4,6738	202,04	534,65	1,8295	4,6448	203,83	544,79
270	2,0590	4,7589	214,71	522,79	1,9636	4,7264	215,99	533,43	1,8849	4,6972	217,72	543,57
280	2,1279	4,8090	228,50	522,13	2,0252	4,7764	229,73	532,77	1,9407	4,7470	231,41	542,92
290	2,1972	4,8567	242,09	521,98	2,0873	4,8239	243,27	532,62	1,9969	4,7943	244,90	542,77
300	2,2667	4,9022	255,50	522,29	2,1496	4,8692	256,64	532,93	2,0533	4,8395	258,23	543,07
310	2,3365	4,9455	268,73	523,01	2,2121	4,9125	269,84	533,65	2,1099	4,8827	271,40	543,80
320	2,4064	4,9870	281,79	524,13	2,2748	4,9539	282,88	534,76	2,1667	4,9240	284,41	544,91
330	2,4764	5,0268	294,71	525,59	2,3377	4,9936	295,79	536,23	2,2237	4,9637	297,30	546,37
340	2,5464	5,0649	307,49	527,38	2,4007	5,0317	308,56	538,01	2,2808	5,0018	310,06	548,15
350	2,6163	5,1016	320,14	529,46	2,4637	5,0684	321,22	540,10	2,3380	5,0384	322,70	550,23
360	2,6862	5,1369	332,67	531,82	2,5267	5,1038	333,76	542,46	2,3953	5,0737	335,25	552,59
370	2,7559	5,1709	345,09	534,43	2,5896	5,1379	346,20	545,08	2,4525	5,1078	347,69	555,21
380	2,8253	5,2038	357,41	537,29	2,6525	5,1708	358,55	547,93	2,5098	5,1408	360,05	558,07
390	2,8946	5,2355	369,63	540,36	2,7152	5,2026	370,80	551,02	2,5671	5,1727	372,32	561,16
400	2,9637	5,2663	381,76	543,64	2,7779	5,2334	382,98	554,31	2,6242	5,2036	384,52	564,46
410	3,0324	5,2960	393,82	547,12	2,8403	5,2633	395,07	557,80	2,6813	5,2335	396,64	567,96
420	3,1009	5,3249	405,79	550,78	2,9026	5,2923	407,10	561,47	2,7383	5,2626	408,70	571,64
430	3,1691	5,3529	417,70	554,61	2,9647	5,3204	419,06	565,32	2,7952	5,2908	420,69	575,50
440	3,2371	5,3801	429,55	558,61	3,0265	5,3478	430,96	569,34	2,8519	5,3182	432,63	579,53
450	3,3047	5,4066	441,34	562,77	3,0882	5,3744	442,80	573,51	2,9085	5,3449	444,52	583,72

Tafel III. Luft von 60 bis 450 °K (Fortsetzung)

T °K	p = 650 bar				p = 700 bar				p = 750 bar			
	v dm³/kg	s kJ/kg grd	i kJ/kg	e kJ/kg	v dm³/kg	s kJ/kg grd	i kJ/kg	e kJ/kg	v dm³/kg	s kJ/kg grd	i kJ/kg	e kJ/kg
210	1,5244	4,3103	133,91	571,26	1,4905	4,2879	136,75	580,54				
220	1,5714	4,3791	148,71	566,22	1,5340	4,3563	151,45	575,54	1,5011	4,3351	154,38	584,57
230	1,6194	4,4440	163,32	562,12	1,5783	4,4208	165,96	571,46	1,5423	4,3992	168,81	580,51
240	1,6683	4,5054	177,73	558,85	1,6234	4,4817	180,28	568,22	1,5841	4,4599	183,05	577,29
250	1,7179	4,5634	191,95	556,35	1,6691	4,5395	194,42	565,72	1,6266	4,5173	197,12	574,81
260	1,7681	4,6184	205,97	554,52	1,7153	4,5942	208,38	563,91	1,6695	4,5718	211,02	573,00
270	1,8187	4,6706	219,80	553,31	1,7620	4,6462	222,16	562,70	1,7128	4,6236	224,75	571,80
280	1,8697	4,7202	233,44	552,66	1,8091	4,6957	235,75	562,05	1,7565	4,6729	238,30	571,15
290	1,9210	4,7674	246,89	552,51	1,8564	4,7428	249,18	561,90	1,8004	4,7199	251,70	571,00
300	1,9726	4,8125	260,19	552,81	1,9039	4,7877	262,44	562,21	1,8445	4,7648	264,93	571,30
310	2,0244	4,8556	273,32	553,54	1,9515	4,8307	275,55	562,93	1,8887	4,8077	278,02	572,02
320	2,0763	4,8968	286,31	554,64	1,9994	4,8719	288,52	564,03	1,9330	4,8488	290,97	573,13
330	2,1283	4,9364	299,18	556,10	2,0473	4,9114	301,36	565,49	1,9775	4,8883	303,79	574,58
340	2,1805	4,9744	311,92	557,88	2,0954	4,9494	314,08	567,26	2,0220	4,9262	316,50	576,35
350	2,2329	5,0111	324,55	559,96	2,1435	4,9859	326,69	569,34	2,0667	4,9627	329,10	578,43
360	2,2852	5,0464	337,08	562,32	2,1918	5,0212	339,21	571,70	2,1114	4,9980	341,60	580,78
370	2,3377	5,0804	349,52	564,94	2,2401	5,0553	351,64	574,31	2,1562	5,0320	354,01	583,40
380	2,3902	5,1134	361,87	567,80	2,2885	5,0882	363,98	577,17	2,2010	5,0649	366,35	586,25
390	2,4427	5,1453	374,15	570,89	2,3369	5,1201	376,25	580,26	2,2459	5,0967	378,61	589,33
400	2,4952	5,1762	386,35	574,19	2,3854	5,1510	388,46	583,56	2,2909	5,1276	390,80	592,63
410	2,5477	5,2061	398,49	577,69	2,4339	5,1809	400,60	587,06	2,3359	5,1576	402,94	596,13
420	2,6002	5,2352	410,56	581,38	2,4824	5,2100	412,68	590,75	2,3809	5,1867	415,02	599,83
430	2,6525	5,2635	422,58	585,25	2,5309	5,2383	424,71	594,63	2,4260	5,2150	427,05	603,70
440	2,7048	5,2910	434,55	589,29	2,5793	5,2659	436,69	598,67	2,4710	5,2425	439,03	607,74
450	2,7570	5,3178	446,46	593,48	2,6277	5,2927	448,62	602,88	2,5160	5,2694	450,97	611,95

Tafel III. Luft von 60 bis 450 °K (Fortsetzung)

T °K	p = 800 bar				p = 850 bar				p = 900 bar			
	v dm³/kg	s kJ/kg grd	i kJ/kg	e kJ/kg	v dm³/kg	s kJ/kg grd	i kJ/kg	e kJ/kg	v dm³/kg	s kJ/kg grd	i kJ/kg	e kJ/kg
230	1,5103	4,3792	171,82	589,31								
240	1,5494	4,4395	185,99	586,10	1,5184	4,4204	189,08	594,69	1,4905	4,4025	192,30	603,07
250	1,5891	4,4967	200,00	583,63	1,5556	4,4774	203,03	592,23	1,5256	4,4592	206,19	600,62
260	1,6292	4,5510	213,84	581,83	1,5933	4,5315	216,83	590,43	1,5611	4,5131	219,94	598,83
270	1,6696	4,6026	227,53	580,63	1,6312	4,5829	230,46	589,24	1,5968	4,5644	233,54	597,64
280	1,7104	4,6518	241,04	579,97	1,6695	4,6320	243,95	588,59	1,6329	4,6134	246,99	597,00
290	1,7514	4,6987	254,41	579,83	1,7079	4,6788	257,29	588,44	1,6691	4,6601	260,30	596,85
300	1,7925	4,7435	267,62	580,14	1,7466	4,7235	270,48	588,75	1,7055	4,7047	273,48	597,15
310	1,8338	4,7863	280,69	580,86	1,7853	4,7663	283,53	589,47	1,7421	4,7475	286,52	597,87
320	1,8752	4,8274	293,63	581,96	1,8241	4,8073	296,46	590,57	1,7786	4,7885	299,43	598,97
330	1,9166	4,8668	306,43	583,41	1,8630	4,8467	309,25	592,02	1,8153	4,8279	312,22	600,42
340	1,9581	4,9047	319,13	585,18	1,9019	4,8846	321,93	593,79	1,8519	4,8657	324,89	602,19
350	1,9997	4,9412	331,71	587,26	1,9409	4,9210	334,51	595,86	1,8886	4,9021	337,46	604,26
360	2,0414	4,9764	344,20	589,61	1,9799	4,9562	346,99	598,21	1,9254	4,9373	349,93	606,61
370	2,0831	5,0104	356,60	592,22	2,0190	4,9902	359,38	600,82	1,9621	4,9712	362,32	609,22
380	2,1249	5,0432	368,93	595,07	2,0581	5,0230	371,69	603,67	1,9989	5,0040	374,62	612,07
390	2,1668	5,0750	381,18	598,15	2,0973	5,0548	383,93	606,75	2,0358	5,0358	386,86	615,14
400	2,2087	5,1059	393,36	601,45	2,1365	5,0856	396,11	610,04	2,0726	5,0666	399,02	618,43
410	2,2506	5,1358	405,49	604,95	2,1758	5,1155	408,23	613,54	2,1095	5,0965	411,13	621,93
420	2,2926	5,1649	417,57	608,64	2,2151	5,1446	420,30	617,22	2,1465	5,1256	423,19	625,61
430	2,3346	5,1932	429,59	612,51	2,2544	5,1729	432,31	621,09	2,1835	5,1538	435,20	629,48
440	2,3767	5,2208	441,57	616,55	2,2938	5,2004	444,29	625,14	2,2205	5,1813	447,17	633,52
450	2,4187	5,2476	453,52	620,76	2,3332	5,2273	456,23	629,34	2,2576	5,2081	459,10	637,72

Tafel III. Luft von 60 bis 450 °K (Fortsetzung)

T °K	p = 950 bar				p = 1000 bar				p = 1050 bar			
	v dm³/kg	s kJ/kg grd	i kJ/kg	e kJ/kg	v dm³/kg	s kJ/kg grd	i kJ/kg	e kJ/kg	v dm³/kg	s kJ/kg grd	i kJ/kg	e kJ/kg
250	1,4984	4,4421	209,47	608,84								
260	1,5319	4,4958	223,17	607,05	1,5054	4,4794	226,49	615,11				
270	1,5658	4,5470	236,73	605,87	1,5375	4,5304	240,01	613,92	1,5117	4,5147	243,39	621,83
280	1,5999	4,5958	250,15	605,22	1,5699	4,5791	253,40	613,28	1,5425	4,5633	256,75	621,19
290	1,6342	4,6424	263,44	605,07	1,6025	4,6257	266,67	613,13	1,5735	4,6097	269,99	621,04
300	1,6687	4,6870	276,59	605,38	1,6352	4,6702	279,81	613,44	1,6047	4,6542	283,11	621,34
310	1,7032	4,7297	289,62	606,09	1,6680	4,7129	292,82	614,15	1,6360	4,6968	296,11	622,06
320	1,7378	4,7707	302,52	607,19	1,7009	4,7538	305,71	615,25	1,6673	4,7378	308,99	623,16
330	1,7725	4,8100	315,30	608,64	1,7338	4,7931	318,49	616,70	1,6987	4,7771	321,77	624,61
340	1,8072	4,8479	327,97	610,41	1,7668	4,8310	331,16	618,47	1,7301	4,8149	334,44	626,38
350	1,8419	4,8843	340,54	612,48	1,7997	4,8674	343,72	620,54	1,7614	4,8513	347,00	628,45
360	1,8766	4,9194	353,01	614,83	1,8327	4,9025	356,19	622,89	1,7928	4,8864	359,47	630,79
370	1,9113	4,9533	365,39	617,44	1,8656	4,9364	368,57	625,49	1,8242	4,9204	371,85	633,40
380	1,9461	4,9861	377,69	620,28	1,8985	4,9692	380,87	628,34	1,8555	4,9532	384,15	636,25
390	1,9808	5,0179	389,92	623,36	1,9315	5,0010	393,09	631,41	1,8868	4,9849	396,37	639,32
400	2,0156	5,0487	402,08	626,65	1,9644	5,0317	405,25	634,70	1,9182	5,0157	408,53	642,61
410	2,0505	5,0786	414,18	630,14	1,9974	5,0616	417,35	638,19	1,9495	5,0455	420,62	646,10
420	2,0853	5,1076	426,23	633,82	2,0304	5,0906	429,39	641,87	1,9808	5,0746	432,66	649,78
430	2,1202	5,1358	438,23	637,69	2,0634	5,1189	441,39	645,73	2,0122	5,1028	444,66	653,64
440	2,1551	5,1633	450,19	641,72	2,0965	5,1464	453,34	649,77	2,0436	5,1302	456,60	657,67
450	2,1901	5,1901	462,12	645,93	2,1296	5,1731	465,26	653,97	2,0749	5,1570	468,51	661,87

Tafel III. Luft von 60 bis 450 °K (Fortsetzung)

T °K	p = 1100 bar				p = 1150 bar				p = 1200 bar			
	v dm³/kg	s kJ/kg grd	i kJ/kg	e kJ/kg	v dm³/kg	s kJ/kg grd	i kJ/kg	e kJ/kg	v dm³/kg	s kJ/kg grd	i kJ/kg	e kJ/kg
270	1,4879	4,4997	246,83	629,60								
280	1,5174	4,5482	260,17	628,96	1,4941	4,5337	263,65	636,61				
290	1,5470	4,5945	273,38	628,81	1,5225	4,5800	276,84	636,46	1,4998	4,5661	280,36	643,99
300	1,5767	4,6390	286,48	629,12	1,5510	4,6244	289,92	636,76	1,5271	4,6104	293,42	644,29
310	1,6066	4,6815	299,47	629,83	1,5796	4,6669	302,90	637,48	1,5545	4,6529	306,39	645,01
320	1,6365	4,7224	312,35	630,93	1,6082	4,7078	315,77	638,57	1,5820	4,6937	319,25	646,10
330	1,6665	4,7617	325,12	632,38	1,6369	4,7471	328,54	640,02	1,6096	4,7330	332,01	647,55
340	1,6965	4,7995	337,79	634,15	1,6657	4,7849	341,20	641,79	1,6372	4,7708	344,68	649,32
350	1,7265	4,8360	350,35	636,22	1,6944	4,8213	353,77	643,86	1,6648	4,8072	357,25	651,39
360	1,7564	4,8711	362,83	638,56	1,7231	4,8565	366,25	646,21	1,6923	4,8424	369,73	653,74
370	1,7864	4,9050	375,21	641,17	1,7517	4,8904	378,64	648,82	1,7198	4,8764	382,12	656,35
380	1,8163	4,9379	387,51	644,02	1,7804	4,9232	390,95	651,67	1,7473	4,9092	394,44	659,20
390	1,8462	4,9696	399,74	647,09	1,8090	4,9550	403,18	654,74	1,7748	4,9410	406,67	662,27
400	1,8761	5,0004	411,90	650,38	1,8376	4,9858	415,34	658,03	1,8022	4,9718	418,84	665,57
410	1,9059	5,0303	423,99	653,87	1,8661	5,0157	427,44	661,52	1,8296	5,0017	430,95	669,06
420	1,9358	5,0593	436,03	657,55	1,8947	5,0447	439,48	665,20	1,8569	5,0307	442,99	672,74
430	1,9657	5,0875	448,02	661,41	1,9232	5,0729	451,47	669,06	1,8842	5,0589	454,98	676,60
440	1,9955	5,1149	459,96	665,44	1,9517	5,1003	463,41	673,09	1,9115	5,0864	466,93	680,63
450	2,0254	5,1417	471,87	669,64	1,9802	5,1271	475,31	677,29	1,9388	5,1132	478,83	684,83

Tafel IV. Spez. Wärmekapazitäten der Luft von 90 bis 450 °K

T °K	$p=0$ bar c_v kJ/kg grd	c_p kJ/kg grd	$p=1$ bar c_v kJ/kg grd	c_p kJ/kg grd	$p=2$ bar c_v kJ/kg grd	c_p kJ/kg grd	$p=5$ bar c_v kJ/kg grd	c_p kJ/kg grd	$p=10$ bar c_v kJ/kg grd	c_p kJ/kg grd	$p=20$ bar c_v kJ/kg grd	c_p kJ/kg grd
90	0,7156	1,003	0,7474	1,081	0,7801	1,169						
100	0,7156	1,003	0,7364	1,055	0,7573	1,111	0,8215	1,311				
110	0,7156	1,003	0,7298	1,040	0,7439	1,078	0,7861	1,206	0,8582	1,500		
120	0,7156	1,003	0,7256	1,030	0,7355	1,057	0,7647	1,146	0,8125	1,325	0,9183	2,183
130	0,7156	1,003	0,7229	1,023	0,7301	1,044	0,7510	1,108	0,7845	1,231	0,8509	1,617
140	0,7156	1,003	0,7207	1,018	0,7256	1,034	0,7399	1,081	0,7627	1,168	0,8065	1,370
150	0,7156	1,003	0,7192	1,015	0,7227	1,027	0,7329	1,064	0,7491	1,130	0,7811	1,292
160	0,7156	1,003	0,7189	1,013	0,7222	1,023	0,7316	1,055	0,7461	1,109	0,7718	1,231
170	0,7156	1,003	0,7184	1,011	0,7210	1,020	0,7287	1,046	0,7405	1,090	0,7608	1,186
180	0,7157	1,003	0,7178	1,010	0,7199	1,017	0,7260	1,038	0,7354	1,075	0,7514	1,152
190	0,7157	1,003	0,7174	1,009	0,7191	1,015	0,7240	1,033	0,7314	1,063	0,7442	1,126
200	0,7157	1,003	0,7171	1,008	0,7185	1,013	0,7224	1,028	0,7284	1,054	0,7387	1,107
220	0,7159	1,003	0,7169	1,007	0,7178	1,011	0,7204	1,022	0,7244	1,041	0,7314	1,080
240	0,7162	1,003	0,7169	1,006	0,7175	1,009	0,7193	1,018	0,7222	1,032	0,7270	1,062
260	0,7166	1,004	0,7171	1,006	0,7176	1,008	0,7189	1,015	0,7210	1,027	0,7245	1,051
280	0,7172	1,004	0,7176	1,006	0,7180	1,008	0,7190	1,014	0,7205	1,023	0,7232	1,042
300	0,7181	1,005	0,7184	1,007	0,7187	1,008	0,7194	1,013	0,7206	1,021	0,7226	1,037
350	0,7214	1,009	0,7216	1,010	0,7217	1,011	0,7221	1,014	0,7228	1,019	0,7239	1,030
400	0,7266	1,014	0,7267	1,015	0,7268	1,015	0,7270	1,017	0,7274	1,021	0,7281	1,029
450	0,7337	1,021	0,7338	1,021	0,7338	1,022	0,7340	1,024	0,7342	1,026	0,7347	1,032

T °K	$p=30$ bar c_v kJ/kg grd	c_p kJ/kg grd	$p=40$ bar c_v kJ/kg grd	c_p kJ/kg grd	$p=50$ bar c_v kJ/kg grd	c_p kJ/kg grd	$p=60$ bar c_v kJ/kg grd	c_p kJ/kg grd	$p=80$ bar c_v kJ/kg grd	c_p kJ/kg grd	$p=100$ bar c_v kJ/kg grd	c_p kJ/kg grd
130	0,9380	3,199										
140	0,8338	1,840	0,9265	3,281	1,113	8,800	1,014	4,856	0,9624	3,101	0,9540	2,595
150	0,8149	1,536	0,8532	1,962	0,8994	2,738	0,9458	3,871	0,9327	3,626	0,9059	2,869
160	0,7952	1,389	0,8190	1,612	0,8443	1,930	0,8689	2,342	0,8947	3,039	0,8891	2,876
170	0,7784	1,299	0,7953	1,442	0,8126	1,623	0,8298	1,841	0,8558	2,294	0,8642	2,508
180	0,7652	1,239	0,7779	1,340	0,7906	1,460	0,8035	1,597	0,8261	1,893	0,8395	2,118
190	0,7551	1,196	0,7651	1,273	0,7748	1,359	0,7846	1,455	0,8032	1,660	0,8174	1,842
200	0,7475	1,164	0,7554	1,225	0,7631	1,291	0,7707	1,362	0,7857	1,513	0,7987	1,655
220	0,7373	1,120	0,7425	1,162	0,7475	1,206	0,7524	1,251	0,7622	1,342	0,7715	1,432
240	0,7312	1,093	0,7348	1,124	0,7383	1,156	0,7416	1,187	0,7481	1,250	0,7546	1,311
260	0,7275	1,075	0,7302	1,099	0,7326	1,123	0,7349	1,147	0,7394	1,193	0,7440	1,238
280	0,7254	1,062	0,7273	1,081	0,7291	1,101	0,7308	1,120	0,7340	1,156	0,7373	1,190
300	0,7243	1,053	0,7258	1,069	0,7271	1,085	0,7284	1,100	0,7308	1,130	0,7332	1,158
350	0,7248	1,040	0,7256	1,051	0,7264	1,062	0,7270	1,072	0,7282	1,092	0,7294	1,110
400	0,7286	1,036	0,7291	1,044	0,7295	1,052	0,7299	1,059	0,7306	1,074	0,7313	1,087
450	0,7350	1,038	0,7353	1,044	0,7356	1,050	0,7358	1,055	0,7363	1,066	0,7366	1,077

T °K	$p=125$ bar c_v kJ/kg grd	c_p kJ/kg grd	$p=150$ bar c_v kJ/kg grd	c_p kJ/kg grd	$p=175$ bar c_v kJ/kg grd	c_p kJ/kg grd	$p=200$ bar c_v kJ/kg grd	c_p kJ/kg grd	$p=250$ bar c_v kJ/kg grd	c_p kJ/kg grd	$p=300$ bar c_v kJ/kg grd	c_p kJ/kg grd
140	0,9546	2,319	0,9586	2,173	0,9624	2,074	0,9654	1,994				
150	0,8946	2,431	0,8922	2,200	0,8932	2,063	0,8958	1,975	0,9025	1,865		
160	0,8786	2,498	0,8735	2,258	0,8723	2,099	0,8733	1,988	0,8782	1,853	0,8848	1,777
170	0,8638	2,402	0,8616	2,231	0,8606	2,096	0,8612	1,993	0,8652	1,851	0,8710	1,764
180	0,8455	2,191	0,8473	2,126	0,8483	2,038	0,8495	1,958	0,8536	1,836	0,8592	1,751
190	0,8270	1,968	0,8316	1,982	0,8344	1,943	0,8368	1,892	0,8416	1,800	0,8472	1,727
200	0,8098	1,782	0,8162	1,836	0,8203	1,836	0,8235	1,812	0,8293	1,749	0,8351	1,693
220	0,7816	1,528	0,7892	1,597	0,7947	1,634	0,7989	1,647	0,8057	1,634	0,8119	1,606
240	0,7623	1,380	0,7689	1,437	0,7744	1,479	0,7788	1,506	0,7858	1,525	0,7919	1,519
260	0,7496	1,289	0,7549	1,334	0,7596	1,371	0,7636	1,399	0,7703	1,432	0,7759	1,441

Tafel IV. Spez. Wärmekapazitäten der Luft von 90 bis 450 °K (Fortsetzung)

T °K	$p = 125$ bar		$p = 150$ bar		$p = 175$ bar		$p = 200$ bar		$p = 250$ bar		$p = 300$ bar	
	c_v kJ/kg grd	c_p kJ/kg grd	c_v kJ/kg grd	c_p kJ/kg grd	c_v kJ/kg grd	c_p kJ/kg grd	c_v kJ/kg grd	c_p kJ/kg grd	c_v kJ/kg grd	c_p kJ/kg grd	c_v kJ/kg grd	c_p kJ/kg grd
280	0,7414	1,230	0,7455	1,265	0,7492	1,295	0,7527	1,321	0,7586	1,357	0,7637	1,375
300	0,7362	1,189	0,7393	1,218	0,7423	1,243	0,7451	1,264	0,7502	1,298	0,7547	1,319
350	0,7309	1,131	0,7325	1,149	0,7342	1,165	0,7358	1,180	0,7390	1,205	0,7420	1,224
400	0,7321	1,102	0,7330	1,116	0,7339	1,128	0,7348	1,138	0,7368	1,156	0,7388	1,171
450	0,7371	1,089	0,7376	1,100	0,7381	1,109	0,7387	1,117	0,7399	1,131	0,7412	1,143

T °K	$p = 350$ bar		$p = 400$ bar		$p = 500$ bar		$p = 600$ bar		$p = 800$ bar		$p = 1000$ bar	
	c_v kJ/kg grd	c_p kJ/kg grd	c_v kJ/kg grd	c_p kJ/kg grd	c_v kJ/kg grd	c_p kJ/kg grd	c_v kJ/kg grd	c_p kJ/kg grd	c_v kJ/kg grd	c_p kJ/kg grd	c_v kJ/kg grd	c_p kJ/kg grd
160	0,8920	1,723										
170	0,8776	1,709	0,8846	1,670								
180	0,8654	1,692	0,8718	1,651								
190	0,8533	1,673	0,8594	1,632	0,8718	1,577						
200	0,8411	1,647	0,8471	1,609	0,8589	1,556	0,8703	1,523				
220	0,8179	1,578	0,8237	1,553	0,8348	1,512	0,8450	1,482				
240	0,7977	1,505	0,8032	1,490	0,8137	1,463	0,8232	1,441	0,8401	1,409		
260	0,7812	1,438	0,7864	1,431	0,7961	1,413	0,8050	1,399	0,8204	1,376	0,8340	1,359
280	0,7685	1,380	0,7730	1,379	0,7819	1,369	0,7901	1,359	0,8043	1,344	0,8164	1,333
300	0,7588	1,331	0,7628	1,334	0,7707	1,331	0,7781	1,324	0,7913	1,314	0,8022	1,308
350	0,7449	1,239	0,7477	1,249	0,7532	1,259	0,7587	1,259	0,7691	1,254	0,7781	1,252
400	0,7407	1,184	0,7426	1,195	0,7464	1,209	0,7504	1,216	0,7582	1,216	0,7655	1,213
450	0,7426	1,153	0,7439	1,162	0,7465	1,176	0,7493	1,186	0,7551	1,192	0,7608	1,190

Tafel IV (Fortsetzung). Spez. Wärmekapazität c_p in kJ/kg grd in der Umgebung des kritischen Zustands

T °K	Druck p											
	34 bar	36 bar	37 bar	38 bar	39 bar	40 bar	42 bar	44 bar	46 bar	48 bar	50 bar	55 bar
132,52	4,52$_5$	9,14$_5$	21,7	42,6	15,7	10,4	7,04	5,73	5,00	4,53	4,20	3,68
133	4,08	6,95$_5$	11,4	30,5$_5$	29,6	14,5	8,20	6,29$_5$	5,35	4,77	4,37	3,77
134	3,46	4,93	6,41	9,26	16,1	29,0	12,7	8,06	6,32	5,40	4,81	3,99
135	3,07	3,99$_5$	4,76	5,94	7,90	11,5	20,6	11,2	7,76	6,25	5,39	4,27
136	2,79	3,44	3,93	4,59	5,54	6,95$_5$	12,6	15,5	9,93	7,39	6,11	4,60
137	2,59	3,08	3,42	3,85	4,42	5,19	7,75	12,2	12,4	8,92	7,00	4,98
138	2,43	2,81$_5$	3,07	3,38	3,76	4,25	5,71	8,16	11,1	10,45	8,10	5,40
140	2,20	2,46	2,62	2,81	3,02	3,28	3,95	4,91	6,26	7,90	8,80	6,36
145	1,86	1,99$_5$	2,07	2,15	2,24	2,34	2,57	2,84	3,17	3,56	4,01	5,26

Im Punkt des kritischen Kontakts ($T_k = 132{,}52$ °K, $p_k = 37{,}66$ bar) ist $c_p = 63{,}9$ kJ/kg grd.

Tafel V. Zustandsgrößen auf der Tau- und Siedekurve für gleiche Temperaturen

T °K	p'' bar	p' bar	v'' dm³/kg	v' dm³/kg	s'' kJ/kg grd	s' kJ/kg grd	i'' kJ/kg	i' kJ/kg	e'' kJ/kg	e' kJ/kg	c_v'' kJ/kg grd	c_p'' kJ/kg grd
60	0,031697		5414,4		6,2445		59,624		−60,386		0,7206	1,014
62	0,048074		3683,7		6,1568		61,533		−33,190		0,7223	1,018
64	0,071040		2568,6		6,0752		63,414		− 7,8027		0,7243	1,022
66	0,10252		1831,3		5,9992		65,263		15,955		0,7267	1,028
68	0,14480	0,24607	1332,4	1,1479	5,9281	2,7639	67,076	−142,89	38,234	740,03	0,7296	1,034
70	0,20051	0,33051	987,35	1,1593	5,8616	2,8048	68,846	−140,09	59,182	731,05	0,7329	1,042
72	0,27268	0,43671	744,01	1,1708	5,7991	2,8456	70,570	−137,21	78,920	722,19	0,7367	1,051
74	0,36471	0,56842	569,25	1,1826	5,7402	2,8863	72,240	−134,24	97,559	713,43	0,7409	1,061
76	0,48041	0,72965	441,67	1,1946	5,6846	2,9269	73,854	−131,19	115,19	704,77	0,7457	1,073
78	0,62392	0,92469	347,09	1,2070	5,6319	2,9676	75,405	−128,05	131,91	696,19	0,7509	1,087
80	0,79978	1,1581	275,98	1,2198	5,5820	3,0082	76,889	−124,82	147,78	687,71	0,7566	1,101
82	1,0129	1,4345	221,82	1,2332	5,5345	3,0490	78,302	−121,49	162,89	679,30	0,7628	1,118
84	1,2684	1,7590	180,05	1,2471	5,4892	3,0897	79,638	−118,07	177,28	670,98	0,7694	1,136
86	1,5718	2,1364	147,49	1,2617	5,4459	3,1306	80,893	−114,55	191,01	662,73	0,7764	1,156
88	1,9290	2,5720	121,84	1,2769	5,4044	3,1715	82,064	−110,93	204,13	654,56	0,7838	1,178
90	2,3458	3,0710	101,43	1,2929	5,3646	3,2124	83,146	−107,21	216,69	646,47	0,7916	1,202
92	2,8285	3,6386	85,049	1,3097	5,3262	3,2535	84,136	−103,39	228,73	638,46	0,7996	1,227
94	3,3836	4,2802	71,782	1,3274	5,2893	3,2947	85,029	− 99,470	240,27	630,51	0,8079	1,255
96	4,0174	5,0009	60,954	1,3461	5,2535	3,3361	85,821	− 95,435	251,37	622,63	0,8164	1,286
98	4,7367	5,8060	52,048	1,3657	5,2189	3,3776	86,508	− 91,287	262,04	614,81	0,8249	1,319
100	5,5481	6,7006	44,671	1,3864	5,1852	3,4193	87,084	− 87,018	272,31	607,05	0,8336	1,354
102	6,4583	7,6896	38,519	1,4083	5,1524	3,4614	87,543	− 82,621	282,23	599,33	0,8423	1,394
104	7,4740	8,7781	33,354	1,4314	5,1203	3,5038	87,876	− 78,088	291,81	591,65	0,8510	1,437
106	8,6020	9,9707	28,991	1,4558	5,0888	3,5466	88,075	− 73,410	301,08	584,00	0,8597	1,486
108	9,8487	11,272	25,282	1,4817	5,0578	3,5899	88,127	− 68,574	310,08	576,36	0,8683	1,541
110	11,221	12,687	22,110	1,5093	5,0270	3,6337	88,015	− 63,570	318,83	568,73	0,8768	1,605
112	12,725	14,219	19,380	1,5387	4,9963	3,6782	87,719	− 58,384	327,38	561,09	0,8853	1,680
114	14,367	15,873	17,017	1,5703	4,9655	3,7234	87,213	− 53,004	335,76	553,43	0,8938	1,770
116	16,152	17,653	14,957	1,6046	4,9342	3,7695	86,461	− 47,417	344,03	545,76	0,9025	1,883
118	18,088	19,565	13,150	1,6421	4,9020	3,8164	85,417	− 41,610	352,25	538,05	0,9113	2,027
120	20,180	21,614	11,552	1,6839	4,8686	3,8642	84,014	− 35,568	360,48	530,31	0,9207	2,220
122	22,433	23,809	10,126	1,7312	4,8331	3,9132	82,162	− 29,264	368,84	522,50	0,9308	2,490
124	24,853	26,163	8,8393	1,7864	4,7947	3,9637	79,723	− 22,628	377,48	514,58	0,9420	2,894
126	27,444	28,693	7,6597	1,8539	4,7516	4,0172	76,475	− 15,477	386,64	506,32	0,9549	3,556
128	30,211	31,423	6,5521	1,9427	4,7011	4,0771	72,021	− 7,3427	396,74	497,18	0,9702	4,804
130	33,162	34,355	5,4654	2,0808	4,6369	4,1499	65,502	2,6352	408,74	486,19	0,9893	7,828
132	36,457	37,312	4,1271	2,5365	4,5221	4,2614	52,046	17,903	428,34	469,33	1,016	25,30
132,52	37,663		3,1949		4,3843		34,248		450,27		1,411	63,94

Tafel VI. Zustandsgrößen auf der Tau- und Siedekurve für gleiche Drücke

p bar	T'' °K	T' °K	v'' dm³/kg	v' dm³/kg	s'' kJ/kg grd	s' kJ/kg grd	i'' kJ/kg	i' kJ/kg	e'' kJ/kg	e' kJ/kg	c_v'' kJ/kg grd	c_p'' kJ/kg grd
0,01	55,08		15797		6,4918		54,844		−136,42		0,7178	1,008
0,1	65,86		1873,8		6,0043		65,135		14,346		0,7266	1,027
0,2	69,98		989,64		5,8621		68,832		59,020		0,7329	1,042
0,3	72,65		681,40		5,7797		71,114		85,043		0,7380	1,054
0,4	74,66	71,36	522,85	1,1671	5,7215	2,8325	72,778	−138,15	103,47	725,03	0,7424	1,065
0,5	76,30	73,01	425,70	1,1767	5,6765	2,8662	74,090	−135,72	117,75	717,74	0,7464	1,075
0,6	77,69	74,42	359,84	1,1851	5,6398	2,8949	75,173	−133,61	129,41	711,59	0,7501	1,084
0,7	78,91	75,66	312,12	1,1925	5,6088	2,9200	76,092	−131,72	139,27	706,23	0,7535	1,093
0,8	80,00	76,77	275,91	1,1993	5,5819	2,9425	76,891	−130,00	147,80	701,48	0,7566	1,101
0,9	80,99	77,77	247,45	1,2055	5,5583	2,9628	77,596	−128,42	155,33	697,19	0,7596	1,109
1	81,89	78,68	224,46	1,2113	5,5371	2,9815	78,226	−126,95	162,07	693,28	0,7624	1,117
1,2	83,50	80,33	189,56	1,2220	5,5004	3,0149	79,310	−124,28	173,73	686,33	0,7677	1,131
1,4	84,91	81,77	164,27	1,2316	5,4693	3,0442	80,219	−121,88	183,60	680,28	0,7726	1,145
1,6	86,17	83,06	145,07	1,2405	5,4423	3,0705	80,996	−119,69	192,15	674,88	0,7771	1,158
1,8	87,31	84,23	129,98	1,2488	5,4184	3,0945	81,672	−117,66	199,70	670,01	0,7813	1,170
2	88,36	85,31	117,79	1,2566	5,3971	3,1165	82,267	−115,77	206,45	665,56	0,7852	1,182
2,5	90,67	87,69	95,541	1,2745	5,3516	3,1651	83,489	−111,50	220,79	655,83	0,7943	1,210
3	92,65	89,73	80,449	1,2907	5,3141	3,2069	84,436	−107,72	232,52	647,56	0,8023	1,236
3,5	94,39	91,53	69,512	1,3057	5,2823	3,2439	85,191	−104,29	242,46	640,32	0,8095	1,261
4	95,95	93,16	61,207	1,3199	5,2544	3,2773	85,802	−101,14	251,09	633,86	0,8161	1,285
4,5	97,37	94,63	54,678	1,3332	5,2297	3,3078	86,303	− 98,202	258,71	628,00	0,8222	1,308
5	98,68	96,00	49,403	1,3461	5,2074	3,3360	86,715	− 95,440	265,55	622,64	0,8279	1,330
6	101,0	98,45	41,394	1,3703	5,1684	3,3870	87,333	− 90,334	277,42	613,05	0,8381	1,374
7	103,1	100,6	35,587	1,3932	5,1348	3,4325	87,741	− 85,655	287,50	604,62	0,8471	1,417
8	105,0	102,6	31,174	1,4150	5,1052	3,4738	87,989	− 81,299	296,28	597,06	0,8552	1,460
9	106,7	104,4	27,701	1,4360	5,0785	3,5120	88,109	− 77,197	304,08	590,17	0,8625	1,503
10	108,2	106,1	24,892	1,4564	5,0542	3,5476	88,122	− 73,298	311,09	583,82	0,8692	1,548
11	109,7	107,6	22,570	1,4764	5,0318	3,5811	88,044	− 69,565	317,49	577,90	0,8755	1,594
12	111,1	109,1	20,615	1,4960	5,0108	3,6128	87,883	− 65,970	323,38	572,35	0,8813	1,643
13	112,4	110,4	18,945	1,5153	4,9910	3,6430	87,647	− 62,491	328,85	567,11	0,8868	1,694
14	113,6	111,7	17,499	1,5345	4,9721	3,6720	87,342	− 59,112	333,97	562,14	0,8920	1,749
15	114,7	113,0	16,234	1,5536	4,9541	3,6999	86,970	− 55,818	338,79	557,40	0,8969	1,808
16	115,8	114,2	15,116	1,5728	4,9368	3,7268	86,534	− 52,598	343,36	552,87	0,9017	1,872
17	116,9	115,3	14,120	1,5920	4,9199	3,7529	86,033	− 49,444	347,71	548,51	0,9064	1,943
18	117,9	116,4	13,225	1,6113	4,9035	3,7782	85,470	− 46,349	351,89	544,32	0,9109	2,020
19	118,9	117,4	12,415	1,6309	4,8873	3,8028	84,841	− 43,306	355,91	540,27	0,9154	2,106
20	119,8	118,4	11,678	1,6508	4,8714	3,8267	84,147	− 40,312	359,79	536,36	0,9199	2,201
22	121,6	120,4	10,381	1,6920	4,8399	3,8730	82,548	− 34,447	367,27	528,90	0,9288	2,432
24	123,3	122,2	9,2689	1,7355	4,8084	3,9173	80,641	− 28,721	374,46	521,85	0,9379	2,734
26	124,9	123,9	8,2959	1,7824	4,7760	3,9603	78,376	− 23,085	381,53	515,11	0,9475	3,149
28	126,4	125,5	7,4267	1,8343	4,7420	4,0025	75,674	− 17,453	388,63	508,57	0,9578	3,747
30	127,9	127,0	6,6327	1,8936	4,7052	4,0453	72,407	− 11,676	395,95	502,02	0,9690	4,676
32	129,2	128,4	5,8874	1,9650	4,6640	4,0906	68,360	− 5,4988	403,77	495,13	0,9814	6,274
34	130,5	129,8	5,1602	2,0596	4,6151	4,1407	63,111	1,3607	412,62	487,58	0,9953	9,499
36	131,8	131,1	4,3625	2,2191	4,5466	4,1914	55,081	8,3953	424,32	479,99	1,012	19,10

Tafel VII. Spez. Entropie s nach Gl. (54), spez. Enthalpie i nach Gl. (56) und spez. Exergie e für Isobaren des Naßdampfgebietes in Abhängigkeit von $\lambda = (v'' - v) / (v'' - v') = (T'' - T) / (T'' - T')$

		λ								
		0,1	0,2	0,3	0,4	0,5	0,6	0,7	0,8	0,9
$p = 0,4$ bar	s kJ/kg grd i kJ/kg e kJ/kg	5,4316 51,180 165,42	5,1419 29,695 227,41	4,8524 8,3216 289,45	4,5632 −12,939 351,54	4,2741 −34,087 413,67	3,9853 −55,123 475,85	3,6968 −76,047 538,08	3,4084 −96,859 600,35	3,1203 −117,56 662,67
$p = 0,5$ bar	s kJ/kg grd i kJ/kg e kJ/kg	5,3942 52,594 177,61	5,1121 31,214 237,50	4,8304 9,9473 297,42	4,5489 −11,204 357,38	4,2677 −32,242 417,36	3,9868 −53,165 477,37	3,7062 −73,974 537,42	3,4259 −94,669 597,49	3,1459 −115,25 657,60
$p = 0,6$ bar	s kJ/kg grd i kJ/kg e kJ/kg	5,3638 53,772 187,54	5,0881 32,489 245,70	4,8128 11,321 303,87	4,5378 −9,7297 362,06	4,2631 −30,665 420,27	3,9888 −51,484 478,50	3,7148 −72,188 536,75	3,4411 −92,776 595,01	3,1678 −113,25 653,29
$p = 0,7$ bar	s kJ/kg grd i kJ/kg e kJ/kg	5,3382 54,783 195,93	5,0680 33,592 252,60	4,7982 12,518 309,27	4,5287 −8,4381 365,96	4,2597 −29,277 422,65	3,9910 −49,998 479,35	3,7227 −70,603 536,06	3,4547 −91,090 592,78	3,1872 −111,46 649,50
$p = 0,8$ bar	s kJ/kg grd i kJ/kg e kJ/kg	5,3161 55,668 203,17	5,0507 34,564 258,55	4,7857 13,579 313,92	4,5212 −7,2870 369,29	4,2570 −28,035 424,66	3,9933 −48,664 480,02	3,7299 −69,175 535,39	3,4670 −89,568 590,76	3,2045 −109,84 646,12
$p = 0,9$ bar	s kJ/kg grd i kJ/kg e kJ/kg	5,2967 56,456 209,56	5,0356 35,436 263,78	4,7749 14,536 317,98	4,5147 −6,2447 372,19	4,2550 −26,905 426,38	3,9956 −47,447 480,56	3,7368 −67,869 534,73	3,4783 −88,172 588,90	3,2203 −108,36 643,05
$p = 1,0$ bar	s kJ/kg grd i kJ/kg e kJ/kg	5,2794 57,165 215,26	5,0222 36,226 268,44	4,7654 15,407 321,60	4,5092 −5,2903 374,75	4,2534 −25,867 427,88	3,9980 −46,324 480,99	3,7432 −66,661 534,09	3,4888 −86,878 587,17	3,2349 −106,98 640,23
$p = 1,2$ bar	s kJ/kg grd i kJ/kg e kJ/kg	5,2495 58,402 225,11	4,9991 37,616 276,47	4,7493 16,952 327,80	4,4999 −3,5888 379,10	4,2511 −24,008 430,38	4,0028 −44,305 481,63	3,7551 −64,481 532,85	3,5078 −84,535 584,04	3,2611 −104,47 635,20
$p = 1,4$ bar	s kJ/kg grd i kJ/kg e kJ/kg	5,2243 59,454 233,43	4,9798 38,813 283,23	4,7359 18,295 332,99	4,4926 −2,0982 382,72	4,2498 −22,369 432,40	4,0076 −42,516 482,05	3,7659 −62,540 531,67	3,5248 −82,443 581,24	3,2842 −102,22 630,78
$p = 1,6$ bar	s kJ/kg grd i kJ/kg e kJ/kg	5,2025 60,368 240,62	4,9632 39,865 289,06	4,7246 19,486 337,45	4,4865 −0,76722 385,79	4,2491 −20,897 434,09	4,0122 −40,902 482,34	3,7759 −60,784 530,54	3,5402 −80,542 578,70	3,3051 −100,18 626,82
$p = 1,8$ bar	s kJ/kg grd i kJ/kg e kJ/kg	5,1833 61,175 246,96	4,9487 40,804 294,18	4,7148 20,559 341,34	4,4815 0,43856 388,45	4,2488 −19,556 435,51	4,0167 −39,426 482,52	3,7852 −59,171 529,47	3,5543 −78,792 576,37	3,3241 −98,289 623,22
$p = 2,0$ bar	s kJ/kg grd i kJ/kg e kJ/kg	5,1661 61,896 252,63	4,9358 41,652 298,74	4,7062 21,535 344,80	4,4771 1,5431 390,80	4,2488 −18,322 436,74	4,0210 −38,062 482,63	3,7939 −57,677 528,45	3,5675 −77,166 574,21	3,3417 −96,531 619,92
$p = 2,5$ bar	s kJ/kg grd i kJ/kg e kJ/kg	5,1298 63,416 264,61	4,9088 43,472 308,36	4,6884 23,655 352,04	4,4687 3,9667 395,66	4,2497 −15,595 439,20	4,0314 −35,029 482,67	3,8138 −54,336 526,07	3,5969 −73,517 569,40	3,3806 −92,572 612,65
$p = 3,0$ bar	s kJ/kg grd i kJ/kg e kJ/kg	5,1001 64,642 274,38	4,8869 44,978 316,17	4,6744 25,443 357,88	4,4625 6,0359 399,50	4,2515 −13,242 441,05	4,0411 −32,393 482,51	3,8315 −51,415 523,89	3,6226 −70,310 565,20	3,4144 −89,078 606,42
$p = 3,5$ bar	s kJ/kg grd i kJ/kg e kJ/kg	5,0750 65,661 282,64	4,8686 46,261 322,73	4,6628 26,991 362,74	4,4579 7,8509 402,66	4,2537 −11,161 442,49	4,0502 −30,043 482,23	3,8475 −48,798 521,89	3,6456 −67,424 561,45	3,4444 −85,922 600,93
$p = 4,0$ bar	s kJ/kg grd i kJ/kg e kJ/kg	5,0532 66,525 289,79	4,8528 47,378 328,39	4,6531 28,361 366,91	4,4543 9,4739 405,33	4,2562 −9,2836 443,65	4,0588 −27,912 481,88	3,8623 −46,411 520,02	3,6665 −64,782 558,06	3,4715 −83,025 596,01

Tafel VII. Spez. Entropie s nach Gl. (54), spez. Enthalpie i nach Gl. (56) und spez. Exergie e für Isobaren des Naßdampfgebietes in Abhängigkeit von $\lambda = (v'' - v)/(v'' - v') = (T'' - T)/(T'' - T')$, (Fortsetzung)

		λ								
		0,1	0,2	0,3	0,4	0,5	0,6	0,7	0,8	0,9
$p = 4,5$ bar	s kJ/kg grd i kJ/kg e kJ/kg	5,0339 67,268 296,09	4,8390 48,364 333,37	4,6448 29,590 370,54	4,4514 10,946 407,62	4,2588 −7,5677 444,60	4,0670 −25,952 481,48	3,8760 −44,208 518,27	3,6858 −62,334 554,95	3,4964 −80,332 591,52
$p = 5$ bar	s kJ/kg grd i kJ/kg e kJ/kg	5,0166 67,915 301,72	4,8266 49,245 337,80	4,6375 30,706 373,77	4,4491 12,297 409,63	4,2616 −5,9824 445,40	4,0748 −24,132 481,05	3,8889 −42,152 516,61	3,7038 −60,043 552,06	3,5195 −77,806 587,40
$p = 6$ bar	s kJ/kg grd i kJ/kg e kJ/kg	4,9865 68,982 311,48	4,8054 50,761 345,43	4,6252 32,671 379,27	4,4458 14,711 413,00	4,2673 −3,1189 446,62	4,0895 −20,820 480,13	3,9126 −38,391 513,53	3,7366 −55,834 546,82	3,5614 −73,148 579,99
$p = 7$ bar	s kJ/kg grd i kJ/kg e kJ/kg	4,9607 69,819 319,73	4,7875 52,027 351,85	4,6152 34,365 383,85	4,4437 16,833 415,74	4,2730 −0,57008 447,51	4,1032 −17,844 479,17	3,9343 −34,989 510,71	3,7661 −52,006 542,13	3,5989 −68,894 573,44
$p = 8$ bar	s kJ/kg grd i kJ/kg e kJ/kg	4,9382 70,481 326,90	4,7720 53,102 357,39	4,6067 35,853 387,77	4,4423 18,732 418,03	4,2788 1,7404 448,16	4,1161 −15,123 478,18	3,9542 −31,858 508,08	3,7932 −48,466 537,86	3,6331 −64,946 567,52
$p = 9$ bar	s kJ/kg grd i kJ/kg e kJ/kg	4,9180 71,003 333,23	4,7583 54,026 362,27	4,5995 37,177 391,18	4,4415 20,456 419,98	4,2845 3,8632 448,65	4,1282 −12,603 477,20	3,9729 −28,941 505,62	3,8184 −45,153 533,93	3,6648 −61,238 562,11
$p = 10$ bar	s kJ/kg grd i kJ/kg e kJ/kg	4,8997 71,410 338,92	4,7460 54,826 366,63	4,5931 38,368 394,21	4,4412 22,038 421,67	4,2901 5,8335 449,00	4,1398 −10,244 476,21	3,9905 −26,196 503,30	3,8420 −42,022 530,26	3,6943 −57,723 557,10
$p = 11$ bar	s kJ/kg grd i kJ/kg e kJ/kg	4,8828 71,719 344,09	4,7347 55,520 370,57	4,5875 39,447 396,92	4,4411 23,499 423,15	4,2956 7,6769 449,25	4,1509 −8,0204 475,23	4,0072 −23,593 501,09	3,8643 −39,041 526,82	3,7222 −54,365 552,42
$p = 12$ bar	s kJ/kg grd i kJ/kg e kJ/kg	4,8671 71,940 348,84	4,7243 56,122 374,17	4,5823 40,428 399,38	4,4412 24,859 424,47	4,3010 9,4125 449,43	4,1616 −5,9100 474,27	4,0231 −21,109 498,98	3,8855 −36,186 523,56	3,7487 −51,139 548,02
$p = 13$ bar	s kJ/kg grd i kJ/kg e kJ/kg	4,8523 72,084 353,24	4,7145 56,643 377,50	4,5776 41,324 401,64	4,4415 26,129 425,66	4,3063 11,055 449,55	4,1719 −3,8972 473,31	4,0384 −18,728 496,95	3,9058 −33,437 520,46	3,7740 −48,024 543,85
$p = 14$ bar	s kJ/kg grd i kJ/kg e kJ/kg	4,8383 72,155 357,34	4,7053 57,089 380,60	4,5732 42,144 403,73	4,4419 27,319 426,73	4,3115 12,615 449,61	4,1819 −1,9697 472,37	4,0531 −16,434 495,00	3,9253 −30,779 517,51	3,7982 −45,005 539,89
$p = 15$ bar	s kJ/kg grd i kJ/kg e kJ/kg	4,8249 72,159 361,20	4,6966 57,467 383,50	4,5691 42,893 405,67	4,4424 28,438 427,72	4,3165 14,101 449,64	4,1915 −0,11771 471,44	4,0674 −14,219 493,12	3,9440 −28,202 514,67	3,8216 −42,069 536,10
$p = 16$ bar	s kJ/kg grd i kJ/kg e kJ/kg	4,8120 72,098 364,86	4,6882 57,780 386,24	4,5651 43,577 407,49	4,4429 29,491 428,63	4,3215 15,521 449,64	4,2009 1,6665 470,53	4,0811 −12,072 491,30	3,9622 −25,696 511,94	3,8441 −39,205 532,47
$p = 17$ bar	s kJ/kg grd i kJ/kg e kJ/kg	4,7996 71,975 368,33	4,6800 58,030 388,83	4,5613 44,200 409,21	4,4434 30,483 429,47	4,3263 16,879 449,62	4,2100 3,3888 469,64	4,0945 −9,9885 489,54	3,9798 −23,253 509,32	3,8659 −36,405 528,97
$p = 18$ bar	s kJ/kg grd i kJ/kg e kJ/kg	4,7874 71,790 371,66	4,6721 58,221 391,31	4,5576 44,763 410,85	4,4438 31,416 430,27	4,3309 18,180 449,58	4,2188 5,0542 468,76	4,1074 −7,9615 487,83	3,9969 −20,867 506,78	3,8871 −33,663 525,61
$p = 19$ bar	s kJ/kg grd i kJ/kg e kJ/kg	4,7754 71,543 374,86	4,6643 58,352 393,70	4,5539 45,270 412,42	4,4443 32,294 431,03	4,3354 19,427 449,52	4,2273 6,6663 467,90	4,1200 −5,9871 486,17	4,0135 −18,534 504,32	3,9078 −30,973 522,35

Tafel VII. Spez. Entropie s nach Gl. (54), spez. Enthalpie i nach Gl. (56) und spez. Exergie e für Isobaren des Naßdampfgebietes in Abhängigkeit von $\lambda = (v''-v)/(v''-v') = (T''-T)/(T''-T')$, (Fortsetzung)

		λ								
		0,1	0,2	0,3	0,4	0,5	0,6	0,7	0,8	0,9
$p = 20$ bar	s kJ/kg grd i kJ/kg e kJ/kg	4,7636 71,233 377,95	4,6565 58,424 396,00	4,5502 45,719 413,93	4,4446 33,118 431,76	4,3398 20,621 449,47	4,2357 8,2280 467,07	4,1323 −4,0618 484,56	4,0297 −16,248 501,94	3,9279 −28,331 519,21
$p = 22$ bar	s kJ/kg grd i kJ/kg e kJ/kg	4,7402 70,419 383,89	4,6411 58,386 400,41	4,5427 46,449 416,83	4,4450 34,607 433,14	4,3479 22,860 449,36	4,2516 11,209 465,47	4,1559 −0,34741 481,48	4,0609 −11,809 497,39	3,9666 −23,175 513,19
$p = 24$ bar	s kJ/kg grd i kJ/kg e kJ/kg	4,7165 69,324 389,60	4,6253 58,092 404,66	4,5347 46,944 419,62	4,4447 35,882 434,49	4,3553 24,903 449,27	4,2665 14,010 463,97	4,1783 3,2007 478,57	4,0907 −7,5242 493,09	4,0037 −18,165 507,51
$p = 26$ bar	s kJ/kg grd i kJ/kg e kJ/kg	4,6921 67,908 395,22	4,6088 57,511 408,84	4,5259 47,186 422,39	4,4436 36,933 435,86	4,3618 26,751 449,25	4,2805 16,641 462,57	4,1997 6,6028 475,82	4,1194 −3,3643 488,99	4,0396 −13,260 502,09
$p = 28$ bar	s kJ/kg grd i kJ/kg e kJ/kg	4,6662 66,106 400,88	4,5909 56,594 413,07	4,5160 47,140 425,21	4,4415 37,742 437,29	4,3673 28,401 449,31	4,2936 19,117 461,28	4,2202 9,8896 473,19	4,1472 0,71881 485,04	4,0747 −8,3955 496,83
$p = 30$ bar	s kJ/kg grd i kJ/kg e kJ/kg	4,6380 63,812 406,73	4,5710 55,259 417,47	4,5043 46,747 428,18	4,4379 38,277 438,84	4,3718 29,848 449,47	4,3059 21,461 460,06	4,2403 13,115 470,61	4,1751 4,8098 481,12	4,1100 −3,4537 491,59
$p = 32$ bar	s kJ/kg grd i kJ/kg e kJ/kg	4,6058 60,845 413,02	4,5479 53,359 422,24	4,4901 45,902 431,44	4,4324 38,473 440,61	4,3750 31,073 449,76	4,3178 23,701 458,89	4,2607 16,358 467,98	4,2038 9,0441 477,06	4,1471 1,7584 486,11
$p = 34$ bar	s kJ/kg grd i kJ/kg e kJ/kg	4,5668 56,809 420,23	4,5187 50,536 427,82	4,4708 44,291 435,38	4,4231 38,073 442,91	4,3755 31,884 450,42	4,3282 25,723 457,90	4,2810 19,591 465,36	4,2340 13,486 472,79	4,1873 7,4092 480,20
$p = 36$ bar	s kJ/kg grd i kJ/kg e kJ/kg	4,5081 50,007 430,35	4,4703 45,023 436,27	4,4331 40,130 442,09	4,3965 35,326 447,81	4,3607 30,613 453,43	4,3255 25,990 458,95	4,2910 21,456 464,36	4,2571 17,013 469,68	4,2239 12,659 474,89

Additional material from *Die thermodynamischen Eigenschaften der Luft im Temperaturbereich zwischen -210 C und 1250 C bis zu Drücken von 4500 bar*, ISBN 978-3-540-02759-1, is available at http://extras.springer.com

If you have any concerns about our products,
you can contact us on
ProductSafety@springernature.com

In case Publisher is established outside the EU,
the EU authorized representative is:
**Springer Nature Customer Service Center GmbH
Europaplatz 3, 69115 Heidelberg, Germany**

Printed by Libri Plureos GmbH
in Hamburg, Germany